电气控制与可编程控制器

王斌鹏　董　霞　孙　涛　肖中俊　编著

电子工业出版社
Publishing House of Electronics Industry
北京·BEIJING

内 容 简 介

本书内容包括电气控制基础和可编程控制器两大部分，分为 8 章：第 1 章、第 2 章以电气控制基础为主，系统介绍了电气控制系统基本概念、常用低压电器和电气控制电路分析方法；第 3 章至第 8 章以可编程控制器为主，重点介绍了西门子公司 S7-300 PLC 的工作原理、系统组成与硬件组态、基本指令及应用、功能指令及应用、程序结构与设计及在模拟量闭环控制中的应用。本书体系完整、通俗易懂、注重实际、强调应用，是一本工程性较强的应用研究型专业书籍。

本书可作为高等院校自动化、电气工程及其自动化、测控技术与仪器、电力系统自动化、机械设计制造及其自动化等相关专业的教材，也可供从事相关技术工作的工程技术人员、科技工作者自学和参考。

未经许可，不得以任何方式复制或抄袭本书之部分或全部内容。
版权所有，侵权必究。

图书在版编目（CIP）数据

电气控制与可编程控制器/王斌鹏等编著. —北京：电子工业出版社，2019.7
ISBN 978-7-121-36047-3

Ⅰ.①电… Ⅱ.①王… Ⅲ.①电气控制－高等学校－教材 ②可编程序控制器－高等学校－教材 Ⅳ.①TM571.2 ②TM571.6

中国版本图书馆 CIP 数据核字（2019）第 033829 号

策划编辑：赵玉山　杜　军
责任编辑：底　波
印　　刷：北京虎彩文化传播有限公司
装　　订：北京虎彩文化传播有限公司
出版发行：电子工业出版社
　　　　　北京市海淀区万寿路 173 信箱　邮编　100036
开　　本：787×1 092　1/16　印张：14.25　字数：383 千字
版　　次：2019 年 7 月第 1 版
印　　次：2019 年 12 月第 2 次印刷
定　　价：39.80 元

凡所购买电子工业出版社图书有缺损问题，请向购买书店调换。若书店售缺，请与本社发行部联系，联系及邮购电话：（010）88254888，88258888。
质量投诉请发邮件至 zlts@phei.com.cn，盗版侵权举报请发邮件至 dbqq@phei.com.cn。
本书咨询联系方式：zhaoys@phei.com.cn。

前　言

可编程控制器（PLC）是为工业控制应用而设计制造的一种新型的、通用的自动控制装置。它以微处理器为核心，综合了计算机技术、自动控制技术和通信技术，具有可靠性高、配置灵活、使用方便、易于扩展等优点，成为现代工业自动化的三大支柱（PLC、CAD/CAM、机器人）之一，在工业控制领域和许多其他行业得到了迅猛发展。

本书内容以电气控制系统和西门子 S7-300 可编程控制器应用技术为主，系统介绍了常用低压电器的基本知识、电气控制电路分析方法、可编程控制器概述、S7-300 PLC 软硬件基础及其自动化控制系统中的应用。为了便于教学和自学，本书精心编写了大量的例题及其实现程序。此外，本书精心挑选的工程实例都有较为详细的设计步骤，对从事自动化系统设计、系统集成的工程师也有一定的帮助。

本书分 8 章，由齐鲁工业大学（山东省科学院）王斌鹏、董霞、孙涛、肖中俊 4 位教师共同参与编写，具体分工为：王斌鹏编写第 3 章、第 4 章、第 5 章、第 6 章和第 7 章；董霞编写第 1 章、第 2 章和第 8 章；孙涛、肖中俊对全书进行修改和统稿。本书的编写得到了齐鲁工业大学（山东省科学院）电气工程与自动化学院各级领导的大力支持，同时，臧家义、张慧等教师也做了许多具体工作，在此一并表示感谢。

此外，本书在编写过程中参考了一些相关的优秀教材及西门子公司官网技术资源，特此对相关人员表示谢意。

由于编者水平有限，书中难免会有不妥和错误之处，恳请读者批评指正。

编著者

目　　录

第 1 章　电气控制系统常用器件 …………………………………………………… (1)
1.1　电器的基本知识 …………………………………………………………… (1)
1.1.1　电器的定义和分类 …………………………………………………… (1)
1.1.2　电磁式低压电器 ……………………………………………………… (2)
1.2　熔断器 ……………………………………………………………………… (6)
1.2.1　熔断器的结构和分类 ………………………………………………… (6)
1.2.2　熔断器的安秒特性 …………………………………………………… (8)
1.2.3　熔断器的技术数据 …………………………………………………… (9)
1.2.4　熔断器的选择 ………………………………………………………… (9)
1.3　低压断路器 ………………………………………………………………… (10)
1.3.1　低压断路器的结构及工作原理 ……………………………………… (10)
1.3.2　低压断路器的类型 …………………………………………………… (11)
1.3.3　低压断路器的主要技术数据 ………………………………………… (12)
1.3.4　低压断路器的选择及使用 …………………………………………… (12)
1.4　接触器 ……………………………………………………………………… (13)
1.4.1　接触器的分类 ………………………………………………………… (13)
1.4.2　接触器的结构及工作原理 …………………………………………… (13)
1.4.3　接触器的型号及主要技术数据 ……………………………………… (15)
1.4.4　接触器的选择与使用 ………………………………………………… (16)
1.5　继电器 ……………………………………………………………………… (17)
1.5.1　电磁式继电器 ………………………………………………………… (17)
1.5.2　时间继电器 …………………………………………………………… (20)
1.5.3　热继电器 ……………………………………………………………… (20)
1.5.4　速度继电器 …………………………………………………………… (24)
1.5.5　其他功能继电器 ……………………………………………………… (24)
1.6　主令电器 …………………………………………………………………… (26)
1.6.1　控制按钮 ……………………………………………………………… (26)
1.6.2　转换开关 ……………………………………………………………… (27)
1.6.3　行程开关 ……………………………………………………………… (28)
1.6.4　接近开关 ……………………………………………………………… (29)
1.6.5　光电开关 ……………………………………………………………… (30)
1.7　信号电器 …………………………………………………………………… (31)
1.8　常用的执行器件 …………………………………………………………… (31)
1.8.1　电磁执行器件 ………………………………………………………… (32)
1.8.2　驱动设备 ……………………………………………………………… (33)

1.9 常用的检测仪表 (34)
1.10 常用电气安装附件 (36)
本章小结 (37)
思考题与练习题 (37)

第2章 电气控制电路基础 (39)

2.1 电气控制系统图 (39)
 2.1.1 电气图中常用的图形符号和文字符号 (40)
 2.1.2 电气原理图的绘制原则 (48)
 2.1.3 电气元件布置图的绘制原则 (50)
 2.1.4 电气安装接线图的绘制原则 (50)
2.2 三相笼型异步电动机的基本控制电路 (51)
 2.2.1 全压启动控制电路 (51)
 2.2.2 点动控制电路 (52)
 2.2.3 正反转控制电路 (53)
 2.2.4 多点控制电路 (54)
 2.2.5 顺序控制电路 (54)
 2.2.6 自动往复控制电路 (55)
2.3 三相笼型异步电动机降压启动控制电路 (56)
 2.3.1 星形-三角形降压启动控制电路 (56)
 2.3.2 软启动器及其使用 (57)
2.4 三相笼型异步电动机速度控制电路 (61)
 2.4.1 基本概念 (62)
 2.4.2 变极调速控制电路 (62)
 2.4.3 变频调速与变频器的使用 (63)
2.5 三相异步电动机的制动控制电路 (70)
 2.5.1 反接制动控制电路 (70)
 2.5.2 能耗制动控制电路 (72)
本章小结 (73)
思考题与练习题 (74)

第3章 可编程控制器概述 (76)

3.1 可编程控制器的产生和定义 (76)
 3.1.1 可编程控制器的产生 (76)
 3.1.2 PLC 的定义 (77)
3.2 PLC 的发展 (78)
 3.2.1 PLC 的发展历史 (78)
 3.2.2 PLC 的发展趋势 (79)
3.3 PLC 的特点 (81)
3.4 PLC 的应用领域 (83)
3.5 PLC 的系统组成 (84)
3.6 PLC 的分类 (86)
 3.6.1 按输入/输出点数容量分类 (86)

3.6.2　按结构形式分类 (87)
　　3.6.3　按功能分类 (88)
3.7　PLC 的工作方式、原理及特点 (89)
　　3.7.1　PLC 的工作方式 (89)
　　3.7.2　PLC 工作原理 (89)
　　3.7.3　循环扫描工作方式的特点 (90)
3.8　PLC 的编程语言 (91)
本章小结 (93)
思考题与练习题 (94)

第4章　S7-300 PLC 系统组成与硬件组态 (95)
4.1　S7-300 PLC 的模块简介 (95)
　　4.1.1　中央处理单元（CPU） (95)
　　4.1.2　信号模块（SM） (99)
　　4.1.3　电源模块（PS） (103)
　　4.1.4　接口模块 (104)
　　4.1.5　功能模块 (104)
　　4.1.6　通信处理模块 (105)
4.2　S7-300 PLC 控制系统组成 (106)
　　4.2.1　系统模块结构 (106)
　　4.2.2　模块地址分配 (107)
4.3　硬件组态 (109)
　　4.3.1　STEP 7 简介 (109)
　　4.3.2　创建项目 (110)
　　4.3.3　硬件搭建与参数设置 (111)
本章小结 (114)
思考题与练习题 (114)

第5章　S7-300 PLC 基本指令及应用 (116)
5.1　S7-300 编程基础 (116)
　　5.1.1　数制 (116)
　　5.1.2　数据类型 (117)
　　5.1.3　S7-300 PLC 的存储器 (120)
　　5.1.4　CPU 中的寄存器 (121)
　　5.1.5　寻址方式 (123)
5.2　位逻辑指令 (126)
　　5.2.1　触点与线圈指令 (126)
　　5.2.2　置位和复位指令 (128)
　　5.2.3　RS 与 SR 触发器指令 (130)
　　5.2.4　RLO 边沿检测指令 (130)
5.3　定时器和计数器 (132)
　　5.3.1　定时器 (132)
　　5.3.2　计数器 (140)

VII

| 本章小结 | (143) |
| 思考题与练习题 | (144) |

第6章 S7-300 PLC 功能指令及应用 (146)
- 6.1 数据传送指令 (146)
- 6.2 比较指令 (147)
- 6.3 转换指令 (149)
- 6.4 数学运算指令 (152)
  - 6.4.1 整数运算指令 (152)
  - 6.4.2 浮点数运算指令 (153)
- 6.5 移位和循环移位指令 (154)
  - 6.5.1 移位指令 (154)
  - 6.5.2 循环移位指令 (156)
- 6.6 字逻辑运算指令 (157)
- 6.7 控制指令 (158)
  - 6.7.1 逻辑控制指令 (158)
  - 6.7.2 程序控制指令 (158)
- 本章小结 (161)
- 思考题与练习题 (162)

第7章 S7-300 PLC 程序结构与设计 (163)
- 7.1 用户程序的基本单元 (163)
- 7.2 符号定义与变量声明 (167)
  - 7.2.1 符号定义 (167)
  - 7.2.2 局部变量声明 (169)
- 7.3 功能与功能块的编程 (170)
  - 7.3.1 功能（FC）的编程 (170)
  - 7.3.2 功能块（FB）的编程 (172)
- 7.4 用户程序的基本结构 (174)
- 7.5 顺序控制系统的梯形图设计方法 (176)
  - 7.5.1 顺序控制与顺序功能图 (176)
  - 7.5.2 顺序功能图的组成 (176)
  - 7.5.3 顺序功能图的基本结构 (179)
  - 7.5.4 顺序功能图转换实现的基本规则 (180)
  - 7.5.5 使用置位复位指令的顺序控制梯形图编程方法 (180)
- 7.6 设计实例 (184)
  - 7.6.1 交通灯程序设计 (184)
  - 7.6.2 搅拌系统程序设计 (187)
  - 7.6.3 水箱水位控制系统程序设计 (190)
  - 7.6.4 机械手控制系统程序设计 (195)
- 本章小结 (202)
- 思考题与练习题 (203)

第8章 S7-300 在模拟量闭环控制系统中的应用 （205）
8.1 模拟量闭环控制与 PID 控制器 （205）
8.1.1 模拟量闭环控制系统的组成 （205）
8.1.2 PID 控制器的数字化 （208）
8.1.3 S7-300 实现 PID 闭环控制的方法 （210）
8.2 连续 PID 控制器 FB41 （211）
8.2.1 设定值与过程变量的处理 （211）
8.2.2 PID 控制算法与输出值的处理 （213）
本章小结 （214）
思考题与练习题 （214）

参考文献 （216）

第1章 电气控制系统常用器件

【教学目标】
1. 了解低压电器的概念和分类。
2. 理解电磁机构的基本结构和工作原理。
3. 掌握各种低压电器的工作原理和作用、型号与规格；能够正确选择和合理使用常用的低压电器。

【教学重点】
1. 电磁机构的基本结构和工作原理。
2. 常用的低压电器（断路器、接触器、继电器、主令电器等）。

低压电器、传感器和执行器是电气自动控制系统的基本组成单元。本章主要介绍常用低压电器的结构、工作原理、使用方法、图形符号及文字符号等有关知识，同时根据电器发展状况，介绍一些新型的电气元件，使大家对常用低压电器有正确的认知和理解，并且能够正确选择和合理使用低压电器。无论电气自动控制系统如何发展，本章所介绍和讲解的内容都是必不可少、最为基础的组成部分，这是因为：一方面，由低压电器组成的继电接触器控制系统仍然是机械设备最常用的电气控制方式；另一方面，PLC（可编程逻辑控制器）是计算机技术和继电接触器控制技术相结合的产物，PLC 的输入、输出仍然与低压电器密切相关，因此掌握低压电器知识是学好继电接触器控制技术和 PLC 的前提和基础。

1.1 电器的基本知识

1.1.1 电器的定义和分类

电器是根据外界特定的信号和要求，手动或自动接通或断开电路，断续或连续地改变电路参数，从而实现对电或非电对象的切换、控制、检测、保护、变换及调节的电工器械。电器的用途广泛、功能多样、构造各异，其分类的方法也有很多，常见的分类方法如下所述。

1. 按工作电压等级分类

（1）高压电器：工作电压在交流 1200V（50Hz 或 60Hz）或直流 1500V 及以上的各种电器，如高压断路器、高压隔离开关、高压熔断器、高压电抗器等。

（2）低压电器：工作电压在交流 1200V（50Hz 或 60Hz）或直流 1500V 以下的各种电器，

如低压断路器、接触器、继电器、低压熔断器、主令电器等。

2．按控制方式分类

（1）手动控制电器：需要人工直接操作才能完成指令任务的电器，如刀开关、转换开关、控制按钮等。

（2）自动控制电器：无须手动操作，根据电或非电信号的变化自动完成指定任务的电器，如空气断路器、接触器、各种类型的继电器、电磁阀等。

3．按用途分类

（1）控制电器：用于各种控制电路和控制系统的电器，对这类电器的主要技术要求是有相应的通断能力和保护功能，操作频率高，电气寿命和机械寿命长，如接触器、中间继电器、时间继电器、速度继电器、液位继电器等。

（2）主令电器：用于自动控制系统中发送动作指令的电器，对这类电器的主要技术要求是有一定的分断能力，电器的机械寿命长，如按钮、行程开关、万能转换开关等。

（3）保护电器：用于保护用电设备及电路的电器，对这类电器的主要技术要求是有一定的通断能力和保护功能，可靠性高，反应灵敏，如熔断器、热继电器、电压继电器、电流继电器等各种保护继电器。

（4）执行电器：用于完成某种动作或传动功能的电器，如电磁铁、电磁离合器等。

（5）配电电器：用于电能的输送和分配的电器，对这类电器的主要技术要求是分断能力强、限流效果和保护性能好、动稳定性能及热稳定性能好，如高压断路器、隔离开关、刀开关等。

4．按工作原理分类

（1）电磁式电器：采用电磁感应原理完成信号检测及工作状态转换的电器，它是低压电器中应用最广泛、结构最典型的一类，如接触器、各种电磁式继电器等。

（2）非电量控制电器：依靠外力或某种非电物理量的变化而动作的电器，如刀开关、行程开关、控制按钮、速度继电器、温度继电器等。

5．按有无触点分类

电器按有无触点可分为有触点电器、无触点电器和混合式电器。

6．按使用场合分类

电器按使用场合可分为农用电器、民用电器、一般工业用电器、特殊工矿业用电器和其他使用场合（如航空、船舶、军事、防爆）用电器。

由于在工业、农业、交通、国防等绝大多数领域都采用低压供电，因此重点介绍低压电器。常用的低压电器如图1-1所示。

1.1.2　电磁式低压电器

电磁式低压电器应用最为广泛，其性价比高、种类繁多，在电气控制系统中大量采用。就其结构而言，大功率电磁式低压电器主要由三部分组成，即电磁机构、触点系统和灭弧装置，小功率电磁式低压电器主要由两部分组成，即电磁机构和触点系统。

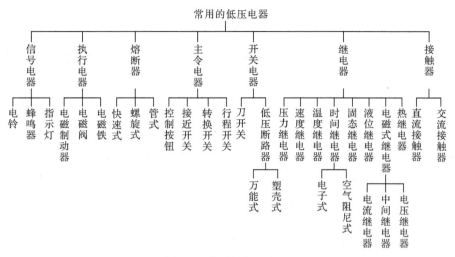

图 1-1 常用的低压电器

1. 电磁机构

电磁机构是电磁式低压电器的核心部分,其作用是将电磁能量转换为机械能量,并且带动触点使之闭合或断开,从而控制电路的接通与分断。

电磁机构由线圈、铁芯和衔铁三部分组成。根据衔铁相对铁芯的运动方式,电磁机构可分为直动式和拍合式两种,拍合式又分为衔铁沿棱角转动和衔铁沿轴转动两种,如图 1-2 所示。衔铁沿棱角转动的电磁机构广泛应用于直流电器,衔铁沿轴转动的电磁机构多用于触点容量较大的交流电器中,双 E 形直动式电磁机构多用于交流接触器和继电器中。

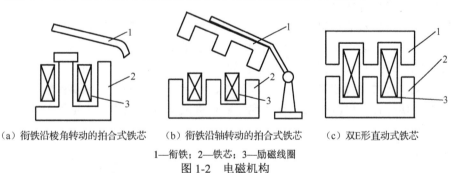

(a) 衔铁沿棱角转动的拍合式铁芯　　(b) 衔铁沿轴转动的拍合式铁芯　　(c) 双E形直动式铁芯

1—衔铁;2—铁芯;3—励磁线圈

图 1-2 电磁机构

当励磁线圈通入电流后产生磁场,使铁芯成为电磁铁,吸引衔铁运动,从而带动触点动作。根据励磁线圈通入的电流种类不同,可以将电磁机构分为直流电磁机构和交流电磁机构。由于直流电磁机构产生恒定磁场,铁芯几乎不发热,只有线圈发热,所以铁芯通常使用整块钢材或铸铁制成,励磁线圈一般做成无骨架、高而薄的瘦高型,并且直接与铁芯接触,便于散热。交流电磁机构由于产生交变磁场,铁芯存在涡流损耗和磁滞损耗,发热明显,所以通常使用硅钢片叠装而成,励磁线圈设有骨架,使其与铁芯隔离,同时将励磁线圈制成短而厚的矮胖型,以改善线圈和铁芯的散热条件。

另外,根据励磁线圈在电路中的连接形式,可分为串联线圈和并联线圈。串联线圈用于电流检测类电磁式电器中,并联线圈用于电压检测类电磁式电器中,所以串联线圈也称为电流线圈,并联线圈也称为电压线圈。为减少对电路分压的影响,串联线圈采用粗导线制造,匝数少,阻抗小。为减少对电路分流的影响,并联线圈采用细导线制造,匝数多,阻抗大。

2. 触点系统

触点系统是电磁式电器用于控制电路通断的执行机构，通过触点的动作来接通或断开被控电路，因此要求触点导电、导热性能良好，通常采用铜质材料制成。触点长时间工作后，铜表面容易被氧化而产生一层氧化膜，将增大触点的接触电阻，从而使触点能耗增大，温度升高，甚至产生触点熔化现象，这样既影响工作的可靠性，又降低了触点的寿命。所以有些电器，如继电器和小容量电器，其触点常用银质材料制成，这不仅由于其导电和导热性能均优于铜质触点，更主要的是其氧化膜的电阻率与纯银相似（氧化铜则不然，其电阻率可达纯铜的 10 余倍），而且在较高的温度下才会形成，同时又容易粉化。因此，银质触点具有较低和较稳定的接触电阻。对于大中容量的低压电器，在结构设计上，触点采用滚动接触，可将氧化膜清除，这种结构的触点也常采用铜质材料。

触点分类的方法有很多，常见的分类方法如下所述。

（1）按触点的结构形式分类。

常用电磁式电器触点的结构形式包括双断点桥式触点和单断点指形触点，如图 1-3 所示。

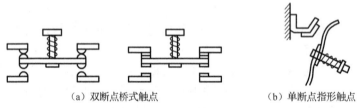

(a) 双断点桥式触点　　　(b) 单断点指形触点

图 1-3　触点的结构形式

（2）按触点的接触方式分类。

常用电磁式电器触点的接触方式包括点接触、线接触和面接触三种，如图 1-4 所示。点接触方式触点容量小，只能用于小电流电器中，如接触器的辅助触点和继电器的触点；线接触方式触点接触区域是一条直线，其触点在接通或断开的过程中有相对滚动的动作，可有效清除触点表面的氧化膜，适用于接通次数多、电流较大的场合；面接触方式触点接触区域较大，并且多在接触表面上镶有合金以减少触点接触电阻和提高耐磨性，适用于大电流的场合，如较大容量接触器的主触点。

(a) 点接触方式　　　(b) 线接触方式　　　(c) 面接触方式

图 1-4　触点的接触方式

（3）按触点的初始状态分类。

在励磁线圈没有通电时，触点的初始状态包括断开和闭合两种，分别称为常开触点和常闭触点。当励磁线圈通电后，电磁机构动作，触点改变原来的状态，常开触点将闭合，使与其相连的电路接通；常闭触点将断开，使与其相连的电路断开。常开触点也称动合触点，常闭触点也称动断触点。

3. 灭弧装置

电弧是一种气体放电现象。在通电状态下，当动、静触点脱离接触的瞬间，由于电路中的电场几乎全部作用于两触点之间，使触点表面的自由电子大量溢出，并在强电场的作用下撞击空气分子，使之电离，电离出的电子呈现累积效应，在触点之间形成炽热的电子流，即电弧。电弧的存在既妨碍了电路及时可靠地分断，又会使触头表面温度骤升，加速氧化过程，降低电器寿命。为此必须采取适当且有效的措施，以保护触头系统，降低其损耗，提高其分断能力，从而保证整个电器安全可靠地工作。

根据电弧产生的机制，可以通过快速增加触点间隙、拉长电弧长度、降低电场强度、增大散热面积等手段灭弧。常用的灭弧方法有以下几种。

（1）电动力吹弧。

桥式触点在断开时具有电动力吹弧功能。当触点打开时，在断口中产生电弧，同时也产生如图 1-5 所示的磁场，如"×"符号所示。根据左手定则，电弧电流将会受到一个指向外侧的力 F 的作用，使其迅速离开触点而熄灭。这种灭弧方法结构简单，不需要增加额外装置，但灭弧效果一般，因此多用于小容量的交流接触器中。

（2）磁吹灭弧。

磁吹灭弧的原理是使电弧处于磁场中间，磁场力"吹"长电弧，使其进入冷却装置，加速电弧冷却，促使电弧迅速熄灭。

图 1-6 所示是磁吹式灭弧的原理图。磁场由与触点电路串联的吹弧线圈 3 产生，当电流逆时针流经吹弧线圈时，其产生的磁通经铁芯 1 和导磁夹板 4 引向触点周围。触点周围的磁通方向由纸面流入，如"×"符号所示。由左手定则可知，电弧在磁场中受到一个向上的力 F 的作用，电弧向上运动被拉长并吹入灭弧罩 5 中。引弧角 6 和静触点 7 相连接，引导电弧向上运动，将热量传递给灭弧罩壁，促使电弧熄灭。

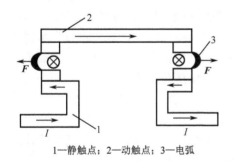

1—静触点；2—动触点；3—电弧

图 1-5 双断口结构的电动力吹弧原理图

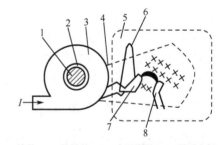

1—铁芯；2—绝缘管；3—吹弧线圈；4—导磁夹板；
5—灭弧罩；6—引弧角；7—静触点；8—动触点

图 1-6 磁吹灭弧原理图

这种灭弧装置是利用电弧电流本身灭弧，电弧电流越大，吹弧能力越强，且不受电路电流方向的影响（当电流方向改变时，磁场方向随之改变，结果电磁力方向不变）。它广泛地应用于直流接触器中。

（3）栅片灭弧。

栅片灭弧原理图如图 1-7 所示，灭弧栅片是一组薄钢片，它们彼此间相互绝缘，片间距离为 2～3mm，安放在触点上方的灭弧罩内（图中未画出灭弧罩）。一旦产生电弧，电弧周围产生磁场，导磁的钢片将电弧吸入栅片，当电弧进入栅片后被分割成一段一段串联的短弧，交流电压过零时，电弧自然熄灭。电弧要重燃，两栅片间必须有 150～250V 的电弧压降，一方面电源电压不足以维持电弧,另一方面栅片具有散热作用,因此,电弧熄灭后很难重燃。这是一种常用的交流灭弧装置。

（4）窄缝灭弧。

窄缝灭弧原理图如图1-8所示,它是利用灭弧罩的窄缝来实现灭弧的。灭弧罩内有一个或数个窄缝,缝的下部宽上部窄。当触点断开时,电弧在电动力的作用下进入缝内,窄缝可将电弧柱分成若干直径较小的电弧,同时可将电弧直径压缩,使电弧同缝紧密接触,加强冷却和去游离作用,可加快电弧的熄灭速度。灭弧罩通常用耐热陶土、石棉水泥和耐热塑料制成。

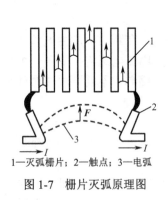

1—灭弧栅片；2—触点；3—电弧

图1-7 栅片灭弧原理图　　　　　图1-8 窄缝灭弧原理图

1.2 熔断器

熔断器是基于电流的热效应和发热元件热熔断原理设计的,具有一定的瞬动特性,用于电路的短路保护和严重过载保护。使用时,熔断器串接于被保护电路中,当电路发生短路故障或严重过载时,熔断器中的熔体被瞬时熔断而分断电路,起到保护作用。它具有结构简单、体积小、使用维护方便、分断能力较强、限流性能良好、价格低廉等特点。

1.2.1 熔断器的结构和分类

熔断器由熔体（俗称保险丝）和安装熔体的熔管（或熔座）两部分组成。其中熔体是关键部分,它既是感测元件又是执行元件,熔体是由低熔点的金属材料（如铅、锡、锌、铜、银及其合金等）制成,其形状有丝状、带状、片状等；熔管（或熔座）的作用是安装熔体及在熔体熔断时熄灭电弧,多由陶瓷、绝缘钢纸或玻璃纤维材料制成。

熔断器按其结构形式划分,有瓷插式、螺旋式、有填料密封管式、无填料密封管式、自复式等。按用途划分,有保护一般电气设备用的熔断器,还有保护半导体器件用的快速熔断器。

1. 瓷插式熔断器（RC）

瓷插式熔断器是低压分支电路中常用的一种熔断器,其结构简单、分断能力小,多用于民用和照明电路,其实物图及结构示意图如图1-9所示。

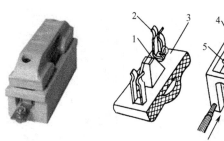

(a) 实物图　　　　(b) 结构示意图

1—熔体；2—动触点；3—瓷盖；4—空腔；5—静触点；6—熔座

图 1-9　瓷插式熔断器

2. 螺旋式熔断器（RL）

螺旋式熔断器的熔管内装有石英砂或惰性气体，有利于电弧的熄灭，因此螺旋式熔断器具有较高的分断能力。熔体的上端盖有一个熔断指示器，熔断时红色指示器弹出，可以通过瓷帽上的玻璃孔观察，其实物图及结构示意图如图 1-10 所示。

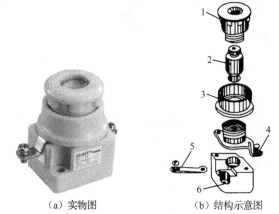

(a) 实物图　　　　(b) 结构示意图

1—瓷帽；2—熔断管；3—瓷套；4—上接线端；5—下接线端；6—底座

图 1-10　螺旋式熔断器

3. 封闭管式熔断器

封闭管式熔断器分为有填料（RT）、无填料（RM）和快速（RS）熔断器三种。有填料熔断器一般用方形瓷管，内装石英砂及熔体，分断能力强，用于较大电流的电力输配电系统中，其实物图及结构示意图如图 1-11 所示。无填料熔断器将熔体装入密闭式圆筒中，分断能力稍小，用于低压电力网络成套配电设备中，其实物图及结构示意图如图 1-12 所示。快速熔断器主要用于半导体器件或整流装置的短路保护。半导体器件的过载能力很低，因此要求短路保护具有快速熔断的能力。快速熔断器的熔体是采用银片冲成的变截面的 V 形熔片，熔管采用有填料的密闭管。快速熔断器的结构与有填料封闭式熔断器的结构基本相同，但熔体材料和形状不同。

4. 自复式熔断器（RZ）

自复式熔断器是一种新型的熔断器。它采用金属钠作为熔体，在常温下具有高电导率。当电路发生短路故障时，短路电流产生高温使钠迅速气化，气态钠呈现高阻态，从而限制了短路电流。

 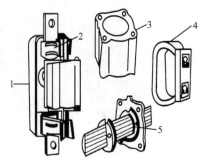

（a）实物图　　　　　　　　　（b）结构示意图

1—瓷底座；2—弹簧片；3—管体；4—绝缘手柄；5—熔体

图1-11　有填料式熔断器

 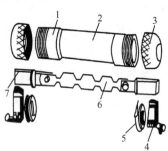

（a）实物图　　　　　　　　　（b）结构示意图

1—铜圈；2—熔断管；3—管帽；4—插座；5—特殊垫圈；6—熔体；7—熔片

图1-12　无填料式熔断器

当短路电流消失后，温度下降，金属钠恢复原来的良好导电性能。自复式熔断器只能限制短路电流，不能真正分断电路。其优点是不必更换熔体，能重复使用，其实物图如图1-13所示。

熔断器的图形和文字符号如图1-14所示。

图1-13　自复式熔断器的实物图　　　　　　　　图1-14　熔断器的图形和文字符号

1.2.2　熔断器的安秒特性

熔断器的安秒特性（也称保护特性）是指熔体的熔化电流与熔化时间之间的关系。电流通过熔体时产生的热量与电流的平方及通电时间成正比，即$Q=I^2Rt$。由此可见，电流越大，熔体熔断的时间越短，其特性曲线如图1-15所示，由图可知，它具有反时限特性。在安秒特性中有一条熔断与不熔断电流的分界线，与此相对应的电流是最小熔断电流I_r。当熔体通过的电流小于I_r时，熔体不应熔断。根据对熔断器的要求，熔体在额定电流I_{re}时不应

图1-15　熔断器的安秒特性

熔断。最小熔断电流与熔体额定电流之比 $K_r=I_r/I_{re}$ 称为熔断器的熔化系数。熔化系数主要取决于熔体的材料、工作温度及它的结构。当熔体采用低熔点的金属材料（如铅、锡合金及锌等）时，熔断时所需热量少，故熔断系数较小，有利于过载保护；但它们的电阻率较大，熔体截面积较大，熔断时产生的金属蒸气较多，不利于灭弧，故分断能力较低。当熔体采用高熔点的金属材料（如铝、铜和银）时，熔断时所需热量大，故熔断系数大，不利于过载保护，而且可能使熔断器过热；但它们的电阻率低，熔体截面积较小，有利于灭弧，故分断能力较强。由此可知，不同熔体材料的熔断器，在电路中起保护作用的侧重点是不同的。

1.2.3 熔断器的技术数据

1. 额定电压

熔断器的额定电压是指熔断器长期工作和断开后能够承受的电压，其值应大于或等于电气设备的额定电压。

2. 额定电流

熔断器的额定电流是指熔断器长期工作时，被保护设备温升不超过规定值时所能承受的电流。为了减少熔管的规格，熔管的额定电流等级比较少，而熔体的额定电流等级比较多，即在一个额定电流等级的熔管内可安装多个额定电流等级的熔体，但熔体的额定电流最大不能超过熔管的额定电流。

3. 极限分断能力

熔断器的极限分断能力是指熔断器在规定的额定电压和功率因数（或时间常数）的条件下能断开的最大电流。在电路中出现的最大电流一般是指短路电流，所以极限分断能力也反映了熔断器分断短路电流的能力。

1.2.4 熔断器的选择

熔断器的选择包括熔断器类型的选择和熔体额定电流的选择两部分。

1. 熔断器类型的选择

主要根据负载的保护特性和短路电流的大小来选择熔断器的类型。例如，对于保护小容量的照明电路或电动机的熔断器，一般考虑它们的过载保护，希望熔断器的熔化系数适当小些。因此，容量较小的照明电路和电动机宜采用熔体为铅锌合金的熔断器，而大容量的照明电路和电动机，除过载保护外，还应考虑短路时分断短路电流的能力。当短路电流较小时，可采用熔体为锡质的或锌质的熔断器；当短路电流较大时，可采用具有高分断能力的熔断器；当短路电流相当大时，可采用有限流作用的熔断器。

2. 熔体额定电流的选择

（1）用于保护照明或电热设备的熔断器，负载电流比较稳定，熔体的额定电流一般应等于或稍大于负载的额定电流，即

$$I_{re} \geq I_e \tag{1-1}$$

式中，I_{re} 为熔体的额定电流；I_e 为负载的额定电流。

(2) 用于保护单台长期工作的电动机的熔断器，考虑电动机启动时不应熔断，熔体的额定电流按式（1-2）计算：

$$I_{re} \geq (1.5 \sim 2.5) I_e \tag{1-2}$$

轻载启动或启动时间比较短时，系数可近似取 1.5。带重载启动或启动时间比较长时，系数可近似取 2.5。

(3) 用于保护频繁启动电动机的熔断器，考虑频繁启动时发热而熔断器也不应熔断，熔体的额定电流按式（1-3）计算：

$$I_{re} \geq (3 \sim 3.5) I_e \tag{1-3}$$

(4) 用于保护多台电动机的熔断器，在出现尖峰电流时熔断器不应熔断。通常将其中容量最大的一台电动机启动，而其余电动机正常运行时出现的电流作为尖峰电流。为此，熔体的额定电流按式（1-4）计算：

$$I_{re} \geq (1.5 \sim 2.5) I_{e,max} + \sum I_e \tag{1-4}$$

式中，$I_{e,max}$ 为容量最大的一台电动机的额定电流；$\sum I_e$ 为其余电动机额定电流之和。

为防止发生越级熔断，上下级（即供电干、支线）熔断器间应有良好的协调配合。为此，应使上一级（供电干线）熔断器的熔体额定电流比下一级（供电支线）的大 1~2 个级差。

1.3 低压断路器

开关电器广泛用于配电系统和电气控制系统，用作电源的隔离及电气设备的保护和控制。过去常用的闸刀开关是一种结构简单、价格低廉的手动电器，主要用于接通和切断长期工作设备的电源及不经常启动和制动、容量小于 7.5kW 的异步电动机。现在大部分开关电器基本上都被断路器所取代。

低压断路器又称自动空气开关，是低压配电网络和电气控制系统中非常重要的开关电器和保护电器，它集控制和多种保护功能于一身，除能完成接通和分断电路外，还能对电路或电气设备发生的短路、严重过载及欠电压等故障进行保护，也可以用于不频繁的启动电动机。

断路器具有操作安全、使用方便、工作可靠、安装简单、动作后（如短路故障排除后）不需要更换元件等优点。因此，现在大部分的使用场合，断路器取代了过去常用的闸刀开关和熔断器的组合。

1.3.1 低压断路器的结构及工作原理

低压断路器主要由三部分组成：触头、灭弧系统和各种脱扣器，其实物及结构如图 1-16 所示。脱扣器包括过流脱扣器、失压（或欠压）脱扣器、热脱扣器、分励脱扣器和自由脱扣器。它是靠操作机构手动或自动合闸的，触头闭合后，自由脱扣器机构将触头锁在合闸位置上。当电路发生故障时，通过各自的脱扣器使自由脱扣器动作，自动跳闸实现保护作用。

1. 过电流脱扣器

当流过断路器的电流在整定值以内时，过流脱扣器所产生的吸力不足以吸动衔铁。当电流超过整定值时，强磁场的吸力使衔铁失去平衡，导致自由脱扣器动作，断路器跳闸，实现过流保护。过流脱扣器主要用于电路的短路或严重过载保护。

 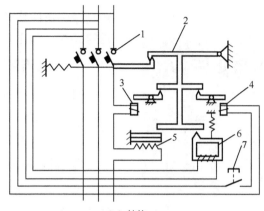

(a) 实物图　　　　　　　　　　　　(b) 结构

1—主触头；2—自由脱扣器；3—过流脱扣器；4—分励脱扣器；5—热脱扣器；6—失压脱扣器；7—按钮

图 1-16　低压断路器

2. 失压脱扣器

当电源电压在额定电压时，失压脱扣器产生的磁力足以将衔铁吸合，使断路器保持在合闸状态。当电源电压下降到低于额定值或降为 0V 时，在弹簧的作用下衔铁被释放，自由脱扣机构动作而切断电源。

3. 热脱扣器

热脱扣器的作用和工作原理与热继电器相同。

4. 分励脱扣器

分励脱扣器用于远距离操作。在正常工作时，其线圈是断电的；在需要远距离操作时，按动按钮使线圈通电，其电磁机构使自由脱扣器动作，断路器跳闸。

低压断路器的图形和文字符号如图 1-17 所示。

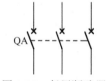

图 1-17　低压断路器的图形和文字符号

1.3.2　低压断路器的类型

1. 装置式低压断路器

装置式低压断路器又称塑料外壳式低压断路器，如图 1-16 所示。它用绝缘材料制成的封闭型外壳将所有构件组装在一起，用于配电网络的保护和电动机、照明电路及电热器等的控制。其主要型号有 DZ5、DZ10、DZ20 等系列。

2. 万能式低压断路器

万能式低压断路器又称敞开式低压断路器，具有绝缘衬底的框架结构底座，所有的构件组装在一起，用于配电网络的保护。其主要型号有 DW10 型和 DW15 型两个系列。万能式低压断路器的实物图如图 1-18 所示。

3. 限流断路器

利用短路电流产生的巨大吸力，使触点迅速断开，能在交流短路电流还没有达到峰值之前就把故障电路切断,用于短路电流相当大(高达70kA)的电路中,其主要型号有DZX10和DWX15两种系列。

4. 快速断路器

具有快速电磁机构和强有力的灭弧装置,最快可在0.02s以内动作,用于半导体整流器件和整流装置的保护,其主要型号有DS系列。

5. 智能断路器

智能断路器的特点是采用了以微处理器或单片机为核心的智能控制器(智能脱扣器)。它不仅具备普通断路器的各种保护功能,同时还具备实时显示电路中的各种电气参数(电流、电压、功率因数等),对电路进行在线监视、测量、试验、自诊断和通信等功能;还能够对各种保护功能的动作参数进行显示、设定和修改。将电路动作时的故障参数存储在非易失存储器中,以便查询。

图1-18 万能式低压断路器的实物图

智能断路器有框架式和塑料外壳式两种。框架式智能断路器主要用作智能化自动配电系统中的主断路器。塑料外壳式智能断路器主要用在配电网络中分配电能和作为电路及电源设备的控制和保护,也可用于三相笼型异步电动机的控制。

1.3.3 低压断路器的主要技术数据

1. 额定电压

低压断路器的额定电压是指断路器在长期工作时的允许电压,通常大于或等于电路的额定电压。

2. 额定电流

低压断路器的额定电流是指断路器在长期工作时的允许持续电流。

3. 通断能力

低压断路器的通断能力是指断路器在规定的电压、频率及规定的电路参数(交流电路为功率因数,直流电路为时间常数)下所能接通和分断的短路电流值。

4. 分断时间

低压断路器的分断时间是指断路器切断故障电流所需要的时间。

1.3.4 低压断路器的选择及使用

1. 低压断路器的选择

(1)低压断路器的额定电流和额定电压应大于或等于电路、设备的正常工作电压和工作电流。

(2)低压断路器的极限分断能力应大于或等于电路最大短路电流。

(3)过电流脱扣器的额定电流大于或等于电路的最大负载电流。对于单台电动机来说,可按式（1-5）计算：

$$I_z \geq kI_q \tag{1-5}$$

式中，k 为安全系数，可取 1.5～1.7；I_q 为电动机的启动电流；I_z 为过电流脱扣器的额定电流。

对于多台电动机来说，可按式（1-6）计算：

$$I_z \geq KI_{q,max} + \sum I_e \tag{1-6}$$

式中，K 也可取 1.5～1.7；$I_{q,max}$ 为容量最大的一台电动机的启动电流；$\sum I_e$ 为其余电动机额定电流之和。

（4）欠电压脱扣器的额定电压等于电路的额定电压。

（5）热脱扣器的整定电流应与所控制负载（如电动机）的额定电流一致。

2. 低压断路器的使用

（1）在安装低压断路器时应注意把来自电源的电路接到开关灭弧罩一侧的端子上，来自电气设备的电路接到另外一侧的端子上。

（2）低压断路器投入使用时应先进行整定，按照要求整定热脱扣器的动作电流，以后就不应随意旋动有关的螺钉和弹簧。

（3）发生断路、短路事故动作后，应立即对触点进行清理，检查有无熔坏，清除金属熔粒、粉尘等，特别要把散落在绝缘体上的金属粉尘清除干净。

（4）在正常情况下，每 6 个月应对断路器进行一次检修，清除灰尘。

使用低压断路器来实现短路保护比熔断器要好，因为当三相电路短路时，很可能只有一相的熔断器熔断，造成断相运行。对于低压断路器来说，只要造成短路就会使其跳闸，将三相同时切断。

1.4 接触器

接触器是一种用来频繁接通和断开（交、直流）负荷电流的电磁式自动切换电器，主要用于控制电动机、电焊机、电容器组等设备，具有低压释放的保护功能，适用于频繁操作和远距离控制，是电气自动控制系统中使用最广泛的器件之一。

1.4.1 接触器的分类

接触器按流过主触点电流性质的不同，可分为交流接触器和直流接触器，其实物图如图 1-19 所示；按其主触点的极数不同可分为单极、双极、三极、四极、五极等几种，其中单极、双极多为直流接触器。

励磁线圈回路是采用交流还是直流，可根据实际情况来选取，它是一种控制方式。交流接触器可以采用直流控制，直流接触器也可以采用交流控制。

1.4.2 接触器的结构及工作原理

1. 接触器的结构

图 1-20 所示是交流接触器的结构示意图。它主要由电磁机构、触点系统、灭弧装置和其他辅助部件四部分组成。

（a）交流接触器实物图　　　　　　　　（b）直流接触器实物图

图 1-19　接触器实物图

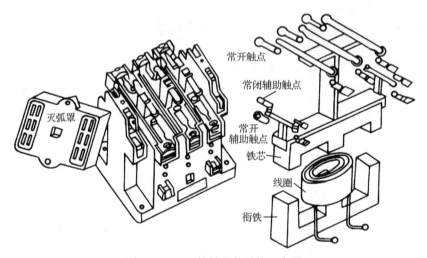

图 1-20　交流接触器的结构示意图

（1）电磁机构。

电磁机构由线圈、铁芯和衔铁组成，其作用是产生电磁吸力，带动触点动作。铁芯一般都是双 E 形直动式电磁机构。

（2）触点系统。

触点系统分为主触点和辅助触点。主触点用于接通或断开主电路或大电流电路，一般为三极，主触点容量较大。辅助触点用于控制电路，结构上往往是常开触点和常闭触点成对出现，常用的常开、常闭辅助触点各两对，辅助触点容量较小。主触点、辅助触点一般采用桥式双断点结构。

（3）灭弧装置。

容量较大的接触器都有灭弧装置。大容量的接触器常采用窄缝灭弧、栅片灭弧；小容量的接触器常采用电动力吹弧、灭弧罩等。

（4）其他辅助部件。

其他辅助部件包括反力装置、传动机构、支架及底座等。

2. 接触器的工作原理

接触器的工作原理：当线圈得电后，线圈电流在铁芯中产生磁场，该磁场对衔铁产生克服反力机构（复位弹簧）的电磁吸力，使衔铁带动触点动作。触点动作时，常闭触点断开，常开触点闭合。当线圈中的电压值降低到某一数值时（无论是正常控制还是欠电压、失电压故障，一般降至线圈额定电压的 85%），铁芯中的磁场减弱，电磁吸力减小，当减小到不足以克服复位弹簧的反力时，衔铁在复位弹簧的反力作用下复位，使主、辅触点的常开触点断开，常闭触点闭合（即线圈得电，触点动作；线圈失电，触点复位）。

接触器在电路图中的图形和文字符号如图 1-21 所示。要注意的是，在绘制电路图时，同一种电器必须使用同一种文字符号。

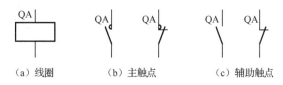

图 1-21　接触器的图形和文字符号

3. 直流接触器

直流接触器主要用于控制直流电压至 440V、直流电流至 1600A 的直流电力电路，常用于频繁地操作和控制直流电动机。

1.4.3　接触器的型号及主要技术数据

目前，我国常用的交流接触器主要有 CJX2、CJ20、CJX1、CJ24 等系列。引进产品应用较多的有德国 BBC 公司的 B 系列、西门子公司的 3TB 和 3TF 系列、法国 TE 公司的 LC1 和 LC2 系列等。常用的直流接触器有 CZ21、CZ22、CZ18、CZ10、CZ2 等系列。

1. 额定电压

接触器铭牌上标注的额定电压是指主触点的额定电压。交流接触器常用的额定电压等级有 220V、380V、500V 等；直流接触器常用的额定电压等级有 110V、220V 和 440V。

2. 额定电流

接触器铭牌上标注的额定电流是指主触点的额定电流，即允许长期通过主触点的最大电流。常用的额定电流等级有 10～800A。

3. 线圈的额定电压

交流励磁线圈常用的额定电压等级有 220V 和 380V；直流励磁线圈常用的额定电压等级有 24V 和 220V。

4. 额定操作频率

额定操作频率是指每小时的操作次数（次/h）。交流接触器的额定操作频率最高为 600 次/h，直流接触器的额定操作频率最高为 1200 次/h。操作频率直接影响接触器的电寿命和灭弧罩的工作条件，还会影响交流接触器线圈的温升。选用时，一般交流负载用交流接触器，直流负载用直流接触器，但交流负载在频繁动作时可采用直流励磁线圈的交流接触器。

5. 接通和分断能力

接通和分断能力是指主触点在规定条件下能可靠地接通和分断的电流值。在此电流值下,接通时主触点不应发生熔焊,分断时主触点不应发生长时间燃弧。

另外,接触器还有使用类别的问题。这是由于接触器用于不同负载时,对主触点的接通和分断能力的要求不一样,而不同使用类别的接触器是根据其不同控制对象(负载)的控制方式规定的。根据低压电器基本标准的规定,接触器的使用类别比较多,其中,在电力拖动控制系统中,接触器常见的使用类别及其典型用途如表 1-1 所示。

表 1-1 接触器的使用类别及典型用途

电流种类	使用类别	典型用途
AC	AC1	无感或微感负载、电阻炉
	AC2	绕线式电动机的启动和分断
	AC3	笼型电动机的启动和分断
	AC4	笼型电动机的启动、反接制动、反向和点动
DC	DC1	无感或微感负载、电阻炉
	DC3	并励电动机的启动、反接制动、反向和点动
	DC5	串励电动机的启动、反接制动、反向和点动

接触器的使用类别代号通常标注在产品的铭牌上或工作手册中。表 1-1 中要求接触器主触点达到的接通和分断能力如下。

(1) AC1 和 DC1 类允许接通和分断额定电流。
(2) AC2、DC3 和 DC5 类允许接通和分断 4 倍的额定电流。
(3) AC3 类允许接通 6 倍的额定电流和分断额定电流。
(4) AC4 类允许接通和分断 6 倍的额定电流。

1.4.4 接触器的选择与使用

1. 接触器使用类别的选择

可根据所控制负载的工作任务选择相应使用类别的接触器。生产中广泛使用中小容量的笼型电动机,其中大部分负载是一般任务,相当于 AC3 使用类别。控制机床电动机的接触器负载情况比较复杂,既有 AC3 类的也有 AC4 类的,还有 AC1 类和 AC4 类混合的负载,这些都属于重任务范畴。如果负载明显属于重任务类,则应选用 AC4 类接触器。如果负载为一般任务和重任务混合的情况,则应根据实际情况选用 AC3 类或 AC4 类接触器。若确定选用 AC3 类接触器,则它的容量应降低一级使用,即使这样,其寿命仍有不同程度的降低。

适用于 AC2 类的接触器,一般也不宜用来控制 AC3 及 AC4 类的负载,因为它的接通能力较低,在频繁接通这类负载时容易发生触点熔焊现象。

2. 额定电压的选择

接触器的额定电压应大于或等于负载回路的电压。

3. 额定电流的选择

接触器的额定电流应大于或等于被控回路的额定电流。对于电动机负载可按式（1-7）计算：

$$I_c = \frac{P_N \times 10^3}{KU_N} \tag{1-7}$$

式中，I_c 为流过接触器主触点的电流（A）；P_N 为电动机的额定功率（kW）；U_N 为电动机的额定电压（V）；K 为经验系数，一般取 1～1.4。

选择接触器的额定电流应大于或等于 I_c。如果接触器使用在电动机频繁启动、制动或正反转的场合，则一般将接触器的额定电流降一个等级来使用。

4. 励磁线圈的额定电压选择

励磁线圈的额定电压应与所接控制电路的额定电压一致。对简单控制电路可直接选用交流 380V、220V 电压。

5. 接触器的触点数量、种类选择

接触器的触点数量和种类应根据主电路和控制电路的要求选择。当辅助触点的数量不能满足要求时，可通过增加中间继电器的方法解决。

6. 接触器的选择小技巧

接触器是电气控制系统中不可缺少的执行器件，而三相笼型电动机也是较常用的被控对象。对额定电压为 AC380V 的接触器，如果知道了电动机的额定功率，则相应接触器的额定电流的数值也基本可以确定。对于 5.5kW 以下的电动机，其控制接触器的额定电流约为电动机额定功率数值的 2～3 倍；对于 5.5～11kW 的电动机，其控制接触器的额定电流约为电动机额定功率数值的 2 倍；对于 11kW 以上的电动机，其控制接触器的额定电流约为电动机额定功率数值的 1.5～2 倍。记住这些关系，对实际工作中迅速选择接触器非常有用。

1.5 继电器

继电器是一种根据某种输入信号的变化来接通或断开小电流控制电路，实现自动控制和保护的电器。其输入量可以是电压、电流等电量，也可以是温度、时间、速度、压力等非电量。继电器种类繁多，按输入信号的性质不同可以分为电压继电器、电流继电器、时间继电器、速度继电器、温度继电器等；按工作原理不同又可以分为电磁式继电器、感应式继电器、电动式继电器、电子式继电器等；按输出形式不同还可分为有触点和无触点两类。

1.5.1 电磁式继电器

电磁式继电器是应用最早、最多的一种继电器，其结构和工作原理与电磁式接触器相似，也由电磁机构和触点系统组成。主要区别是：继电器可对多种输入量的变化做出反应，而接触器只有在一定的电压信号作用下动作；继电器用于切换小电流的控制电路和保护电路，而接触器用来控制大电流电路；继电器没有灭弧装置，也无主、辅触点之分。

电磁式继电器按输入信号的性质不同可分为电流继电器、电压继电器和中间继电器。

1. 电流继电器

触点的动作与线圈电流大小有关的继电器称为电流继电器，使用时，电流继电器的线圈与被测电路串联，以反映电路中电流的变化。为降低负载效应和对被测量电路参数的影响，其线圈匝数少、导线粗、阻抗小。电流继电器常用于电流检测及控制场合，如电动机的过载及短路保护、直流电动机的磁场控制及失磁保护。根据线圈的电流种类，电流继电器可分为交流和直流电流继电器；按吸合电流相对额定电流的大小不同，电流继电器可分为过电流继电器和欠电流继电器。电流继电器的实物图及图形和文字符号如图 1-22 所示。

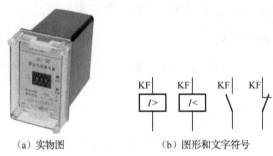

(a) 实物图　　　　　　(b) 图形和文字符号

图 1-22　电流继电器

(1) 过电流继电器。

过电流继电器用作电路的过电流保护。正常工作时，线圈电流为额定电流，此时衔铁为释放状态；当电路中电流大于负载额定电流时，衔铁才产生吸合动作，从而带动触点动作，断开负载电路，所以电路中常采用过电流继电器的常闭触点。

由于在电力拖动系统中，冲击性的过电流故障时有发生，因此常采用过电流继电器作为电路的过电流保护。通常，交流过电流继电器的吸合电流调整范围为 $I_X = (1.1 \sim 4) I_N$，直流过电流继电器的吸合电流调整范围为 $I_X = (0.7 \sim 3.5) I_N$。

(2) 欠电流继电器。

欠电流继电器在电路中用于欠电流保护。正常工作时，线圈电流为负载额定电流，衔铁处于吸合状态；当电路的电流小于负载额定电流，达到衔铁的释放电流时，衔铁释放，同时触点复位，断开电路，所以电路中常采用欠电流继电器的常开触点。

在直流电路中，由于某种原因而引起负载电流的降低或消失，往往会导致严重的后果，如直流电动机的励磁回路断线，可能会产生飞车现象。因此，欠电流继电器在有些控制电路中是不可缺少的。直流欠电流继电器的吸合电流与释放电流调整范围分别为 $I_X = (0.3 \sim 0.65) I_N$ 和 $I_f = (0.1 \sim 0.2) I_N$。没有交流欠电流继电器产品。

选用电流继电器时首先要注意线圈电压的种类和等级应与负载电路一致，然后根据对负载的保护作用（是过电流还是欠电流）来选用电流继电器的类型，最后要根据控制电路的要求选择触点的类型（是常开还是常闭）和数量。

2. 电压继电器

触点的动作与线圈电压大小有关的继电器称为电压继电器。它可用于电力拖动系统中的电压检测、保护和控制，使用时，电压继电器的线圈与负载并联，其线圈的匝数多、线径细、阻抗大。电压继电器按线圈电流的种类可分为交流和直流电压继电器；按吸合电压相对额定电压的大小不同，可分为过电压继电器和欠电压继电器。电压继电器的实物图及图形和文字符号如

图1-23所示。

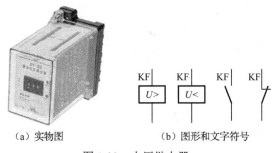

(a) 实物图　　　　　(b) 图形和文字符号

图1-23　电压继电器

（1）过电压继电器。

过电压继电器在电路中用于过电压保护。过电压继电器线圈在额定电压时，衔铁不产生吸合动作，只有当线圈的电压高于其额定电压时衔铁才产生吸合动作，从而带动触点动作，断开负载电路，所以电路中常采用过电压继电器的常闭触点。交流过电压继电器吸合电压的调节范围为 $U_x=(1.05\sim1.2)U_N$。因为直流电路不会产生波动较大的过电压现象，所以产品中没有直流过电压继电器。

（2）欠电压继电器。

欠电压继电器在电路中用于欠电压保护。欠电压继电器线圈在额定电压时，衔铁处于吸合状态；如果电路出现电压降低至线圈的释放电压时，衔铁由吸合状态转为释放状态，从而触点复位，断开负载电路，实现欠电压保护，所以电路中常采用欠电压继电器的常开触点。

通常，直流欠电压继电器的吸合电压与释放电压的调节范围分别为 $U_x=(0.3\sim0.5)U_N$ 和 $U_f=(0.07\sim0.2)U_N$；交流欠电压继电器的吸合电压与释放电压的调节范围分别为 $U_x=(0.6\sim0.85)U_N$ 和 $U_f=(0.1\sim0.35)U_N$。

选用电压继电器时，首先要注意线圈电压的种类和电压等级应与控制电路一致，然后根据在控制电路中的作用（是过电压还是欠电压）选型，最后要按控制电路的要求选择触点的类型（是常开还是常闭）和数量。

3. 中间继电器

中间继电器的励磁线圈属于电压线圈，它的触点数量较多（一般有4对常开、4对常闭），且动作灵敏。其主要用途是当其他继电器的触点数量或触点容量不够时，可借助中间继电器来扩大触点容量和触点数量，起到中间转换的作用。

中间继电器的实物图及图形和文字符号如图1-24所示。

中间继电器的主要技术参数有额定电压、额定电流、触点对数，以及线圈电压种类和规格等。选用时要注意线圈的电压种类和电压等级应与控制电路一致。另外，要根据控制电路的需求来确定触点的形式和数量。当一个中间继电器的触点数量不够时，也可以将两个中间继电器并联使用，以增加触点的数量。

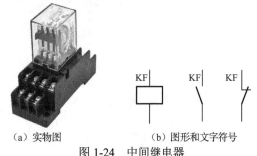

(a) 实物图　　　　　(b) 图形和文字符号

图1-24　中间继电器

1.5.2 时间继电器

当输入信号变化后,经过一定的延时输出信号才变化的继电器称为时间继电器。在电气自动化控制系统中,基于时间原则的控制要求很常见,所以时间继电器是一种最常用的低压控制器件。

时间继电器有通电延时型和断电延时型两种。通电延时型是指当有输入信号时,延迟一定时间,输出信号才发生变化;当输入信号消失后,输出信号瞬时复原。断电延时型是指当有输入信号时,瞬时产生相应的输出信号;当输入信号消失后,延迟一定时间,输出信号才复原。

按工作原理划分,时间继电器可分为电磁式、电动式、电子式等。其中,电子式时间继电器最为常用,而其他形式的时间继电器已基本被淘汰或很少使用。

电子式时间继电器除执行继电器外,均由电子元器件组成,没有机械部件,因此具有较长的寿命和较高精度、体积小、延时范围大、控制功率小等优点。

时间继电器的图形和文字符号如图 1-25 所示。

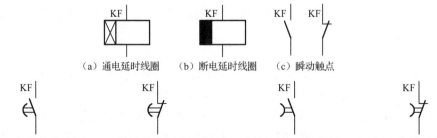

图 1-25 时间继电器的图形和文字符号

电子式时间继电器实物图如图 1-26 所示。

图 1-26 电子式时间继电器实物图

1.5.3 热继电器

1. 热继电器的作用及分类

热继电器是利用电流的热效应及发热元件的热膨胀原理进行设计的,实现对电路的过载保护。由于热继电器中发热元件有热惯性,在电路中不能用作瞬时过载保护,更不能用作短路保护,因此,它不同于熔断器。

热继电器按相数来分,有单相、两相和三相三种类型,每种类型按发热元件的额定电流分又有不同的规格和型号。三相式热继电器常用于三相交流电动机的过载保护。按功能不同，三相式热继电器又可分为带断相保护和不带断相保护两种类型。

2．热继电器的结构、工作原理和保护特性

（1）热继电器的结构。

热继电器的实物图及结构示意图如图 1-27 所示。它主要由发热元件、双金属片和触点三部分组成。热继电器中产生热效应的发热元件应串联在电路中，以便能直接反映电路的过载电流。触点串联在控制电路中，一般有常开和常闭两种，作为过载保护用时，常使用常闭触点。

热继电器的敏感元件是双金属片。它将两种线膨胀系数不同的金属片以机械碾压方式使之形成一体。线膨胀系数大的称为主动片，线膨胀系数小的称为被动片。双金属片受热后产生线膨胀，由于两层金属的线膨胀系数不同，且两层金属又紧紧地黏合在一起，使得双金属片向被动片一侧弯曲，从而带动触点动作。

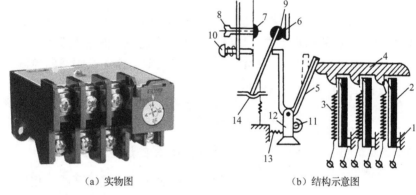

(a) 实物图　　　　(b) 结构示意图

1—支撑件；2—金属片；3—发热元件；4—推动导板；5—补偿双金属片；6、7、9—触点；
8—复位螺钉；10—按钮；11—调节旋钮；12—支撑件；13—压簧；14—推杆

图 1-27　热继电器

（2）热继电器的工作原理。

使用时，发热元件 3 串接在电动机定子绕组中，电动机定子绕组电流即为流过发热元件的电流。当电动机正常运行时，发热元件产生的热量虽能使双金属片 2 弯曲，但还不足以使继电器动作；当电动机过载时，发热元件产生的热量增大，使双金属片弯曲位移增大，经过一定时间后，双金属片弯曲到推动导板 4，并通过补偿双金属片 5 与推杆 14 将触点 9 和 6 分开，触点 9 和 6 为热继电器串接于控制电路中的常闭触点，断开控制电路后使接触器的线圈失电，接触器的主触点断开电动机的电源以保护电动机。

调节旋钮 11 是一个偏心轮，它与支撑件 12 构成一个杠杆，13 是一个压簧，转动偏心轮，改变它的半径即可改变补偿双金属片 5 与推动导板 4 的接触距离，达到调节整定动作电流的目的。此外，靠调节复位螺钉 8 来改变常开触点的位置，使热继电器能工作在手动复位和自动复位两种工作状态。采用手动复位时，在故障排除后要按下按钮 10 才能使动触点恢复到与静触点 6 相接触的位置。

（3）电动机的过载特性和热继电器的保护特性。

热继电器的触点动作时间与被保护的电动机过载程度有关。电动机在不超过允许温升的条件下，其过载电流与电动机通电时间的关系称为电动机的过载特性。当电动机运行中出现过载电流时，必将引起绕组发热。根据热平衡关系可知，在允许温升条件下，电动机通电时间与其过载电流的平方成反比。由此可得出电动机的过载特性具有反时限特性，如图1-28所示的曲线1。

为了适应电动机的过载特性而又起到过载保护作用，要求热继电器也应具有类似电动机过载特性的反时限特性。因此，在热继电器中必须具有电阻发热元件，利用过载电流通过电阻发热元件产生的热效应使敏感元件动作，从而带动触点动作来完成保护作用。热继电器中通过的过载电流与热继电器触点的动作时间关系称为热继电器的保护特性，如图1-28所示的曲线2。考虑各种误差的影响，电动机的过载特性和热继电器的保护特性是一条曲带，误差越大，曲带越宽；误差越少，曲带越窄。

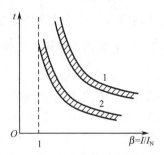

图1-28 电动机的过载特性和热继电器的保护特性及其配合

由图1-28可知，电动机出现过载时，工作在曲线1的下方是安全的。因此，热继电器的保护特性应在电动机过载特性的邻近下方。这样，如果发生过载，热继电器就会在电动机未达到其允许过载极限之前动作，及时切断电源，使电动机免遭损坏。

热继电器的发热元件、常闭触点的图形和文字符号如图1-29所示。

图1-29 热继电器的发热元件、触点图形和文字符号

3. 带断相保护的热继电器

三相电动机的一相接线松开或一相熔丝熔断是造成三相异步电动机烧坏的主要原因之一。如果热继电器保护的电动机为星形接法，当电路发生一相断电时，另外两相电流便增大很多。由于线电流等于相电流，流过电动机定子绕组的电流和流过热继电器的电流增加的比例相同，因此普通的两相或三相热继电器可以对此做出保护。

如果电动机是三角形接法，当发生断相时，由于电动机的相电流和线电流不相等，流过电动机定子绕组的电流和流过热继电器的电流增加比例不同，而发热元件又串联在电动机的电源进线中，因此按电动机的额定电流即线电流来整定，整定值较大。当故障线电流达到额定电流时，在电动机绕组内部，电流较大的那一相绕组的故障电流将超过额定相电流，便有过热烧毁的危险。因此，三角形接法必须采用带有断相保护的热继电器。

带有断相保护的热继电器是在普通热继电器的基础上增加一个差动机构，对三个电流进行比较。差动式断相保护装置结构原理图如图1-30所示。热继电器的导板改为差动机构，由上导板1、下导板2及杠杆5组成，它们之间都用转轴连接。图1-30（a）所示为通电前装置各部件的位置。图1-30（b）所示为正常通电时的位置，此时三相双金属片都受热向左弯曲，但弯曲的挠度不够，所以下导板向左移动一小段距离，继电器不动作。图1-30（c）所示是三相同时过载的情况，三相双金属片同时向左弯曲，推动下导板2向左移动，通过杠杆5使常闭触点断开。图1-30（d）所示是C相断线的情况，这时C相双金属片逐渐冷却降温，端部向右移动推动上导板1向右移动。而另外两相双金属片温度上升，端部向左弯曲，推动下导板2继续向左移动。由于上下导板一左一右移动，产生了差动作用，通过杠杆的放大作用，使常闭触点断开。由于差动作用，使热继电器在断相故障时加速动作，实现了保护电动机的目的。

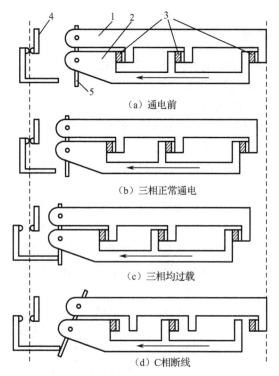

1—上导板；2—下导板；3—双金属片；4—常闭触点；5—杠杆

图1-30 差动式断相保护装置结构原理图

4．热继电器的型号及主要技术数据

在三相交流电动机的过载保护中，应用较多的有JR16和JR20系列三相式热继电器。

热继电器的主要技术参数有额定电压、额定电流、相数、发热元件编号及整定电流调节范围等。热继电器的整定电流是指热继电器的发热元件允许长期通过又不致引起继电器动作的电流值，对于某个发热元件，可通过调节电流旋钮，在一定范围内调节其整定电流。

5．热继电器的选用

热继电器的选用应综合考虑电动机型号、工作环境、启动情况、负荷情况等方面的因素。

（1）原则上热继电器的额定电流应按电动机的额定电流选择。对于过载能力较差的电动机，其配用的热继电器（主要是发热元件）的额定电流可适当小些。通常，选取热继电器的额定电流（实际上是选取发热元件的额定电流）为电动机额定电流的60%~80%。

（2）在不需要频繁启动的场合，要保证热继电器在电动机的启动过程中不产生误动作。通常，当电动机启动电流为其额定电流的6倍及启动时间不超过6s时，若很少连续启动，则可按电动机的额定电流选取热继电器。

（3）当电动机为重复短时工作时，首先要确定热继电器的允许操作频率。因为热继电器的操作频率是很有限的，如果用来保护操作频率较高的电动机，则效果很不理想，有时甚至不能使用。

对于可逆运行和频繁通断的电动机，不宜采用热继电器保护，必要时可以选用装入电动机内部的温度继电器。

1.5.4 速度继电器

速度继电器是利用速度原则对电动机进行控制的自动电器,常用于笼型异步电动机的反接制动,所以有时也称为反接制动继电器。

感应式速度继电器是依靠电磁感应原理实现触点动作的,因此,它的电磁系统与一般电磁式电器不同,而与交流电动机的电磁系统相似。感应式速度继电器的实物图及结构示意图如图1-31所示,它主要由定子、转子和触点三部分组成。转子是一个圆柱形永久磁铁,其轴与被控制电动机同轴相连。定子是一个空心圆环,由硅钢片叠成,并装有笼状绕组。当电动机转动时,速度继电器的转子随之转动,这样就在速度继电器的转子和定子圆环之间的气隙中产生旋转磁场,从而在定子绕组中产生感应电动势和感应电流,此电流与旋转的转子磁场作用产生转矩,使定子偏转,其偏转角度与电动机的转速成正比。当偏转到一定角度时,与定子连接的摆锤推动簧片,使常闭触点断开,当电动机转速进一步升高后,摆锤继续偏摆,使常开触点闭合。当电动机转速下降时,摆锤偏转角度随之下降,触点在簧片作用下复位(常开触点断开、常闭触点闭合)。

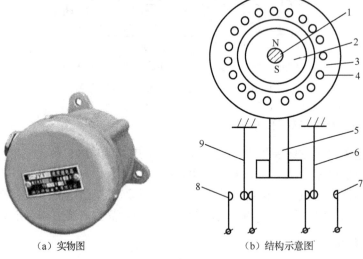

(a)实物图　　　　　(b)结构示意图

1—转轴;2—转子;3—定子;4—线圈;5—摆锤;6、9—簧片;7、8—静触点

图 1-31　速度继电器

一般速度继电器的动作速度为 120r/min,复位速度在 100r/min 以下,转速为 3000~3600r/min 能可靠地工作,允许操作频率不超过 30 次/h。

速度继电器主要根据电动机的额定转速来选择。使用时,速度继电器的转轴应与电动机同轴连接,安装接线时,正反向的触点不能接错,否则不能起到反接制动时接通和断开反向电源的作用。

速度继电器的图形和文字符号如图 1-32 所示。

1.5.5 其他功能继电器

其他功能的继电器还有很多种类,如液位继电器、温度继电器和压力继电器等。

(1)液位继电器。

某些锅炉和水柜需根据液位的高低变化来控制水泵电动机的启停,这一控制可由液位继电器来完成。它的工作原理是当液面达到一定高度时继电器就会动作切断电源，液面低于一定位置时接通电源使水泵工作。

液位继电器的安装位置决定了被控的液位。它价格低廉，主要用于不精确的液位控制场合。液位继电器的实物图及图形和文字符号如图1-33所示。

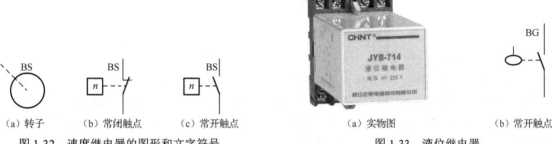

图1-32　速度继电器的图形和文字符号　　　　图1-33　液位继电器

（2）温度继电器。

当电动机发生过电流时，会使其绕组温升过高，前面已经提到，热继电器可以起到保护作用。但当电网电压升高时，即使电动机不过载，也会导致铁损增加而使铁芯发热，同时也会使绕组温升过高。另外，当电动机环境温度过高及通风不良等，也同样会使绕组温升过高。在这些情况下，若用热继电器则不能反映电动机的故障状态。为此，需要一种利用发热元件间接反映绕组温度并根据绕组温度进行动作的继电器，这种继电器称为温度继电器。

温度继电器大体上有两种类型，一种是双金属片式温度继电器；另一种是热敏电阻式温度继电器。

双金属片式温度继电器用于电动机保护时，将其埋设在电动机发热部位，如电动机定子槽内、绕组端部等，可直接反映该处的发热情况。无论是电动机本身出现过载电流引起温度升高，还是其他原因引起电动机温度升高，温度继电器都可起到保护作用。

温度继电器的实物图及图形和文字符号如图1-34所示。

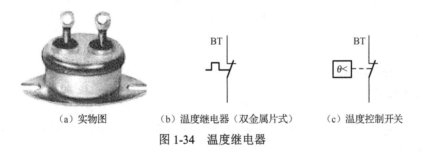

图1-34　温度继电器

（3）压力继电器。

压力继电器是将压力转换成电信号的继电器。通过检测各种气体和液体压力的变化，压力继电器可以发出信号，实现对压力的检测和控制。其工作原理是当系统压力达到压力继电器的设定值时发出电信号，电气元件（如电磁铁、电动机、电磁阀等）动作，从而使液路或气路卸压、换向，或者关闭电动机使系统停止工作，起到安全保护作用。

压力继电器有柱塞式、膜片式、弹簧管式和波纹管式四种结构形式。压力继电器必须放在压力有明显变化的地方才能可靠工作。它价格低廉，主要用于测量和控制精度要求不高的场合。

压力继电器的实物图及图形和文字符号如图1-35所示。

图 1-35　压力继电器

（4）固态继电器。

固态继电器是采用固态半导体元件组装而成的一种无触点开关。它利用电子元器件的电、磁和光特性来完成输入与输出的可靠隔离，利用大功率三极管、场效应管、单向可控硅和双向可控硅等器件的开关特性来达到无触点、无火花地接通和断开被控电路。固态继电器是一种有两个接线端为输入端，另两个接线端为输出端的四端器件，中间采用隔离器件实现输入与输出的电隔离。固态继电器与电磁式继电器相比，是一种没有机械运动、不含运动零件的继电器，但它具有与电磁式继电器本质上相同的功能，由于固态继电器的接通和断开没有机械接触部件，因此具有控制功率小、开关速度快、工作频率高、使用寿命长、抗干扰能力强和动作可靠等优点。固态继电器在许多自动控制装置中得到了广泛的应用。

固态继电器按负载电源类型不同可分为交流型和直流型；按开关类型不同可分为常开型和常闭型；按隔离类型不同可分为混合型、变压器隔离型和光电隔离型，以光电隔离型为最多。

固态继电器的实物图及图形和文字符号如图 1-36 所示。

图 1-36　固态继电器

1.6　主令电器

主令电器是在自动控制系统中发出指令或信号的电器，主令电器用于控制电路，不能直接分合主电路。

主令电器应用十分广泛，种类繁多。常用的主令电器按其作用的不同可分为控制按钮、行程开关、转换开关及其他主令电器等。

1.6.1　控制按钮

控制按钮是一种结构简单、使用广泛的手动主令电器，在低压控制电路中，用于手动发出控制信号以控制接触器、继电器等。

按钮一般由按钮帽、复位弹簧、触点、外壳等部分组成，其实物图及结构示意图如图 1-37 所示。每个按钮中触点的形式和数量可根据需要装配成 1 常开 1 常闭到 6 常开 6 常闭的形式。

为便于识别各个按钮的作用,避免误操作,通常在按钮帽上做出不同标志或涂以不同颜色。一般用红色表示停止按钮,绿色表示启动按钮,其图形和文字符号如图1-38所示。

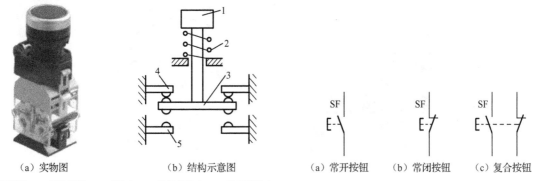

(a) 实物图　　　　　(b) 结构示意图　　　　　(a) 常开按钮　　(b) 常闭按钮　　(c) 复合按钮

1—按钮帽;2—复位弹簧;3—动触点;4—常闭静触点;5—常开静触点

图1-37　控制按钮　　　　　　　　　　　　　图1-38　控制按钮的图形和文字符号

按钮按静态(不受外力作用)时触点的分合状态,可分为常开按钮(启动按钮)、常闭按钮(停止按钮)和复合按钮(常开、常闭组合为一体的按钮)。

常开按钮:未被按下时,触点是断开的;被按下时触点闭合;被松开后,按钮自动复位。

常闭按钮:未被按下时,触点是闭合的;被按下时触点断开;被松开后,按钮自动复位。

复合按钮:被按下时,其常闭触点先断开,常开触点后闭合;而被松开时,常开触点先断开,常闭触点后闭合。

按钮接线没有进线和出线之分,直接将所需的触点接入电路即可。

1.6.2　转换开关

转换开关是一种多挡开关,其特点是触点多,可以任意组合成各种开闭状态,能同时控制多条线路。它主要用于各种配电设备的远距离控制,各种电气控制电路的转换,电气测量仪表的换相测量控制;有时也可用于小容量电动机的启动、换向和调速。

目前常用的转换开关主要有两大类,即万能转换开关和组合开关。两者的结构和工作原理基本相同,在某些场合可以相互替代。

1. 转换开关的结构原理

转换开关由多组相同结构的触点组件叠装而成,其实物图及内部一层结构如图1-39所示。转换开关包括操作机构、面板、手柄和数个触头等主要部件,用螺栓组成一个整体。触头底座有1~12层,其中每层底座最多可装4对触头,并由底座中间的凸轮进行控制。由于每层凸轮可做成不同的形状,因此,当手柄转到不同的位置时,通过凸轮的作用,可使各对触头按所需要的规律接通和分断。

2. 转换开关的选择

转换开关主要按下列要求进行选择。

(1) 按额定电压和工作电流选用合适的转换开关系列。

(2) 按操作需要选定手柄形式和定位特征。

(3) 按控制要求参照转换开关样本确定触点数量和接线图编号。

(4) 选择面板形式及标志。

(a) 实物图

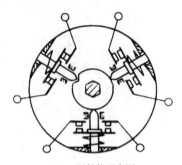

(b) 一层结构示意图

图 1-39 转换开关

转换开关的通断图如图 1-40 所示。

在图 1-40（a）中，纵向虚线表示手柄位置，图中有三个位置左、0、右。横向圆圈表示触点对数，图中有 4 对触点。纵横交叉处的黑圆点表示手柄在此位置时对应的触点接通。在图 1-40（b）中，用有无"×"来表示操作手柄在不同位置时触点的闭合和断开状态。

触点	位置		
	左	0	右
—			
1—2		×	
3—4			×
5—6	×		×
7—8		×	

(a) 画"·"标记表示

(b) 接通表示

图 1-40 转换开关的通断图

1.6.3 行程开关

行程开关也称限位开关或位置开关，用于检测生产机械的位置，是一种利用生产机械某些运动部件的撞击来发出控制信号的主令电器。将行程开关安装于生产机械行程终点处，可限制其行程。行程开关的种类繁多，按结构不同可分为直动式、滚轮式和微动式三种。

直动式行程开关的实物图及结构示意图如图 1-41 所示，它的动作原理与按钮相同，但它的触点分合速度取决于生产机械的移动速度。当移动速度低于 0.4m/min 时，触点断开太慢，易被电弧烧损，为此，应采用有盘形弹簧机构瞬时动作的滚轮式行程开关，其实物图及结构示意图如图 1-42 所示。当生产机械的行程比较小且作用力也很小时，可采用具有瞬时动作和微小行程的微动式行程开关。

(a) 实物图

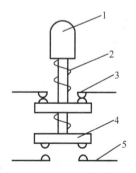

(b) 结构示意图

1—推杆；2—弹簧；3—常闭静触头；4—动触头；5—常开静触头

图 1-41 直动式行程开关

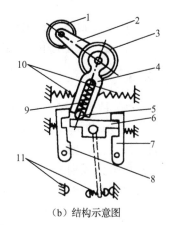

（a）实物图　　　　　　　（b）结构示意图

1—滚轮；2—上转臂；3—滑轮；4—套架；5—滚轮；6—横板；7、8—压板；9、10—弹簧；11—触点

图 1-42　滚轮式行程开关

行程开关的图形及文字符号如图 1-43 所示。

1.6.4　接近开关

接近开关又称无触点非接触式行程开关，当运动的物体与之接近到一定距离时，它就发出动作信号，从而进行相应的操作，不像机械行程开关那样需要施加机械力。接近开关的实物图及图形和文字符号如图 1-44 所示。

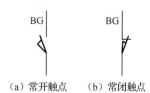

（a）常开触点　　（b）常闭触点

图 1-43　行程开关的图形和文字符号

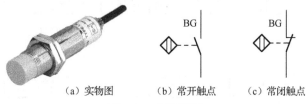

（a）实物图　　（b）常开触点　　（c）常闭触点

图 1-44　接近开关

接近开关是通过其感应头与被测物体间介质能量的变化来取得信号的。接近开关的应用已远超出一般行程控制和限位保护的范畴，可用于高速计数、测速、液面检测、检测金属物体是否存在及其尺寸大小等，也可作为无触点按钮。即使用作一般行程控制，其定位精度、操作频率、使用寿命及对恶劣环境的适应能力也比普通机械行程开关高。

接近开关按其工作原理不同可分为高频振荡型、感应电桥型、霍尔型、光电型、电容型及超声波型等多种形式，其中以高频振荡型最为常用。高频振荡型接近开关基于金属触发原理，主要由高频振荡器、集成电路（或晶体管放大电路）和输出电路三部分组成。其工作原理是：振荡器的线圈在开关的作用表面产生一个交变磁场，当金属检测体接近此作用表面时，在金属检测体中将产生涡流，由于涡流的去磁作用，使感应头的等效参数发生变化，由此改变振荡回路的谐振阻抗和谐振频率，使振荡停止。振荡器的振荡和停振这两个信号，经整形放大后转换成开关信号输出。

电容型接近开关主要由电容式振荡器及电子电路组成。它的电容位于传感器表面，当物体接近时，因为改变了其耦合电容值，从而产生振荡和停振使输出信号发生跳变。

霍尔型接近开关由霍尔元件组成，将磁信号转换为电信号输出，内部的磁敏元件仅对垂直于传感器端面的磁场敏感；当磁极 S 正对接近开关时，接近开关的输出产生正跳变，输出为高电平。若磁极 N 正对接近开关，则输出产生负跳变，输出为低电平。

接近开关的参数有动作距离、重复精度、操作频率、复位行程等。

1.6.5　光电开关

光电开关（光电传感器）是光电接近开关的简称，它是利用被测物体对光束的遮挡或反射，由同步回路接通电路来检测物体的有无。光电开关将输入的电流在发射器上转换为光信号射出，接收器再根据接收到的光线的强弱或有无对目标物体进行探测。

光电开关按检测方式可分为反射式、对射式和镜面反射式三种类型。

光电开关除克服了接触式行程开关存在的诸多不足外，还克服了接近开关的作用距离短、不能直接检测非金属材料等特点。它具有体积小、寿命长、精度高、响应速度快、检测距离远及抗电磁干扰能力强等优点，还可非接触、无损伤地检测和控制各种固体、液体、透明体、柔软体和烟雾等物质的状态和动作。目前，光电开关已被用作物位检测、液位控制、产品计数、宽度判别、速度检测、定长剪切、孔洞识别、信号延时、自动门传感、色标检出及安全防护等诸多领域。

图 1-45 所示为反射式光电开关的工作原理图。由振荡回路产生的调制脉冲经发射电路后，由发光管 GL 辐射出光脉冲。当被测物体进入受光器作用范围时，被反射回来的光脉冲进入光敏三极管 DU，并在接收电路中将光脉冲解调为电脉冲信号，再经放大器放大和同步选通整形，然后用数字积分或 RC 积分方式排除干扰，最后经延时（或不延时）触发驱动器输出光电开关控制信号。

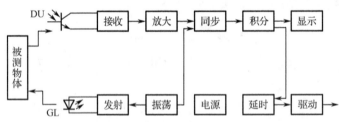

图 1-45　反射式光电开关的工作原理图

光电开关一般都具有良好的回差特性，因此即使被测物体在小范围内晃动也不会影响驱动器的输出状态，从而可使其保持在稳定工作区。同时，自诊断系统还可以显示受光状态和稳定工作区，以随时监视光电开关的工作。

光电开关外形有方形、圆形等几种，主要参数有动作行程、工作电压、输出形式等。光电开关的产品种类十分丰富，应用也非常广泛，其实物图及图形和文字符号如图 1-46 所示。

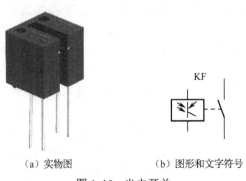

（a）实物图　　　　　（b）图形和文字符号

图 1-46　光电开关

1.7 信号电器

信号电器主要用来对电气控制系统中的某些信号的状态、报警信息等进行指示。典型产品主要有信号灯（指示灯）、灯柱、电铃和蜂鸣器等。

指示灯在各类电气设备及电气电路中做电源指示及指挥信号、预告信号、运行信号、故障信号及其他信号的指示。指示灯主要由壳体、发光体、灯罩等组成。外形结构多种多样，发光体主要有白炽灯、氖灯和半导体型三种。发光颜色有黄、绿、红、白、蓝五种，使用时按国标规定的用途选用，如表 1-2 所示。指示灯的主要参数有安装孔尺寸、工作电压及颜色等。指示灯的实物图及图形和文字符号如图 1-47（a）所示。

表 1-2 指示灯的颜色及其含义

颜　色	含　　义	解　　释	典　型　应　用
红色	异常或警告	对可能出现危险和需要立即处理的情况进行报警	参数超过规定限值，切断被保护电器，电源指示
黄色	警告	状态改变或变量接近极限值	参数偏离正常值
绿色	准备、安全	安全运行条件指示或机械准备启动	设备正常运转
蓝色	特殊指示	上述几种颜色未包括的任意一种功能	—
白色	一般信号	上述几种颜色未包括的各种功能	—

信号灯柱是一种尺寸较大的、由几种颜色的环形指示灯叠压在一起组成的指示灯。它可以根据不同的控制信号而使不同的灯点亮。由于其体积比较大，所以远处的操作人员也可以看见信号。它常用于生产流水线上的不同信号指示。

电铃和蜂鸣器都属于声响类的指示器件。在警报发生时，不仅需要指示灯指示出具体的故障点，还需要声响器件报警，以便告知在现场的所有操作人员。蜂鸣器一般用在控制设备上，而电铃主要用于较大场合的报警系统。电铃和蜂鸣器的实物图及图形和文字符号如图 1-47（b）和图 1-47（c）所示。

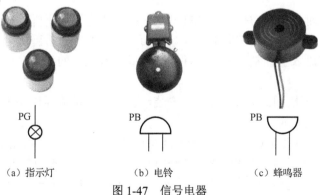

图 1-47 信号电器

1.8 常用的执行器件

执行器件是自动控制系统中必不可少的一个重要组成部分，它是能够根据控制系统的输出控制逻辑要求执行动作命令的器件，如前面提到的接触器就是典型的执行器件。除此之外，常用的执行器件还有电磁阀、控制电动机等。随着科学技术的发展，一些逻辑器件在自动化控制系统中将被智能化的器件所取代，但执行器就像执行大脑命令的人的四肢，不管多么先进的控制系统都要使用它们。

1.8.1 电磁执行器件

电磁执行器件都是基于电磁机构的工作原理进行工作的。

1. 电磁铁

电磁铁主要由励磁线圈、铁芯和衔铁三部分组成。当励磁线圈通电后便产生磁场和电磁力，衔铁被吸合，把电磁能转换为机械能，带动机械装置完成一定的动作。

根据励磁电流的不同，电磁铁分为直流电磁铁和交流电磁铁。电磁铁的主要技术数据有额定行程、额定吸力和额定电压等。选用电磁铁时应考虑这些技术数据，即额定行程应满足实际所需机械行程的要求；额定吸力必须大于机械装置所需的启动吸力。

电磁铁的实物图及图形和文字符号如图 1-48（a）所示。

2. 电磁阀

电磁阀是用来控制流体的自动化基础元件，属于执行器件。用在工业控制系统中调整介质的方向、流量、速度和其他参数。其工作原理是当线圈通电后靠电磁吸力带动阀芯动作，从而使管路接通；反之管路被阻断。

电磁阀有多种形式，但从结构和工作原理上划分，主要有三大类，即直动式、先导式和分步直动式。

（1）直动式电磁阀。

工作原理：通电时，电磁线圈产生电磁力把关闭件从阀座上提起，阀门打开；断电时，电磁力消失，弹簧把关闭件压在阀座上，阀门关闭。

特点：在真空、负压、零压时能正常工作，但直径一般不超过 25mm。

（2）先导式电磁阀。

工作原理：通电时，电磁力把先导孔打开，上腔室压力迅速下降，在关闭件周围形成上低下高的压差，流体压力推动关闭件向上移动，阀门打开；断电时，弹簧力把先导孔关闭，入口压力通过旁通孔迅速进入上腔室，在关闭件周围形成下低上高的压差，推动关闭件向下移动，关闭阀门。

特点：流体压力范围上限较高，可任意安装，但必须满足流体压差条件。

（3）分步直动式电磁阀。

工作原理：它是一种直动式和先导式相结合的原理，入口与出口压差小于或等于 0.05MPa，通电时，电磁力直接把先导小阀和主阀关闭件依次向上提起，阀门打开；入口与出口压差大于 0.05MPa，通电时，电磁力先打开先导小阀，主阀下腔压力上升，上腔压力下降，从而利用压差把主阀向上推开，断电时，先导阀利用弹簧力或介质压力推动关闭件，向下移动，使阀门关闭。

特点：在零压差或真空、高压时也能可靠动作。

电磁阀的实物图及图形和文字符号如图 1-48（b）所示。

3. 电磁制动器

电磁制动器的作用是快速使旋转的运动停止,即电磁刹车或电磁抱闸。电磁制动器有盘式制动器和块式制动器,一般由制动器、电磁铁、摩擦片或闸瓦组成。这些制动器都是利用电磁力把高速旋转的轴抱死,实现快速停车的。其特点是制动力矩大、反应速度快、安装简单、价格低廉;但容易使旋转的设备损坏。所以一般在扭矩不大、制动不频繁的场合使用。

电磁制动器的实物图及图形和文字符号如图 1-48(c)所示。

图 1-48 电磁执行器件

1.8.2 驱动设备

最常用的驱动设备是三相笼型异步电动机,由于在第 2 章还要重点讲解其控制电路,所以这里只简要介绍另外两种常用驱动设备。

1. 伺服电动机

伺服电动机又称执行电动机,它把所接收到的电信号转换成电动机轴上的角位移或角速度输出。伺服电动机分为直流伺服电动机和交流伺服电动机两大类。

交流伺服电动机内部的转子是永磁铁,驱动器控制的 U/V/W 三相形成电磁场,转子在磁场的作用下转动;同时电动机自带的编码器反馈信号给驱动器,驱动器根据反馈值与目标值进行比较,调整转子转动的角度。伺服电动机的精度取决于编码器的精度,转速受输入信号控制。

现在交流伺服系统已成为当代伺服系统的主要发展方向,高性能的伺服系统大多采用永磁同步交流伺服电动机,控制驱动器多采用快速、准确定位的全数字位置伺服系统。永磁交流伺服电动机同直流伺服电动机比较,主要优点如下:

(1)无电刷和换向器,因此工作可靠,对维护和保养要求低。
(2)定子绕组散热比较方便。
(3)惯量小,易于提高系统的快速性。
(4)适用于高速大转矩工作状态。
(5)和直流伺服电动机相比,同功率下有较小的体积和质量。

三相永磁同步交流伺服电动机的实物图及图形和文字符号如图 1-49(a)所示。

2. 步进电动机

步进电动机是一种将电脉冲转化为角位移的执行机构。每输入一个脉冲信号,步进电动机前进一步,故又称脉冲电动机。在非超载的情况下,电动机的转速、停止的位置只取决于脉冲信号的频率和脉冲数,而不受负载变化的影响,即给电动机加一个脉冲信号,电动机转过一个步距角。这一线性关系的存在，加上步进电动机只有周期性的误差而无累积误差等特点，使得在速度、位置等控制领域用步进电动机来控制变得非常简单。

步进电动机必须配合驱动控制器一起使用，驱动器用于给步进电动机分配环形脉冲，并提供驱动能力。

步进电动机的实物图及图形和文字符号如图 1-49（b）所示。

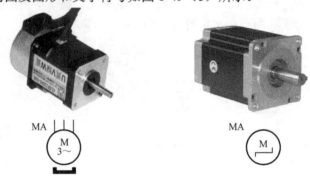

（a）三相永磁同步交流伺服电动机　　　　（b）步进电动机

图 1-49　伺服电动机和步进电动机

1.9　常用的检测仪表

单位时间里连续变化的信号称为模拟量信号，如流量、压力、温度等。用于检测模拟量信号的仪器一般在过程控制系统中使用，但在电气控制系统中也少不了这些器件和设备，只不过不像在过程控制系统中那样大量地使用。

1. 变送器

把传感器的输出信号转换为可以被控制器或测量仪表所接收的标准信号的仪器称为变送器，如变送器输出 1~5V 或 4~20mA 的标准信号。变送器基于负反馈原理设计，它包括测量部分、放大器和反馈部分，其结构原理图如图 1-50 所示。

测量部分用于检测被测变量 x，并将其转换为能被放大器接收的输入信号 z_i（电压、电流、位移、作用力或力矩等信号）。反馈部分则把变送器的输出信号 y 转换成反馈信号 z_f，再回送到输入端。z_i 与调零信号 z_0 的代数和与反馈信号 z_f 进行比较，其差值送入放大器进行放大，并转换成标准输出信号 y。可以求出变送器输出与输入之间的关系为：

$$y = \frac{K}{1+KF}(Cx + z_0)$$

式中，K 为放大器的放大系数；F 为反馈部分的反馈系数；C 为测量部分的转换系数。

在满足深度负反馈 $KF \gg 1$ 的条件下，变送器输出与输入之间的关系取决于测量部分和反馈部分的特性，而与放大器的特性几乎无关。如果转换系数 C 和反馈系数 F 为常数，则变送器的输出与输入之间将保持良好的线性关系。如图 1-51 所示，x_{max} 和 x_{min} 分别为被测变量的上限值和下限值，y_{max} 和 y_{min} 分别为输出信号的上限值和下限值，它们与统一标准信号的上限值和下限值相对应。

现在变送器还可以提供各种通信协议接口，如 RS-485、PROFIBUS PA 等。

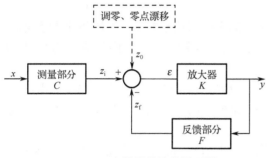

图 1-50　变送器的结构原理图

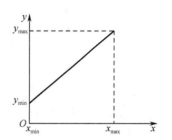

图 1-51　变送器的输入/输出特性

2．常用的检测仪表

（1）压力检测及变送器。

当压力信号作用于传感器时，压力传感器将压力信号转换为电信号，经差分放大器和输出放大器放大，最后经压力变送器转换为与被测介质（液体）的压力成线性对应关系的标准电信号输出。

根据测量原理不同，有不同的检测压力的方法。常用的压力传感器有应变片压力传感器、陶瓷压力传感器、扩散硅压力传感器和压电压力传感器等。其中，陶瓷压力传感器和扩散硅压力传感器在工业上最为常用。

压力变送器的图形和文字符号如图 1-52（a）所示。

（2）流量检测及流量计。

流量计用于工业领域中对蒸汽、气体和液体的流量进行测量。流量计中包含检测传感器和变送器，其输出信号为标准电压或电流信号，一些高精度的流量计可以输出频率信号。根据不同的检测原理，有不同的流量计，它们适用于不同的场合，主要的流量计如下。

① 电磁流量计：用于高量程比高精度液体流量的测量，可用于严格的卫生场合。

② 科氏力质量流量计：用于液体和气体的质量流量测量、介质质量的控制和监测、密度测量。它不受环境振动影响，免维护。

③ 涡流流量计：用来测量气体、蒸汽和液体的流量。它具有安装成本低、压损小、长时间稳定性及宽动态测量范围等优点。

④ 超声波流量计：外部安装，非接触测量，安装简便，不影响工艺过程。它适用于腐蚀性介质，高压、卫生场合。

流量计的图形和文字符号如图 1-52（b）所示。

3．温度检测及变送器

各种测温方法大部分是利用物体的某些物理化学性质（如物体的膨胀率、电阻率、热电势、辐射强度和颜色等）与温度具有一定关系的原理，测出这些参量的变化，即可知道被测物体的温度。测温方法可分为接触式与非接触式两大类。接触式测温方法有使用液体膨胀式温度计、热电偶、热电阻测温等。非接触式测温方法有使用光学高温计、辐射高温计、红外探测器测温等。接触式测温简单、可靠、测量精度高，但由于达到热平衡需要一定的时间，所以会产生测温的滞后现象。此外，感温元件往往会破坏被测物体的温度场，并有可能受到被测介质的腐蚀。非接触式测温是通过热辐射来测量温度的，感温速度一般比较快，多用于测量高温；但由于受物体的发射率、热辐射传递空间的距离、烟尘和水蒸气的影响，故测量误差较大。

（1）热电阻：利用金属和半导体的电阻随温度的变化来测量温度。其特点是准确度高，在低温下（500℃）测量时，输出信号比热电偶要大得多，灵敏度高。它适合的温度测量范围是-200～500℃。

（2）热电偶：当在两种不同种类导线的接头（节点）上加热时，会产生温差热电势。这是金属和合金的特性，这两种不同种类的导线连接起来就称为热电偶。热电偶价格便宜、制作容易、结构简单、测量范围广、准确度高。

温度变送器接收温度传感器信号并将其转换为标准信号输出。温度变送器的图形和文字符号如图1-52（c）所示。

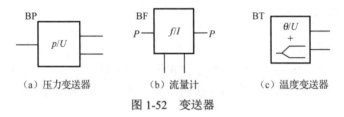

图1-52 变送器

1.10 常用电气安装附件

安装附件是电气控制系统的电气控制柜或配电箱中必不可少的物品。该类产品的品种很多，主要用于控制柜中元器件和导线的固定和安装。常用的安装附件如下。

（1）走线槽：由锯齿形的塑料槽和盖组成，有宽、窄等多种规格。用于导线和电缆的走线，可以使柜内走线美观、整洁。

（2）扎线带和固定盘：尼龙（聚酰胺）扎线带可以把一束导线扎紧到一起，根据长短和粗细有多种型号。固定盘上面有小孔，背面有黏胶，它可以黏到其他平面物体上，用来配合扎线带的使用。

（3）波纹管和缠绕管：用于控制柜中裸露的导线部分的缠绕或作为外套，保护导线。一般由PVC软质塑料制成。

（4）号码管和配线标志管：空白号码管由PVC软质塑料制成，管、线上面可用专门的打号机打印上各种需要的符号，套在导线的接头端，用来标记导线。配线标志管则已经把各种数字或字母印在了塑料管上面，并分割成为小段，使用时可随意组合。

（5）接线插和接线端子：接线插俗称线鼻子，用来连接导线，并使导线方便、可靠地连接到端子排或接线座上，它有各种规格和型号。接线端子为两段分断的导线提供连接。接线插可以方便地连接到它上面，现在新型的接线端子技术含量很高，接线更加方便快捷，导线直接可以连接到接线端子的插孔中。

（6）安装导轨：用来安装各种有标准卡槽的元器件，用合金或铝制成。工业上最常用的是35mm的U形导轨。

（7）热收缩管：遇热后能够收缩的特种塑料管，用来包裹导线或导体的裸露部分，起绝缘保护作用，有各种颜色和粗细的产品。

本章小结

低压电器的种类繁多，本章主要介绍了接触器、继电器、熔断器、开关电器、信号电器、执行电器和驱动电器等常用低压电器的用途、基本结构、工作原理及其主要技术参数和图形文字符号，为正确使用低压电器奠定了基础。

（1）在常用的低压电器中，基于电磁机构工作原理的电器占有相当大的比例，如接触器、电磁式继电器和断路器等。它们主要由三大部分组成，即触头、灭弧装置和电磁机构，其中电磁机构是电磁式低压电器的感测部分。

（2）每一种电器都有它一定的使用范围，要根据使用的具体条件正确选用，其技术参数是主要的依据。保护电器（如热继电器、熔断器、断路器等）及某些控制电器（如时间继电器、温度继电器和液位继电器等）的使用，除要根据保护要求、控制要求正确选用电器的类型外，还要根据被保护、被控制电路的具体条件，进行必要的调整，即整定动作值，同时还要考虑各保护电器之间的配合特性的要求。

（3）控制系统中的信号分为开关量信号和模拟量信号。开关量信号只有"0"（OFF）和"1"（ON）两种状态；模拟量信号是连续变化的变量，如温度、流量、压力等。主令电器是自动控制系统中用于发送和转换控制命令的电器，它为控制系统提供开关量的输入信号。常用的主令电器有控制按钮、各种开关器件等；执行电器能根据控制系统的输出控制逻辑要求执行动作指令，常用的执行器件有接触器、电磁铁、电磁阀等；信号电器也能根据系统的控制要求执行输出动作，常用的信号器件有指示灯和蜂鸣器等；能够产生标准模拟量信号的电气设备或装置有压力变送器、流量计和温度变送器等。在高精度的位置控制系统中，伺服电动机、步进电动机和旋转编码器等都是常用的设备。

（4）安装附件主要用于控制柜中元器件和导线的固定及安装。

思考题与练习题

1. 什么是低压电器？其电压等级如何确定？
2. 电磁式低压电器主要由哪几部分组成？各部分的作用是什么？
3. 低压电器中常见的灭弧方法有哪些？
4. 交流接触器的主要组成部分有哪些？其工作原理是什么？
5. 选用接触器时应注意哪些问题？接触器和中间继电器有何差异？
6. 低压断路器在电路中的作用是什么？
7. 熔断器在电路中的作用是什么？如何选择熔断器的额定电流？
8. 电压继电器和电流继电器在电路中各起什么作用？如何将其接入电路？
9. 时间继电器在电路中的作用是什么？
10. 热继电器在电路中的作用是什么？其发热元件和触头在电路中应如何连接？
11. 定子绕组是星形连接的三相异步电动机能否采用两相结构的热继电器作为断相和过载保护？定子绕组是三角形连接的三相异步电动机为什么要采用带有断相保护的热继电器？
12. 当电动机启动时，热继电器会不会动作？为什么？

13. 说明复合按钮被按下和断开时，其触头的变化情况。
14. 行程开关在电路中的作用是什么？
15. 主令控制器在电路中起什么作用？
16. 是否可以用过电流继电器作为电动机的过载保护？为什么？
17. 接近开关有何作用？其传感检测部分有何特点？
18. 常用的执行器件和驱动设备有哪些？

第 2 章 电气控制电路基础

【教学目标】
1．了解电气原理图的概念及绘制规则。
2．理解并掌握三相异步电动机各种基本控制电路。
3．学会电气控制电路的分析方法及应用。
4．能够设计简单的电气控制电路。

【教学重点】
1．三相异步电动机各种基本控制电路。
2．电气控制电路的分析方法及应用。

在各种生产机械上，电力拖动自动控制设备被广泛使用，其中大多数是对电动机及其他执行电器进行自动控制，控制内容主要为电动机的启动、正反转、制动、调速或顺序控制等。控制电路是为了完成相应的控制任务而设计的一种电路，根据具体的控制内容进行设计。尽管控制内容不同，控制电路千差万别，但是，几乎所有的控制电路都是由一些基本的控制环节组合而成的。因此，只要掌握控制电路的基本环节及一些典型电路的工作原理、分析方法和设计方法，就能够掌握复杂电气控制电路的分析方法和设计方法，即根据具体的生产工艺要求，通过基本环节的组合，可以设计出复杂的电气控制电路。

本章主要介绍广泛应用的三相笼型异步电动机的启动、运行、调速及制动的基本控制电路和一些典型的控制电路，它是电气控制电路分析和设计的基础。

2.1 电气控制系统图

电气控制电路是用导线将电动机、电器、仪表等元器件按一定的要求连接起来，并实现某种特定控制要求的电路。为了表达电气控制系统的结构、工作原理等设计意图，同时也为了便于电气控制系统的安装、调试、使用和维修，需要将电气控制电路中的各种电气元件及其连接按照一定的图形符号和文字符号表达出来，这就是电气控制系统图。

电气控制系统图一般包括电气原理图、电气元件布置图和电气安装接线图等。各种图有其不同的用途和规定的画法，应根据简明易懂的原则，采用国家标准统一规定的图形符号、文字符号和标准画法来绘制。根据电路工作原理用规定的图形符号和文字符号绘制的图形称为原理图。原理图能够清楚地表明电路功能，便于分析系统的工作原理。由于电气原理图具有结构简单、层次分明、适合应用于分析和研究电路的工作原理等优点，所以无论在设计部门还是在生产现场都得到了广泛的应用。本节先简要介绍新国标中规定的有关电气图中常用的图形符号和文字符号,然后重点介绍电气原理图的绘制原则。

2.1.1 电气图中常用的图形符号和文字符号

图形符号用来表示电气元件在某一电路中的功能、特征和状态等,文字符号用来表示某一类设备或元件的通用符号。电气原理图中电气元件的图形符号和文字符号必须符合国家标准规定。国家标准化管理委员会是负责国家标准的制定、修订和管理的组织。一般来说,国家标准是在参照国际电工委员会(IEC)和国际标准化组织(ISO)所颁布标准的基础上制定的。近几年来,有关电气图形符号和文字符号的国家标准变化较大。电气控制电路中的图形符号和文字符号必须符合最新的国家标准。在综合几个最新的国家标准的基础上,表2-1列出了电气控制电路中常用的图形符号和文字符号。

表2-1 电气控制电路中常用的图形符号和文字符号

名 称	图形符号	文字符号 新国标 (GB/T 5094—2003) (GB/T 20939—2007)	文字符号 旧国标 (GB 7159—87)	说 明
1. 电源					
正极	+	—	—	正极
负极	-	—	—	负极
中性(中性线)	N	—	—	中性(中性线)
中间线	M			中间线
直流系统电源线	L+			直流系统正电源线
	L-			直流系统负电源线
交流电源三相	L1			交流系统电源第一相
	L2	—	—	交流系统电源第二相
	L3			交流系统电源第三相
交流设备三相	U			交流系统设备端第一相
	V			交流系统设备端第二相
	W			交流系统设备端第三相
2. 接地和接机壳、等电位					
接地	 ⏚			接地一般符号
	 ⏛			保护接地
	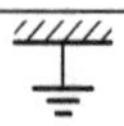 (斜线接地)	XE	PE	外壳接地
	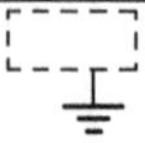 (屏蔽接地符号)			屏蔽层接地
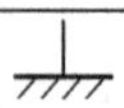	(接机壳符号)			接机壳、接底板

续表

名 称	图形符号	文字符号 新国标（GB/T 5094—2003）（GB/T 20939—2007）	文字符号 旧国标（GB 7159—87）	说 明
	3. 导体和连接器件				
导 线		WD	W	连线、连接、连线组：例如，导线、电缆、电线、传输通路，当用单线表示一组导线时，导线的数目可标以相应数量的短斜线或一个短斜线后加导线的数字 例如，三根导线
				屏蔽导线
				绞合导线
端 子		XD	X	连接、连接点
				端子
	水平画法 / 垂直画法			装置端子
				连接孔端子
	4. 基本无源元件				
电 阻		RA	R	电阻器一般符号
				可调电阻器
				带滑动触点的电位器
				光敏电阻
电 感			L	电感器、线圈、绕组、扼流圈
电 容		CA	C	电容器一般符号
	5. 半导体器件				
二极管		RA	V	半导体二极管一般符号
光电二极管				光电二极管
发光二极管		PG	VL	发光二极管一般符号
三极晶体闸流管		QA	VR	反向阻断三极晶体闸流管，P 型控制极（阴极侧受控）

续表

名 称	图形符号	文字符号 新国标 (GB/T 5094—2003) (GB/T 20939—2007)	文字符号 旧国标 (GB 7159—87)	说 明
三极晶体闸流管	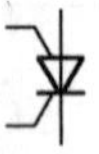	QA	VR	反向导通三极晶体闸流管，N 型控制极（阳极侧受控）
				反向导通三极晶体闸流管，P 型控制极（阴极侧受控）
				双向三极晶体闸流管
三极管	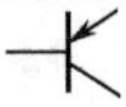	KF	VT	PNP 半导体管
	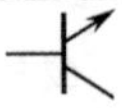			NPN 半导体管
光敏三极管		KF	V	光敏三极管（PNP 型）
光耦合器	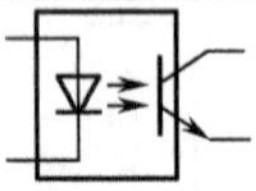			光耦合器 光隔离器

6. 电能的发生和转换

名 称	图形符号		文字符号 新国标	文字符号 旧国标	说 明
电动机	M 3~		MA	MA	三相鼠笼式异步电动机
	M		MA	M	步进电动机
	M 3~		MA	MV	三相永磁同步交流电动机
	*		MA 电动机 GA 发电机	M G	电动机的一般符号：符号内的星号"*"用下述字母之一代替：C—旋转变流机；G—发电机；GS—同步发电机；M—电动机；MG—能作为发电机或电动机使用的电动机；MS—同步电动机
双绕组变压器	样式1 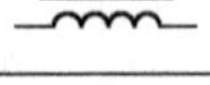		TA	T	双绕组变压器 画出铁芯
	样式2 				双绕组变压器
自耦变压器	样式1 		TA	TA	自耦变压器
	样式2 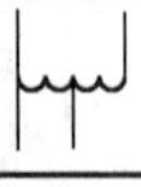				

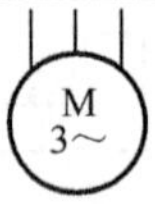

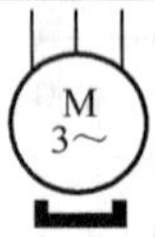

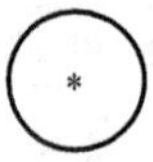

续表

名 称	图形符号		文 字 符 号		说 明
			新国标 （GB/T 5094—2003） （GB/T 20939—2007）	旧国标 （GB 7159—87）	
电流互感器	样式1	⌀⫽	BE	TA	电流互感器 脉冲变压器
	样式2				
电压互感器	样式1			TV	电压互感器
	样式2				
电抗器			RA	L	扼流圈 电抗器
发生器		G	GF	GS	电能发生器一般符号 信号发生器一般符号 波形发生器一般符号 脉冲发生器
蓄电池			GB	GB	原电池、蓄电池，原电池或蓄电池组，长线代表阳极，短线代表阴极 光电池
变换器				B	变换器一般符号
整流器			TB	U	整流器 桥式全波整流器
变频器	f_1 f_2		TA	—	变频器 频率由 f_1 变到 f_2，f_1 和 f_2 可用输入和输出频率数值代替
7. 触点					
触点			KF	KA KM KT KI KV 等	动合（常开）触点 本符号也可用作开关的一般符号 动断（常闭）触点

续表

名　称	图形符号	文字符号 新国标（GB/T 5094—2003）（GB/T 20939—2007）	文字符号 旧国标（GB 7159—87）	说　明
延时动作触点		KF	KT	当操作器件被吸合时延时闭合的动合触点
				当操作器件被释放时延时断开的动合触点
				当操作器件被吸合时延时断开的动断触点
				当操作器件被释放时延时闭合的动断触点
8. 开关及开关部件				
单极开关			S	手动操作开关一般符号
			SB	具有动合触点且自动复位的按钮
		SF		具有动断触点且自动复位的按钮
				具有动合触点但无自动复位的拉拔开关
			SA	具有动合触点但无自动复位的旋转开关
				钥匙动合开关
				钥匙动断开关
位置开关		BG	SQ	位置开关、动合触点
				位置开关、动断触点

续表

名　称	图形符号	文 字 符 号		说　明
		新国标 （GB/T 5094—2003） （GB/T 20939—2007）	旧国标 （GB 7159—87）	
电力开关器件		QA	KM	接触器的主动合触点 （在非动作位置触点断开）
				接触器的主动断触点 （在非动作位置触点闭合）
			QF	断路器
		QB	QS	隔离开关
				三极隔离开关
				负荷开关 负荷隔离开关
				具有由内装的量度继电器或脱扣器触发的自动释放功能的负荷开关
9. 检测传感器类开关				
开关及触点		BG	SQ	接近开关
			SL	液位开关
		BS	KS	速度继电器触点
		BB	FR	热继电器常闭触点
		BT	ST	热敏自动开关（如双金属片）

续表

名称	图形符号	文字符号 新国标（GB/T 5094—2003）（GB/T 20939—2007）	文字符号 旧国标（GB 7159—87）	说明
开关及触点	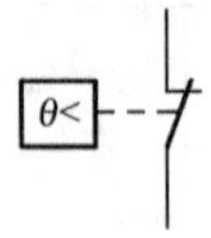 $\theta<$	BT	ST	温度控制开关（当温度低于设定值时动作），把符号"<"改为">"后，温度开关就表示当温度高于设定值时动作
	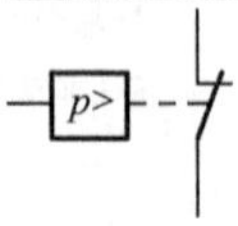 $p>$	BP	SP	压力控制开关（当压力大于设定值时动作）
	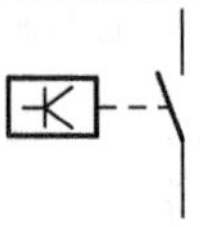	KF	SSR	固态继电器触点
	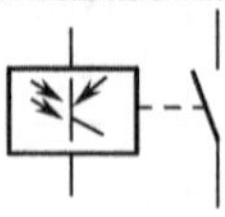		SP	光电开关

10．继电器操作

名称	图形符号	新国标	旧国标	说明
线圈	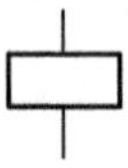	QA	KM	接触器线圈
		MB	YA	电磁铁线圈
		KF	K	电磁继电器线圈一般符号
	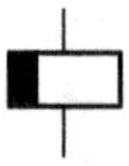	KF	KT	延时释放继电器的线圈
	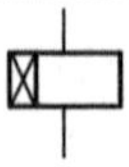	KF	KT	延时吸合继电器的线圈
	 $U<$	KF	KV	欠压继电器线圈，把符号"<"改为">"表示过压继电器线圈
	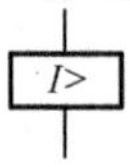 $I>$	KF	KI	过流继电器线圈，把符号">"改为"<"表示欠电流继电器线圈
	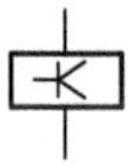	KF	SSR	固态继电器驱动器件
	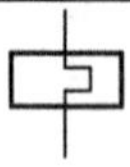	BB	SP	热继电器驱动器件
	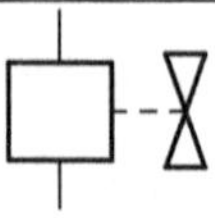	MB	SSR	电磁阀
	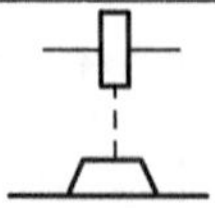	MB	SP	电磁制动器

续表

名 称	图形符号	文字符号 新国标（GB/T 5094—2003）（GB/T 20939—2007）	文字符号 旧国标（GB 7159—87）	说 明
11. 指示仪表			
指示仪表	Ⓥ	PG	PV	电压表
	⊙↑		PA	检流计
12. 熔断器和熔断式开关			
熔断器	▯	FA	FU	熔断器一般符号
熔断式开关		QA	QKF	熔断器式开关
熔断式开关		QA	QKF	熔断器式隔离开关
13. 灯和信号器件			
灯信号、器件	⊗	EA 照明灯	EL	灯一般符号
		PG 指示灯	HL	信号灯一般符号
	⊗	PG	HL	闪光信号灯
	⌓	PB	HA	电铃
	⌒		HZ	蜂鸣器
14. 测量传感器及变送器			
传感器	或	B	—	星号可用字母代替，前者还可以用图形符号代替。尖端表示感应或进入端
变送器	或	TF	—	星号可用字母代替，前者还可以用图形符号代替，后者用图形符号时放在下边空白处。双星号用输出量字母代替

续表

名 称	图形符号	文字符号 新国标 (GB/T 5094—2003) (GB/T 20939—2007)	文字符号 旧国标 (GB 7159—87)	说 明
压力变送器	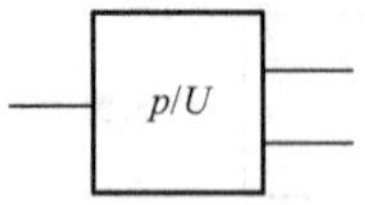 p/U	BP	SP	输出为电压信号的压力变送器通用符号。输出若为电流信号，可把图中文字改为 p/I。可在图中方框下部的空白处增加小图标表示传感器的类型
流量计	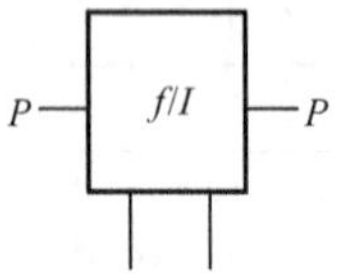 P—f/I—P	BF	F	输出为电流信号的流量计通用符号。输出若为电压信号，可把图中文字改为 f/U。图中 P 的线段表示管线。可在图中方框下部的空白处增加小图标表示传感器的类型
温度变送器	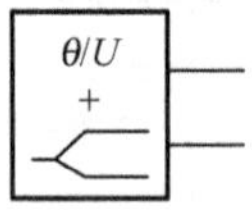 θ/U	BT	ST	输出为电压信号的热电偶型温度变送器。输出若为电流信号，可把图中文字改为 θ/I。其他类型变送器可更改图中方框下部的小图标

2.1.2 电气原理图的绘制原则

电气原理图应按照国家标准进行绘制。图纸的尺寸符合标准，图中用图形符号和文字符号绘制出所有的电气元件，不绘制元件的外形和结构，同时也不考虑电气元件的实际位置。

1. 绘制电气原理图的原则

下面以图 2-1 所示某机床的电气原理图来说明其规定画法和应注意的事项。

（1）电气原理图一般分为主电路和辅助电路两部分。主电路是电路中大电流通过的部分，由电动机等负载和其相连的电气元件（如组合开关、熔断器、热继电器的发热元件、接触器的主触点等）组成。辅助电路是电路中除主电路以外的部分，其流过的电流较小。辅助电路包括控制电路、信号电路、照明电路和保护电路，由按钮、接触器和继电器的线圈及辅助触点、照明灯、信号灯等电气元件组成。

（2）原理图中主电路绘制在图纸的左侧或上侧，辅助电路绘制在图纸右侧或下侧。电气元件和部件在控制电路中的位置，应根据便于阅读的原则安排，布局遵守从左到右、从上到下的顺序排列，可水平布置，也可垂直布置。

（3）同一个元件的不同部分，如接触器的线圈和触点，可以绘制在原理图中的不同位置，但必须使用同一个文字符号表示。对于多个同类电器，采用文字符号加序号表示，如 QA1、QA2 等。

（4）原理图中所有电器的可动部分均按照没有通电或无外力的状态下画出。对于继电器、接触器的触点，按线圈不通电时的状态画出；控制器按手柄处于零位时的状态画出；按钮、行程开关触点按不受外力作用时的状态画出。

（5）原理图中尽量减少和避免线条交叉。各导线之间有电的联系时，对"T"形连接点，在导线交点处可以画实心圆点，也可以不画；对"+"形连接点，必须画实心点。根据图面布置需要，可将元件的图形符号旋转绘制，一般逆时针方向旋转 90°，但文字符号不可倒置。

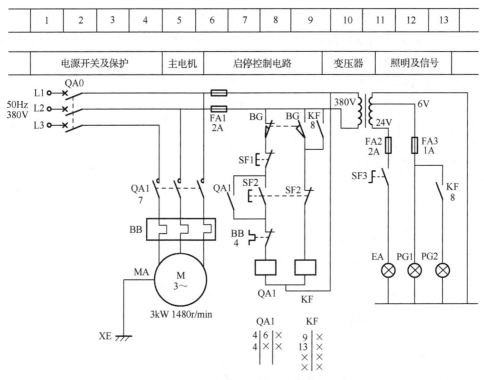

图 2-1 某机床电气原理图

（6）原理图的绘制要层次分明，各元件及其触点安排合理，在完成功能和性能的前提下，尽量少用元件，减少能耗，同时要保证电路的运行可靠性、施工和维修的方便性。

2．图幅区域的划分

图纸上方的 1、2、3 等数字是图区编号，是为了便于检索电气电路、方便阅读分析、避免遗漏而设置的。图区编号也可以设置在图的下方。

图纸上方的"电源开关及保护"等字样，表明它对应的下方元件或电路的功能，使读者能清楚地知道某个元件或某部分电路的功能，以利于理解全电路的工作原理。

3．符号位置的索引

符号位置的索引用图号、页号和图区编号的组合索引法，索引代号的组成如下。

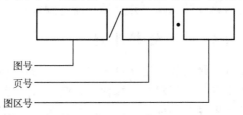

图号是指当某设备的电气原理图按功能多册装订时，每册的编号，一般用数字表示。

当某一元件相关的各符号元素出现在不同图号的图纸上，而每个图号仅有一页图纸时，索引代号中可省略页号及分隔符"•"。

当某一元件相关的各符号元素出现在同一图号的图纸上，而该图号有几张图纸时，可省略图号和分隔符"/"。

当某一元件的各符号元素出现在只有一张图纸的不同图区时，索引代号只用图区号表示。

图 2-1 中图区 9 下的 KF 常开触点下面的"8"即为最简单的索引代号，它指出了继电器 KF 的线圈位置在图区 8。

图 2-1 中接触器 QA1 线圈和继电器 KF 线圈下方的文字是接触器 QA1 和继电器 KF 相应触点的索引。在电气原理图中，接触器和继电器线圈与触点的从属关系应用附图表示，即在原理图中相应线圈的下方，给出触点的文字符号，并在其下面注明相应触点的索引代号，且对未使用的触点用"×"表明，有时也可采用省略的表示方法。

对于接触器，上述表示法中各栏的含义如下。

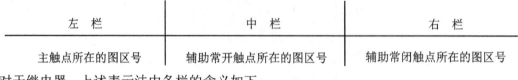

对于继电器，上述表示法中各栏的含义如下。

2.1.3 电气元件布置图的绘制原则

电气元件布置图是控制电路或电气原理图中相应的电气元件的实际安装位置图，在安装和维护过程中使用该图作为依据。该图需要绘制出各种安装尺寸和公差，并且根据电气元件的外形尺寸按比例绘制，必须严格按照产品手册标准来绘制，以利于加工和安装等工作，同时需要绘制出适当的接线端子板和插接件，并且按一定的顺序标出进出线的接线号。绘制电气元件布置图时要注意以下几个方面。

（1）必须遵循相关国家标准设计和绘制电气元件布置图。

（2）相同类型的元器件布置时，应把质量大和体积大的元器件安装在控制柜或面板的下方。

（3）发热元件应安装在控制柜或面板的上方或后方，以利于散热。但热继电器一般安装在接触器的下面，以方便与电动机和接触器连接。

（4）强电和弱电应该分开走线，注意弱电的屏蔽和强电的干扰问题。

（5）需要经常维护、整定和检修的电气元件、操作开关、监视仪器仪表，其安装位置应高低适宜，以便工作人员操作。

（6）电气元件的布置应考虑安装间隙，并且尽可能做到整齐、美观。

2.1.4 电气安装接线图的绘制原则

电气安装接线图用于电气安装接线和电路维护等方面，通常和电气原理图、电气元件布置图同时使用。该图需标明各个项目的相对位置和代号、端子号、导线号及类型、截面面积等内容，图中的各个项目，包括元器件、部件、组件、配套设备等，均采用简化图表示，但在其旁边需标注代号（和原理图一致）。

电气安装接线图的绘制需注意以下几个方面。

（1）必须遵循相关国家标准设计和绘制电气安装接线图。

（2）各元器件的文字符号必须和电气原理图中的标注一致，各元器件的位置必须和实际安装位置一致，并且按照比例进行绘制。

(3) 同一个元器件的所有部件需绘制在一起（如接触器的线圈和触点），并且用点画线框在一起，当多个元器件框在一起时，表示这些元器件在同一个面板中。

(4) 不在同一个安装板或电气柜上的电气元件或信号的电气连接一般应通过端子排连接，并且按照电气原理图中的接线编号连接。

(5) 走向相同、功能相同的多根导线可绘制成一股线。画连接线时，应标明导线的规格、型号、颜色、根数和穿线管的尺寸。

2.2 三相笼型异步电动机的基本控制电路

三相笼型异步电动机由于结构简单、价格低廉、坚固耐用等优点获得了广泛的应用。它的控制电路基本上由继电器、接触器、按钮等有触点的电器组成。本节主要以三相笼型异步电动机的启动、停止和正反转控制等实例介绍其基本控制电路。

2.2.1 全压启动控制电路

三相笼型异步电动机的启动电流为其额定电流的 4~7 倍，过大的启动电流会影响到其他电器和电路的正常工作，同时也对电动机的寿命造成一定的影响，并且对供电电路的冲击相当大。所以在一般情况下，小功率的电动机才使用直接启动。

图 2-2 所示为三相笼型异步电动机的单向全压启动控制电路。主电路由自动空气开关 QA0、接触器 QA1 的主触点、热继电器 BB 的发热元件和电动机 MA 构成。控制电路由热继电器 BB 的常闭触点、停止按钮 SF1、启动按钮 SF2、接触器 QA1 的常开辅助触点及它的线圈组成。这是最基本的电动机控制电路。

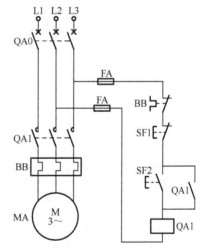

图 2-2 单向全压启动控制电路

1. 控制电路的工作原理

启动时，合上自动空气开关 QA0，主电路引入三相电源。按下启动按钮 SF2，电流通过热继电器 BB 的常闭触点和常闭按钮（停止按钮）SF1 后，使接触器 QA1 线圈得电，其常开主触点闭合，电动机接通电源开始全压启动，同时接触器 QA1 的常开辅助触点闭合，使接触器线圈有两条通电路径。这样当松开启动按钮 SF2 后，接触器线圈仍能通过其辅助触点通电，并且保持吸合，电动机持续运行。这种依靠接触器自身的辅助触点而使其线圈保持通电的现象称为自锁。起自锁作用的辅助触点称为自锁触点。

要使电动机停止运行，按下停止按钮 SF1，接触器 QA1 线圈失电，使其主触点断开，从而切断电动机三相电源，电动机自动停转；同时接触器的辅助常开触点（自锁触点）也断开，控制回路解除自锁。松开停止按钮 SF1，控制回路又回到启动前的状态。

这种控制电路也称连续控制电路或长动控制电路。

2. 控制电路的保护环节

（1）短路保护。

当控制电路发生短路故障时，控制电路应能迅速切断电源。自动空气开关可以完成主电路的短路保护任务，熔断器 FA 完成控制电路的短路保护任务。

（2）过载保护。

电动机长期过载运行会造成电动机绕组的温升超过其允许值而损坏，通常要采取过载保护措施。过载保护的特点是：负载电流越大，保护动作时间越快；但不能受电动机的启动电流影响而动作。

过载保护由热继电器 BB 完成。一般来说，热继电器发热元件的额定电流按电动机额定电流来选取。由于热继电器的热惯性很大，即使发热元件流过几倍的额定电流，热继电器也不会立即动作。因此，在电动机启动时间不长的情况下，热继电器是不会动作的。只有过载时间比较长时，热继电器才会动作，其常闭触点 BB 断开，使接触器 QA1 的线圈失电，QA1 的主触点断开主电路，电动机停止运转，实现了电动机的过载保护。

（3）欠压保护与失压保护。

在电动机正常运行时，如果因为电源电压的消失而使电动机停转，那么在电源电压恢复时电动机有可能自启动，电动机的自启动可能会造成人身事故和设备事故。防止电源电压恢复时电动机自启动的保护称为零电压保护（失压保护）。

在电动机正常运行时，电源电压严重下降会引起电动机转速下降和转矩降低。若负载转矩不变，将使电流过大，造成电动机停转和损坏电动机。由于电源电压严重下降可能会引起一些电器释放，造成电路不正常工作，从而产生事故。因此，需要在电源电压下降达到最小允许的电压值时将电动机电源切断，这样的保护称为欠压保护。

在图 2-2 中，依靠接触器本身的电磁机构来实现欠压和失压保护。当电源电压由于某种原因而严重欠压或失压时，接触器线圈所产生的电磁力不足以吸合衔铁，接触器的衔铁释放，使得主触点断开，电动机停止运转。而当电源电压恢复正常时，接触器线圈也无法自动通电，只有在操作人员再次按下启动按钮 SF2 后电动机才会启动，从而实现了欠压或失压保护功能。

2.2.2 点动控制电路

在生产实际中，有的生产机械需要点动控制，有的生产机械需要点动控制和连续控制结合，如起重机起吊重物时，在距离目的地很远时，使用连续运行，当重物接近目的地时，使用点动运行来准确地放置重物。图 2-3 所示为实现点动控制的几种电气控制电路。

图 2-3（a）为最基本的点动控制电路。启动按钮 SF1 没有并联接触器 QA1 的自锁触点。按下 SF1 按钮，接触器 QA1 线圈得电，其主触点闭合，电动机启动运转；松开 SF1 按钮，接触器 QA1 线圈失电，其主触点断开，电动机停转。

图 2-3（b）为带转换开关 SF3 的点动控制电路。当需要点动运行时，将开关 SF3 断开，由按钮 SF2 来进行点动控制。当需要连续工作时，只要把开关 SF3 合上，将 QA1 的自锁触点接入，即可实现连续控制。

图 2-3（c）增加了一个复合按钮 SF3 来实现点动控制。如果需要点动控制，则按下 SF3 按钮，其常闭触点先断开自锁电路，常开触点后闭合，接通控制电路，QA1 线圈得电，其主触点闭合，电动机启动运转；当松开 SF3 按钮时，其常开触点先断开，常闭触点后闭合，QA1 线圈失电，其主触点断开，电动机停止运转，实现了点动控制。当需要电动机连续工作时，按下 SF2

按钮即可,当需要电动机停止运转时,按下 SF1 按钮即可。

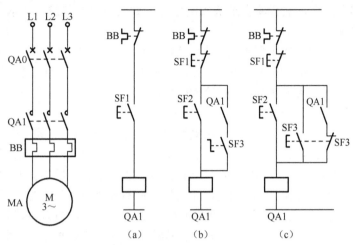

图 2-3 几种点动控制电路

2.2.3 正反转控制电路

在生产加工过程中,经常需要电动机能够实现可逆运行,以满足工业生产要求,如机床工作台的前进和后退、主轴的正转和反转、混凝土搅拌机的正反转、起重机的升降等。所有这些都要求电动机能够正反转工作。根据三相异步电动机的转动原理可知:只要将三相异步电动机的任意两根电源线对调,就能够实现电动机的反转,所以控制电路只要能将任意两根电源线对调即可。

对于小功率电动机,由于其电流较小,可以直接使用转换开关来实现正反转。而对经常需要进行正反转切换的电路,要对调两根电源线,需要用两个接触器来实现,一个实现正转,另一个实现反转。图 2-4 所示为电动机的正反转控制电路。

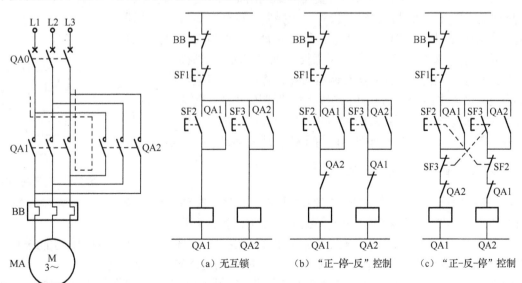

图 2-4 电动机的正反转控制电路

在图 2-4(a)中,SF2 为正转启动按钮,SF3 为反转启动按钮。此控制电路的问题在于,当出现误操作时，即同时按下两个启动按钮 SF2 和 SF3 时，两个接触器 QA1、QA2 的线圈都得电，其主触点都会闭合，这样将会造成短路故障，如图中主电路虚线所示，因此，正反向间需要有一种连锁关系。

在图 2-4（b）中，两个接触器的常闭辅助触点 QA1 和 QA2 分别串联在 QA2 和 QA1 的线圈电路中。当其中一个接触器线圈通电时，其常闭辅助触点断开，从而锁住了对方线圈的电路，保证其不通电。这种利用两个接触器的常闭辅助触点互相控制的方法称为互锁，两对起互锁作用的触点叫作互锁触点。

正转时，按下正转启动按钮 SF2，正转接触器 QA1 的线圈得电，其主触点和常开辅助触点闭合（自锁），常闭辅助触点断开（互锁）。此时即使按下反转按钮 SF3，由于反转接触器 QA2 线圈串联的 QA1 常闭辅助触点断开，所以接触器 QA2 也无法得电吸合，电动机依然正转运行。

反转时，按下停止按钮 SF1，电动机停止运转，所有元件复位。再按下反转启动按钮 SF3，反转接触器 QA2 的线圈得电，其主触点和常开辅助触点闭合（自锁），常闭辅助触点断开（互锁），电动机反转运行。同样，此时即使按下正转按钮 SF2，接触器 QA1 也无法得电吸合，电动机依然反转运行。

在图 2-4（b）中，从正转实现反转时，必须先按下停止按钮 SF1 后才能进入反转。为了使电动机能够在正转状态下直接反转，设计了如图 2-4（c）所示的改进电路。

在图 2-4（c）中，采用复合按钮 SF2 和 SF3，其常闭触点交叉地串联在 QA2 和 QA1 的线圈电路中。当按下 SF2 按钮时，其常闭触点先断开，常开触点后闭合，电动机开始正转运行。在正转状态下，如果按下反转按钮 SF3，其常闭触点先断开，首先切断正转供电回路；之后，SF3 的常开触点再闭合，使反转接触器 QA2 线圈得电，其主触点闭合，电动机得到反相序供电，电动机快速制动并反转。同理，电动机也可以在反转运行过程中立即进行正转运行。

2.2.4 多点控制电路

有些生产机械，由于种种原因常要在两地或两地以上进行操作。例如，重型龙门刨床，有时在固定的操作台上控制，有时需要站在机床四周用悬挂按钮控制；有些场合，为了便于集中管理，由中央控制台进行控制，但在每台设备调整检修时，又需要就地进行机旁控制等。

要在两地进行控制，就应该有两组按钮，而且这两组按钮的连接原则必须是：接通电路使用的常开按钮并联，即逻辑"或"的关系；断开电路使用的常闭按钮串联，即逻辑"非与"的关系。实现两地控制的控制电路如图 2-5 所示。这一原则也适用于三地或更多地点的控制。

2.2.5 顺序控制电路

顺序控制是指控制电路按照一定的动作顺序或时间顺序启动或停止相应的负载。在生产过程中，为了保证生产的工艺性，需要对不同的机械装置按照先后顺序工作，也就是说，只有前一步工作完成之后，后续的工作才能进行。这种控制电路称为顺序控制电路，在工业生产中顺序控制电路应用非常广泛。

图 2-6 所示为两台电动机的顺序控制电路，其中接触器 QA1 和 QA2 分别为两台电动机 MA1 和 MA2 的控制接触器。

在图 2-6（a）中，接触器 QA2 的线圈接在接触器 QA1 的常开辅助触点之后。这就保证了

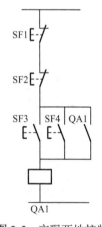

图 2-5　实现两地控制的控制电路

只有当 QA1 线圈得电，电动机 MA1 启动后，电动机 MA2 才能启动。图中，按下启动按钮 SF2 后，接触器 QA1 线圈得电并自锁，电动机 MA1 运行，接触器 QA1 的常开辅助触点闭合，此时，按下启动按钮 SF4 后，电动机 MA2 才能运行。如果先按下 SF4 按钮，则由于 QA1 的常开辅助触点没有动作，电动机 MA2 无法启动。需要停止时，如果按下 SF3 按钮，电动机 MA2 停止，MA1 继续运行；如果按下 SF1 按钮，电动机 MA1 和 MA2 将会同时停止。

图 2-6（b）所示是利用时间继电器的顺序控制电路。当按下启动按钮 SF2 后，接触器 QA1 的线圈得电，电动机 MA1 运行。同时，时间继电器 KF 线圈得电，经过一定延时后，时间继电器 KF 的常开触点闭合，QA2 的线圈得电，电动机 MA2 运行。需要停止时，按下停止按钮 SF1，两台电动机同时停止。

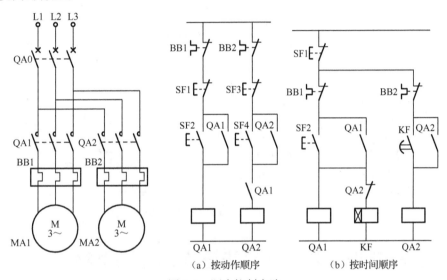

图 2-6 顺序控制电路

2.2.6 自动往复控制电路

在生产实践中，有些生产机械的工作台需要自动往复运动，如龙门刨床、导轨磨床等。自动往复控制电路能够控制工作部件在一定的行程范围内自动往复工作。图 2-7 所示为最基本的自动往复循环控制电路，它是利用行程开关（也称限位开关）实现往复运动控制的。行程开关控制工作台的往复运动和电动机的正反转控制电路是相似的，只不过正反转控制电路是由人工按动按钮的，而往复运动是由机械装置碰压行程开关而完成的自动控制。

行程开关 BG1 放在左端需要反向的位置，而 BG2 放在右端需要反向的位置。启动时，利用正向或反向启动按钮，如按下正转按钮 SF2，接触器 QA1 线圈得电并自锁，电动机做正向旋转并带动工作台左移，当工作台移至左端并碰到 BG1 时，将 BG1 压下，其常闭触点先断开，切断 QA1 接触器线圈电路，之后 BG1 的常开触点闭合，接通反转接触器 QA2 线圈电路，此时电动机由正向旋转变为反向旋转，带动工作台向右移动，直到压下 BG2 行程开关，电动机由反转又变成正转，这样驱动工作台进行往复的循环运动。

由上述控制情况可以看出，工作台每经过一个自动往复循环，电动机需要进行两次反接制动过程，将出现较大的反接制动电流和机械冲击。因此，这种电路只适用于电动机容量较小、循环周期较长、电动机转轴具有足够刚性的拖动系统中。另外，在选择接触器容量时应比一般情况下选择的容量大一些。

除利用行程开关实现往复循环外，还可利用它做限位保护，如图2-7中的BG3和BG4分别为左、右超限限位保护用的行程开关。

机械式的行程开关容易损坏，现在多用接近开关或光电开关来取代行程开关实现行程控制。

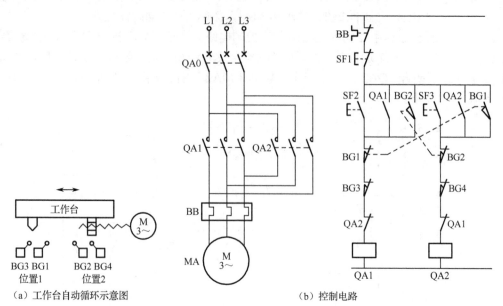

图2-7 自动往复循环控制电路

2.3 三相笼型异步电动机降压启动控制电路

较大容量的笼型异步电动机直接启动时，启动电流较大，会对电网产生巨大冲击，所以一般都采用降压方式来启动。启动时降低加在电动机定子绕组上的电压，启动后再将电压恢复到额定值，使之在额定电压下运行。因为电流和电压成正比，所以降低电压可以减小启动电流，防止在电路中产生过大的电压降，减少对电路电压的影响。

降压启动有定子电路串电阻（或电抗）、星形-三角形、自耦变压器、延边三角形和使用软启动器等多种方式。其中定子电路串电阻和延边三角形启动方法已基本不用，常用的方法是星形-三角形降压启动和使用软启动器启动。

2.3.1 星形-三角形降压启动控制电路

正常运行时，定子绕组接成三角形的笼型异步电动机，可采用星形-三角形降压启动方式来限制启动电流。

启动时将电动机定子绕组接成星形，加在电动机的每相定子绕组上的电压为其额定值的$1/\sqrt{3}$，从而减小了启动电流对电网的影响。当转速接近额定转速时，定子绕组改接成三角形，使电动机在额定电压下正常运转，星形-三角形降压启动电路如图2-8所示。这一电路的设计思想是，按时间原则控制启动过程，待启动结束后按预先整定的时间换接成三角形接法。

当启动电动机时，合上自动开关QA0，按下启动按钮SF2，接触器QA1、QA$_Y$和时间继电器KF的线圈同时得电，接触器QA$_Y$的主触点将电动机接成星形并经过QA1的主触点接至电源，电动机降压启动。当 KF 的延时时间到时，QA_Y 线圈失电，QA_△ 线圈得电，电动机主电路换接成三角形接法，电动机投入正常运转。

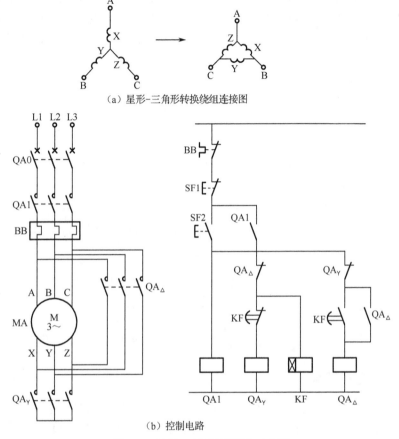

图 2-8 星形-三角形降压启动电路

星形-三角形降压启动的优点是星形启动电流降为原来三角形直接启动时的 1/3，启动电流约为电动机额定电流的 2 倍，启动特性好、结构简单、价格低；缺点是启动转矩也相应降为原来三角形直接启动时的 1/3，转矩特性差。因此，本控制电路适用于电动机空载或轻载启动的场合。

工程上通常还可以采用星形-三角形启动器来代替上述电路，其启动原理与上述相同。

2.3.2 软启动器及其使用

上述的三相异步电动机的启动电路比较简单，不需要增加额外启动设备；但其启动电流冲击一般比较大，启动转矩比较小而且固定不可调。电动机停车时都是控制接触器触点断开，切断电动机电源，电动机自由停车的，这样也会造成剧烈的电网波动和机械冲击。因此，上述方法经常用于对启动特性要求不高的场合。

在一些对启动特性要求较高的场合，可选用软启动器。它采用电子启动方法，其主要特点是具有软启动和软停车功能，启动电流、启动转矩可调节，还具有电动机过载保护等功能。

1. 软启动器的工作原理

图 2-9 所示为软启动器原理示意图，它主要由三相交流调压电路和控制电路构成。其基本

原理是利用晶闸管的移相控制原理，通过控制晶闸管的导通角，改变其输出电压，达到通过调压方式来控制启动电流和启动转矩的目的。控制电路按预定的不同启动方式，通过检测主电路的反馈电流，控制其输出电压，可以实现不同的启动特性。最终软启动器输出全压，电动机全压运行。由于软启动器为电子调压并对电流实时检测，因此还具有对电动机和软启动器本身的热保护、限制转矩和电流冲击、三相电源不平衡、缺相、断相等保护功能，并且可实时检测、显示电流、电压、功率因数等参数。

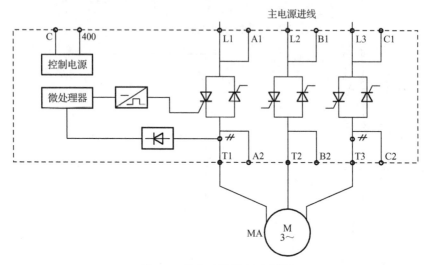

图 2-9　软启动器原理示意图

2. 软启动器的应用举例

目前，国内外软启动器产品的技术发展很快，产品的型号有很多。下面以 TE 公司生产的 Altistart 46 型软启动器为例，介绍软启动器的典型应用。Altistart 46 型软启动器有标准负载和重型负载应用两大类，额定电流为 17～1200A 共有 21 种额定值，电动机功率为 4～800kW，其主要特点是：具有斜坡升压、转矩控制及启动电流限制、电压提升脉冲三种启动方式；具有转矩控制软停车、制动停车、自由停车三种停车方式；具有对电动机和软启动器本身的热保护、限制转矩和电流冲击、三相电流不平衡、缺相、断相和电动机运行中过流等保护功能并提供故障输出信号；具有实时检测并显示电流、电压、功率因数等参数的功能，提供模拟输出信号；提供本地端子控制接口和远程控制 RS-485 通信接口。

通过人机对话操作盘或通过 PC 与通信接口连接，可显示和修改系统配置、参数。其主要参数设置范围如下。

① 启动电流可调节范围：额定值的 2～5 倍。
② 启动转矩可调节范围：额定值的 0.15～1.0 倍。
③ 加速力矩斜坡时间可调节范围：1～60s。
④ 减速力矩斜坡时间可调节范围：1～60s。
⑤ 制动转矩可调节范围：额定值的 0%～100%。
⑥ 电压提升脉冲幅值可调节范围：额定电压的 50%～100%。
⑦ 电动机运行时过流跳闸值可调节范围：额定值的 50%～300%。

（1）电动机单向运行带旁路接触器、软启动、软停车或自由停车控制电路。

图 2-10 所示为三相异步电动机用软启动器启动的控制电路。图中虚线框所示为软启动器，

其中 C 和 400 为软启动器控制电源进线端子；L1、L2、L3 为软启动器主电源进线端子；T1、T2、T3 为连接电动机的出线端子；A1、A2、B1、B2、C1、C2 端子由软启动器三相晶闸管两端分别直接引出。当相对应端子短接时，相当于 QA2 主触点闭合，将软启动器内部晶闸管短接，但此时软启动器内部的电流检测环节仍起作用，即此时软启动器对电动机的保护功能仍起作用。

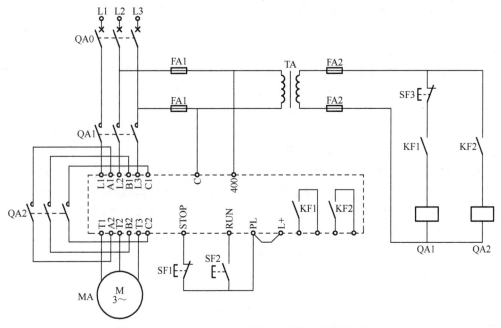

图 2-10　三相异步电动机用软启动器启动的控制电路

PL 是软启动器为外部逻辑输入提供的+24V 电源；L+为软启动器逻辑输出部分的外接输入电源，由 PL 直接提供。

STOP、RUN 分别为软停车和软启动控制信号，接线方式分为：三线制控制、二线制控制和通信远程控制。三线制控制，要求输入信号为脉冲输入型；二线制控制，要求输入信号为电平输入型；通信远程控制，将图 2-10 中的 PL 与 STOP 端子短接，启停要使用通信口远程控制。图 2-10 所示控制电路为三线制控制方式接线。

KF1 和 KF2 为输出继电器。KF1 为可编程输出继电器，可设置成故障继电器或隔离继电器。若 KF1 设置为故障继电器，则当软启动器控制电源上电时，KF1 闭合；当软启动器发生故障时，KF1 断开。若 KF1 设置为隔离继电器，则当软启动器接收到启动信号时，KF1 闭合；当软启动器停车结束时，或者软启动器在自由停车模式下接收到停车信号时，或者在运行过程中出现故障时，KF1 断开。KF2 为启动结束继电器，当软启动器完成启动过程时，KF2 闭合；当软启动器接收到停车信号或出现故障时，KF2 断开。

图 2-10 所示控制电路也可实现电动机单向运行、软启动、软停车或自由停车控制功能。KF1 设置为隔离继电器，此软启动器接有进线接触器 QA1。当开关 QA0 闭合时，按下启动按钮 SF2，则 KF1 触点闭合，QA1 线圈得电，使其主触点闭合，主电源加入软启动器。电动机按设定的启动方式启动，当启动完成后，内部继电器 KF2 常开触点闭合，QA2 接触器线圈得电，电动机由旁路接触器 QA2 的主触点供电；同时将软启动器内部的晶闸管短接，电动机通过接触器 QA2 的主触点由电网直接供电。但此时过载、过流等保护仍起作用，KF1 相当于保护继电器的触点。若发生过载、过流现象，则切断接触器 QA1 线圈电源，使软启动器进线电源切断。因

此电动机不需要额外增加过载保护电路。正常停车时，按下停止按钮 SF1，停止指令使 KF2 触点断开，旁路接触器 QA2 跳闸，使电动机软停车；软停车结束后，KF1 触点断开，QA1 线圈失电，切断电源。SF3 为紧急停车按钮，当按下 SF3 时，接触器 QA1 线圈失电，软启动器内部的 KF1 和 KF2 触点复位，使 QA2 线圈失电，电动机自由停车。

由于带有旁路接触器，该电路有如下优点：在电动机运行时可以避免软启动器产生的谐波；软启动器仅在启动和停车时工作，可以避免长期运行而使晶闸管发热，延长了其使用寿命。

（2）单台软启动器启动多台电动机。

用一台软启动器对多台电动机进行软启动，可以降低控制系统的成本。通过设计适当的电路可以实现对多台电动机的软启动、软停车控制；但不能同时启动或停车，只能逐台分别启动和停车。考虑到实现一台软启动器对多台电动机既能软启动又能软停车，控制电路比较复杂，而且还要使用软启动器内部的一些特殊功能，所以下面仅介绍用一台软启动器对两台电动机进行软启动、自由停车控制，如图 2-11 所示。软启动器的启动、停止均采用二线制控制方式，即将 RUN 和 STOP 端子连接到一起，通过一个控制触点 KF5 与 PL 端子相连。KF5 触点接通表示启动信号，断开表示停车信号。由于电动机启动结束后，由旁路接触器为电动机供电，图 2-11（a）中主电路的接线方式将整个软启动器短接，因此软启动器的各种保护对电动机无效，每台电动机要各自增加过载保护的热继电器。

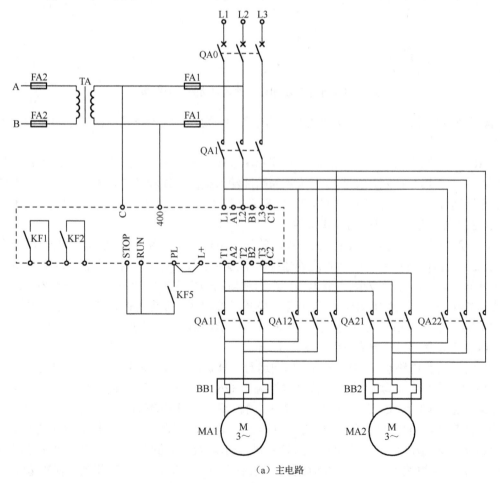

(a) 主电路

图 2-11 一台软启动器对两台电动机进行软启动、自由停车控制电路

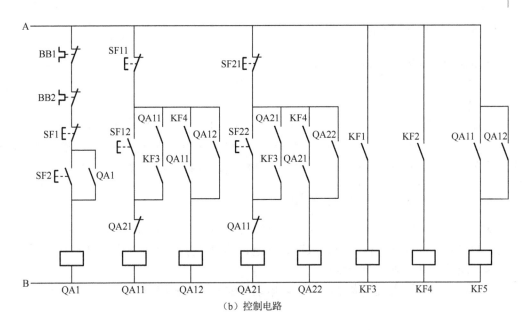

(b) 控制电路

图 2-11 一台软启动器对两台电动机进行软启动、自由停车控制电路（续）

工作原理如下：将 KF1 设置为隔离继电器，在图 2-11（b）所示的控制电路中，按下按钮 SF2，接触器 QA1 线圈得电并自锁，软启动器的进线电源上电。若启动第一台电动机 MA1，按下启动按钮 SF12，接触器 QA11 线圈得电，中间继电器 KF5 线圈得电，启动信号加入软启动器，隔离继电器 KF1 触点闭合，中间继电器 KF3 线圈得电，KF3 常开触点使 QA11 自锁，电动机软启动开始。当启动结束时，软启动器的启动结束继电器 KF2 的触点闭合，中间继电器 KF4 线圈得电，KF4 常开触点使旁路接触器 QA12 线圈得电并自锁，此时，QA11 和 QA12 均接通。软启动器旁路后，使隔离继电器 KF1 触点断开，启动结束继电器 KF2 触点也断开，KF3 线圈断电，KF3 常开触点使 QA11 线圈自锁回路断开，QA11 线圈失电，第一台电动机从软启动器上切断，此时软启动器处于空闲状态。同理，若对第二台电动机软启动，则按下启动按钮 SF22。若使第一台电动机停车，按下停止按钮 SF11，则 QA12 线圈失电，其主触点断开，电动机自由停车。第二台电动机的启、停控制过程分析与上述类似，不再赘述。

为防止软启动器带两台电动机同时启动，QA11 和 QA21 线圈回路增加了互锁触点。

2.4 三相笼型异步电动机速度控制电路

在很多领域中，要求三相笼型异步电动机的速度为无级调节，其目的是实现自动控制和节能，以提高产品质量和生产效率。如钢铁行业中的轧钢机、鼓风机，机床行业中的车床、机械加工中心等，都要求三相笼型异步电动机可调速。从广义上讲，电动机调速可分为两大类，即定速电动机与变速联轴节配合的调速方式和自身可调速的电动机。前者一般都采用机械式或油压式变速器，电气式只有一种即电磁转差离合器，其缺点是调速范围小、效率低。后者为电动机直接调速，其调速方法有很多，如改变定子绕组磁极对数的变极调速和变频调速方式。变极调速控制最简单，价格便宜但不能实现无级调速。变频调速控制复杂，但性能好，随着其成本日益降低，目前已广泛应用于工业自动控制领域中。

2.4.1 基本概念

三相笼型异步电动机的转速公式为：

$$n = n_0(1-s) = \frac{60f_1}{p}(1-s) \tag{2-1}$$

式中，n_0 为电动机同步转速；p 为极对数；s 为转差率；f_1 为供电电源频率。

从式（2-1）中可以看出，三相笼型异步电动机调速的方法有三种：改变极对数 p 的变极调速、改变转差率 s 的降压调速和改变电动机供电电源频率 f_1 的变频调速。

2.4.2 变极调速控制电路

变极调速这一电路的设计思想是通过接触器触点改变电动机定子绕组的接线方式从而达到调速的目的。变极电动机一般有双速、三速、四速之分，双速电动机的定子装有一套绕组，而三速、四速电动机则有两套绕组。

电动机变极采用电流反向法。下面以电动机的一个单相绕组为例说明变极原理，如图 2-12 表示。

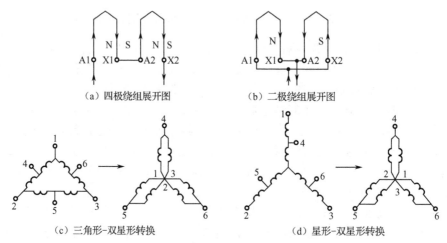

图 2-12 双速电动机改变极对数的原理

图 2-12（a）所示为极数是 4（$p=2$）时的一相绕组的展开图，绕组由相同的两部分串联而成，两部分各称半相绕组，一个半相绕组的末端 X1 与另一个半相绕组的首端 A2 相连接。图 2-12（b）所示为绕组的并联连接方式展开图，磁极数目减少一半，由四极变成二（$p=1$）极。从图 2-12（a）、(b) 可以看出，串联时两个半相绕组的电流方向相同，都从首端进、末端出；改成并联后，两个半相绕组的电流方向相反，当一个半相绕组的电流从首端进、末端出时，另一个半相绕组的电流便从末端进、首端出。因此，改变磁极数目是通过将半相绕组的电流反向来实现的。

图 2-12（c）、(d) 所示为双速电动机三相绕组连接图。图 2-12（c）所示为三角形（四极，低速）与双星形（二极，高速）接法；图 2-12（d）所示为星形（四极，低速）与双星形（二极，高速）接法。

在低速运行时，电动机三相绕组端子的 1、2、3 端接入三相电源；在高速运行时，4、5、6 端接入三相电源。这会使电动机因变极而改变旋转方向，因此变极后必须改变绕组的相序。

因为各相绕组在空间相差的机械角度是固定不变的，电角度则随磁极数目的改变而改变。例如，磁极数目减少一半，使各相绕组在空间相差的电角度增加一倍，原来相差120°电角度的绕组，现在相差240°。如果相序不变，气隙磁场就要反转。

双速电动机调速控制电路如图2-13所示。

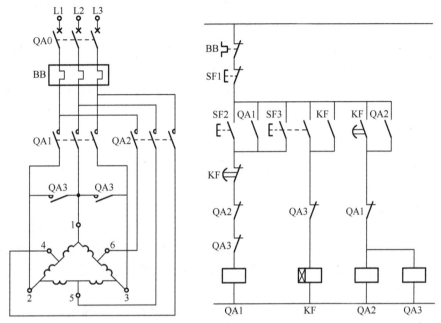

图2-13 双速电动机调速控制电路

接触器QA1工作时，电动机为低速运行；接触器QA2、QA3工作时，电动机为高速运行，注意变换后相序已改变。SF2、SF3分别为低速和高速启动按钮。按下低速启动按钮SF2，接触器QA1通电并自锁，电动机绕组接成三角形，低速运转。

按下高速启动按钮SF3电动机则直接启动，接触器首先使QA1线圈通电并自锁，时间继电器KF线圈通电自锁，电动机先低速运转，当KF延时时间到时，其常闭触点打开，切断接触器QA1线圈电源，其常开触点闭合，接触器QA2、QA3线圈通电自锁，QA3的通电使时间继电器KF线圈断电，故自动切换使QA2、QA3工作，电动机高速运转，这样先低速后高速的控制，目的是限制启动电流。

双速电动机调速的优点是可以适应不同负载性质的要求。当需要恒功率调速时可采用三角形-双星形接法；当需要恒转矩调速时可采用星形-双星形接法。双速电动机的优点是调速电路简单、维修方便；缺点是其调速方式为有级调速。变极调速通常要与机械变速配合使用，以扩大其调速范围。

2.4.3 变频调速与变频器的使用

1. 变频调速的基本概念

从式（2-1）中得知，改变供电电压的频率可以实现对交流电动机的速度控制，这就是变频调速。现在变频器在电气自动化控制系统中的应用越来越广泛，这得益于变频调速性能的提高和变频器价格的大幅度降低。

实现变频调速的关键因素有两点：一是大功率开关器件，虽然早就知道变频调速是交流调速中最好的方法,但受限于大功率电力电子器件的实用化问题,变频调速直到20世纪80年代才取得了长足的发展;二是微处理器的发展加上变频控制方式的深入研究使得变频控制技术实现了高性能、高可靠性。

变频调速的特点有:可以使用标准电动机(如无须维护的笼型电动机),可以连续调速,可以通过定子回路改变相序、改变转速方向。其优点是启动电流小、可调节速度、电动机可以高速化和小型化、防爆容易、保护功能齐全(如过载保护、短路保护、过电压和欠电压保护)等。变频调速的应用领域非常广泛,它应用于风机、泵、搅拌机、挤压机、精纺机和压缩机,原因是节能效果显著;它应用于机床,如车床、机械加工中心、钻床、铣床、磨床,主要目的是提高生产率和质量;它也广泛应用于其他领域,如各种传送带的多台电动机同步、调速和起重机械等。

2. 变频器的类型

变频调速的实现必须使用变频器,变频器的类型有多种,其分类方法也有多种。

(1) 根据变流环节分类。

① 交-直-交变频器。

先把恒压恒频的交流电"整流"成直流电,再把直流电"逆变"成电压和频率均可调的三相交流电。由于把直流电逆变成交流电的环节比较容易控制,所以该方法在频率的调节范围和改善变频后电动机的特性方面都具有明显的优势,大多数变频器属于交-直-交型。

② 交-交变频器。

把恒压恒频的交流电直接变换成电压和频率均可调的交流电,通常由三相反并联晶闸管可逆桥式变流器组成。它具有过载能力强、效率高、输出波形好等优点;但同时存在着输出频率低(最高频率小于电网频率的1/2)、使用功率器件多、功率因数低等缺点。该类变频器只在低转速、大容量的系统,如轧钢机、水泥回转窑等场合使用。

(2) 根据直流电路的滤波方式分类。

① 电压型变频器。

在逆变器前使用大电容来缓冲无功功率,直流电压波形比较平直,相当于一个理想情况下内阻抗为 0Ω 的恒压源。对于负载电动机来说,变频器是一个交流电压源,在不超过容量的情况下,可以驱动多台电动机并联运行。

② 电流型变频器。

在逆变器前使用大电感来缓冲无功功率,直流电流波形比较平直;对于负载电动机来说,变频器是一个交流电流源。其突出特点是容易实现回馈制动、调速系统动态响应快。它适用于频繁急加减速的大容量电动机的传动系统。

(3) 根据控制方式分类。

① V/F 控制。

异步电动机的转速由电源频率和极对数决定,所以改变频率就可以对电动机进行调速。但频率改变时电动机内部阻抗也改变,仅改变频率,将会产生由弱励磁引起的转矩不足或过励磁引起的磁饱和现象,使电动机功率因数和效率显著下降。

V/F 控制是指改变频率的同时控制变频器的输出电压,使电动机的磁通保持一定,在较广泛的范围内调速运转时,电动机的功率因数和效率不下降。这就是控制电压与频率之比,所以称作 V/F 控制。作为变频器调速控制方式,V/F 控制方式属于转速开环控制,无须速度传感器,控制电路简单,比较经济,但在开环控制方式下不能达到较高的控制性能。V/F 控制方式多用于通用变频器,如风机和泵类机械的节能运行、生产流水线的传送控制和空调等家用电器中。

V/F 控制方式变频器的特点如下。
- 它是一种简单的控制方式,不用选择电动机,通用性优良。
- 与其他控制方式相比,它在低速区内电压调整困难,故调速范围窄,通常在 1∶10 左右的调速范围内使用。
- 急加速、减速或负载过大时,抑制过电流能力有限。
- 不能精密控制电动机实际速度,不适用于同步运转场合。

② 矢量控制。

直流电动机构成的传动系统,其调速和控制性能非常好。矢量控制是按照直流电动机电枢电流控制思想,在交流异步电动机上实现该控制方法,并且达到与直流电动机相同的控制性能。

矢量控制是指将供给异步电动机的定子电流在理论上分成两部分:产生磁场的电流分量(磁场电流)和与磁场相垂直、产生转矩的电流分量(转矩电流)。该磁场电流、转矩电流与直流电动机的磁场电流、电枢电流相当。在直流电动机中,利用整流子和电刷装置换向,使两者保持垂直,并且可分别供电。对于异步电动机来说,其定子电流在电动机内部,利用电磁感应作用,可在电气上分解为磁场电流和垂直的转矩电流。

矢量控制就是根据交流电动机的动态数学模型,采用坐标变换的方法,将交流电动机的定子电流分解成磁场分量电流和转矩分量电流,并加以控制。两者合成后,决定定子电流的大小,然后供给异步电动机,从而达到控制电动机转矩的目的。其实质是模仿直流电动机的控制方式对电动机的磁场和转矩分别进行控制,以获得类似于直流电动机调速系统的较高的动态性能。矢量控制方式使交流异步电动机具有与直流电动机相同的控制功能,目前采用这种控制方式的变频器已广泛应用于生产实际中。

矢量控制变频器的特点如下。
- 需要使用电动机参数,一般用作专用变频器。
- 调速范围在 1∶100 以上。
- 速度响应性极高,适合于急加速、减速运转和连续四象限运转,适用于任何场合。

(4)根据输出电压调制方式分类。

① PAM 方式。

脉冲幅值调制方式(Pulse Amplitude Modulation,PAM)通过改变直流电压的幅值来实现调压,逆变器负责调节输出频率。采用直流斩波器调压时,供电电源的功率因数在不考虑谐波影响时,可以达到 $\cos\varphi \approx 1$。

② PWM 方式。

脉冲宽度调制方式(Pulse Width Modulation,PWM)在改变输出频率的同时也改变了电压脉冲的占空比。PWM 方式只需控制逆变电路即可实现。通过改变脉冲宽度来改变电压幅值,通过改变调制周期可以控制其输出频率。

(5)根据输入电源的相数分类。

① 单相变频器。变频器输入端为单相交流电,输出端为三相交流电,适用于家用电器和小容量的场合。

② 三相变频器。变频器的输入端和输出端都为三相交流电,绝大多数变频器都是三进/三出型。

3. 变频器的组成

变频器的电路一般由主电路、控制电路和保护电路等部分组成。主电路用来完成电能的转换（整流和逆变）；控制电路用来实现信息的采集、变换、传送和系统控制；保护电路除用于防止因变频器主电路的过压、过流引起的损坏外，还应保护异步电动机及传动系统等。

变频器的内部结构框图和主要外部接口组成如图2-14所示。

（1）主电路。

图2-14中最上部流过大电流的部分为变频器的主电路，它进行电力变换，为电动机提供调频调压电源。主电路由三部分组成：将交流工频电源变换为直流电的"变流器部分"；吸收在变流器部分和逆变器部分产生的电压脉冲的"平滑回路部分"；将直流电重新变换为交流电的"逆变器部分"。

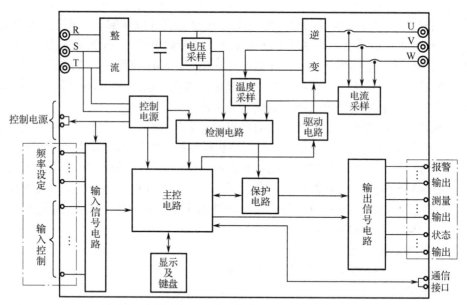

图2-14 变频器的内部结构框图和主要外部接口组成

主电路的外部接口分别是连接外部电源的标准电源输入端（可以是三相或单相的），以及为电动机提供变频变压电源的输出端（三相）。

（2）控制电路。

给主电路提供控制信号的电路称为控制电路。其核心是由一个高性能的主控制器组成的主控电路，它通过接口电路接收检测电路和外部接口电路传送来的各种检测信号和参数设定值，根据其内部事先编制的程序进行相应的判断和计算，为变频器其他部分提供各种控制信息和显示信号。采样检测电路完成变频器在运行过程中各部分的电压、电流、温度等参数的采集任务。键盘/显示部分是变频器自带的人机界面，完成参数设置、命令信号的发出，以及显示各种信息和数据。控制电源为控制电路提供稳定的、高可靠性的直流电源。

输入/输出接口部分也属于控制电路部分，是变频器的主要外部联系通道。输入信号接口如下。

① 频率信号设定端：给定电压或电流信号，用来设置频率。

② 输入控制信号端：不同性能、不同厂家的变频器，控制信号的配置可能稍有不同。该类信号主要用来控制电动机的运行、停车、正转、反转和点动等，也用来进行频率的分段控制。

其他控制信号还有紧急停车、复位、外接保护等。

输出信号接口如下。

① 状态信号端：一般为晶体管输出。状态信号主要是变频器运行信号和频率达到信号等。

② 报警信号端：一般为继电器输出。当变频器发生故障时，继电器动作，输出触点接通。

③ 测量信号端：供外部显示仪表测量参数、显示频率信号和电流信号等。

（3）保护电路。

当变频器发生故障时，保护电路完成事先设定的各种保护功能。

4. 变频器的主要技术参数

（1）输入侧主要额定数据。

① 额定电压：国内中小容量变频器的额定电压为三相380V交流电，单相220V交流电。

② 额定频率：国内为50Hz。

（2）输出侧主要额定数据。

① 额定电压：因为变频器的输出电压是随频率而变的，所以其额定输出电压规定为输出电压中的最大值。一般情况下，它和输入侧的额定电压相等。

② 额定电流：长时间运行通过的最大电流，这是用户选择变频器容量的主要依据。

③ 额定容量：由额定输出电压和额定输出电流的乘积决定。

④ 配用电动机容量：指在带动连续不变负载的情况下，能够配用的最大电动机容量。

⑤ 输出频率范围：输出频率的最大调节范围，通常以最大输出频率和最小输出频率来表示。

（3）对变频器设置和调试时的主要参数。

在对变频器设置和调试时，主要考虑的参数如下。

① 控制方式：主要是指选择V/F控制方式，还是选择矢量控制方式。

② 频率给定方式：对变频器获取频率信号的方式进行选择，即面板给定方式、外部端子给定方式、键盘给定方式等。

③ 加减速时间：加速时间是输出频率从0上升到最大频率所需要的时间，减速时间是指从最大频率降到0所需要的时间。通常用频率设定信号上升、下降来确定加减速时间。在电动机加速时必须限制频率设定的上升率以防止过电流，减速时则限制下降率以防止过电压。

④ 频率上下限：变频器输出频率的上限、下限幅值。频率限制是为防止误操作或外接频率设定信号源出故障，而引起输出频率的过高或过低，以防损坏设备的一种保护功能。在应用中按实际情况设定即可。此功能还可做限速使用。

5. 变频器的选择

变频器的选择主要包括种类选择和容量选择两大方面。

（1）种类选择。

目前市场上的变频器大致可分为三类。

① 通用性变频器：通常指配备一般V/F控制方式的变频器，也称简易变频器。该类变频器成本较低，使用较为广泛。

② 高性能变频器：通常指配备矢量控制功能的变频器。该类变频器自适应功能更加完善，用于对调速性能较高的场合。

③ 专用变频器：专门针对某种类型的机械而设计的变频器。如泵或风机用变频器、电梯

专用变频器、起重机械专用变频器、张力控制专用变频器等。用户应根据生产机械的具体情况进行选择。

（2）容量选择。

变频器容量的选择归根到底是选择其额定电流，总的原则是变频器的额定电流一定要大于拖动系统在运行过程中的最大电流。

在选择变频器容量时，有以下情况需要考虑。

① 变频器驱动的是单一电动机，还是驱动多台电动机。

② 电动机是在额定电压、额定频率下直接启动的，还是软启动的。

③ 驱动多台电动机时，是同时启动的，还是分别启动的。

在大多数情况下，使用变频器驱动单一的电动机，并且是软启动的。这时变频器额定电流选择为电动机额定电流的 1.05～1.1 倍。

当一台变频器驱动多台电动机时，多数情况下也是分别单独进行软启动的。这时变频器额定电流选择为多台电动机中最大电动机额定电流的 1.05～1.1 倍。

6. 变频器的主要功能

随着计算机控制技术和功率器件的发展，变频器的功能也日趋强大。现在变频器的主要功能有：频率给定功能，升速、降速和制动控制，控制功能，以及保护功能。

（1）频率给定功能。

有三种方式可以完成变频器的频率给定。

① 面板给定方式：通过面板上的按键完成频率给定。

② 外接给定方式：通过控制外部的模拟量或数字量接口，将外部的频率设定信号送给变频器。外接数字量信号接口可用来设定电动机的旋转方向，以及完成分段频率的控制。外接模拟量控制信号时，电压信号一般有 0～5V、0～10V 等，电流信号一般有 0～20mA 或 4～20mA。

由模拟量进行频率设定时，设定频率与对应的给定信号 X（电压或电流）之间的关系曲线 $f_x=f(X)$ 称为频率给定线。可以使用频率给定线进行频率信号的控制。

③ 通信接口方式：可以通过通信接口，如 RS-485、PROFIBUS 等，来进行远程的频率给定。

（2）升速、降速和制动控制。

① 升速和降速功能。

可以通过预置升/降速时间和升/降速方式等参数来控制电动机的升/降速，利用变频器的升速控制可以很好地实现电动机的软启动。

② 制动控制。

一般由两种方式控制电动机的停车。

一种是变频器由工作频率按照用户设定的下降曲线下降到 0 使电动机停车，这种方式也称斜坡制动。

有些场合因为有较大的惯性存在，为防止"爬行"现象出现，要求进行直流制动，即传统的能耗制动，这是另一种制动控制。在变频器中使用直流制动时，要进行直流制动电压、直流制动时间和直流制动起始频率的设定。

（3）控制功能。

变频器可以由外部的控制信号或可编程控制器等控制系统进行控制，也可以完全由自身按预先设置好的程序完成控制。大部分场合中变频器需要和可编程控制器一起组成控制系统，只有在比较简单的调速控制场合才单独使用。

（4）保护功能。

变频器实现的保护功能主要有过电流保护、过电压保护、欠电压保护、变频器过载保护、防止失速保护、主器件自保护和外部报警输入保护等。

7．变频器的操作方式

一台变频器应有可供用户方便操作的操作器和显示变频器运行状况及参数设定的显示器。用户通过操作器对变频器进行设定及运行方式的控制。通用变频器的操作方式一般有三种，即数字操作器、远程操作器和端子操作等方式。变频器的操作指令可以由该三处发出。

（1）数字操作器和数字显示器。

新型变频器几乎均采用数字控制，使用数字操作器可以对变频器进行设定操作。如设定电动机的运行频率、运转方式、V/F 类型、加减速时间等。数字操作器有若干个操作键，不同厂商生产的变频器的操作器有很大的区别，但 4 个按键是必不可少的，即运行键、停止键、上升键和下降键。运行键控制电动机的启动，停止键控制电动机的停车，上升键或下降键可以检索设定功能及改变功能的设定值。数字操作器作为人机对话接口，使得变频器参数设定与显示直观清晰，操作简单方便。

在数字操作器上，通常配有 6 位或 4 位数字显示器，它可以显示变频器的功能代码及各功能代码的设定值。在变频器运行前显示变频器的设定值，在运行过程中显示电动机的某个参数，如电流、频率、转速等。

（2）远程操作器。

远程操作器是一个独立的操作单元，它利用计算机的串行通信功能，不仅可以完成数字操作器所具有的功能，而且可以实现数字操作器不能实现的一些功能，特别是在系统调试时，利用远程操作器可以对各种参数进行监视和调整，比数字操作器功能更强，而且使用更方便。

变频器日益普及，使用场地相对分散，远距离集中控制是变频器应用的趋势，现在变频器一般都具有标准的通信接口，用户可以利用通信接口在远处（如中央控制室）对变频器进行集中控制，如参数设定、启动/停止控制、速度设定和状态读取等。

（3）端子操作。

变频器的端子包括电源接线端子和控制端子两大类。电源接线端子包括三相电源输入端子、三相电源输出端子、直流侧外接制动电阻用端子及接地端子。控制端子包括频率指令模拟设定端子、运行控制操作输入端子、报警端子和监视端子等。

8．变频器应用举例

图 2-15 所示为西门子 MM440 变频器举例。此电路实现电动机的正反向运行、调速和点动功能。根据功能要求，首先要对变频器编程并修改参数。根据控制要求选择合适的运行方式，如线性 V/F 控制、无传感器矢量控制等；频率设定值信号源选择模拟输入。选择控制端子的功能，将变频器 DIN1、DIN2、DIN3 和 DIN4 端子分别设置为正向运行、反向运行、正向点动和反向点动功能。除此之外要设置如斜坡上升时间、斜坡下降时间等参数。

在图 2-15 中，SF2、SF3 为正向、反向运行控制按钮，运行频率由电位器 RA 给定。SF4、SF5 为正向、反向点动运行控制按钮，点动运行频率可由变频器内部设置。按钮 SF1 为总停止控制按钮。

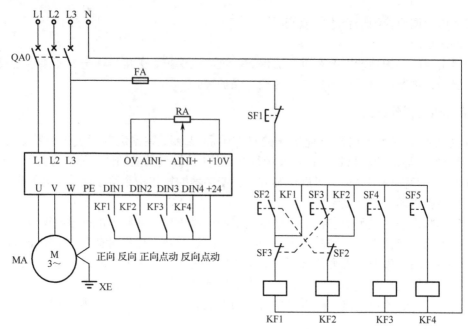

图 2-15 使用变频器的异步电动机可逆调速系统控制电路

2.5 三相异步电动机的制动控制电路

三相异步电动机从切断电源到完全停止旋转,由于惯性的关系,总要经过一段时间,这往往不能适应某些生产机械工艺的要求。如万能铣床、卧式镗床、组合机床等,无论是从提高生产效率,还是从安全及准确定位等方面考虑,都要求电动机能迅速停车,要求对电动机进行制动控制。制动方法一般有两大类:机械制动和电气制动。机械制动是利用机械装置来强迫电动机迅速停车,电气制动实质上是在电动机停车时,产生一个与原来旋转方向相反的制动转矩,迫使电动机转速迅速下降。由于机械制动的电气控制比较简单,下面我们着重介绍电气制动控制电路,它包括反接制动和能耗制动控制电路。

2.5.1 反接制动控制电路

反接制动是利用改变电动机电源的相序,使定子绕组产生相反方向的旋转磁场,因此产生制动转矩的一种制动方法。

由于反接制动时,转子与旋转磁场的相对速度接近于两倍的同步转速,所以定子绕组中流过的反接制动电流相当于全电压直接启动时电流的两倍,因此反接制动特点之一是制动迅速、效果好、冲击电流大,通常仅适用于 10kW 以下的小容量电动机。为了减小冲击电流,通常要求在电动机主电路中串接一定的电阻以限制反接制动电流,这个电阻称为反接制动电阻。反接制动的另一个要求是在电动机转速接近于 0r/min 时,要及时切断反相序的电流,以防止电动机反向再启动。

1. 电动机单向运行反接制动控制电路

反接制动的关键在于电动机电源相序的改变,且当转速下降到接近于 0r/min 时,能自动将电源切断,为此采用了速度继电器来检测电动机的速度变化。在120~3000r/min范围内速度继电器触点动作,当转速低于100r/min时,其触点恢复原位。

图2-16所示为具有制动电阻的单向反接制动的控制电路。

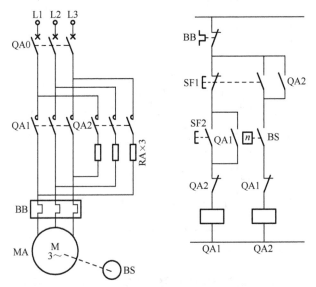

图2-16 具有制动电阻的单向反接制动的控制电路

启动时,按下启动按钮SF2,接触器QA1线圈通电并自锁,电动机MA通电旋转。在电动机正常运转时,速度继电器BS的常开触点闭合,为反接制动做好了准备。停车时,按下停止按钮SF1,其常闭触点断开,接触器QA1线圈断电,电动机MA脱离电源。由于此时电动机的惯性转速还很高,BS的常开触点仍然处于闭合状态,所以当SF1常开触点闭合时,反接制动接触器QA2线圈通电并自锁,其主触点闭合,使电动机定子绕组得到与正常运转相序相反的三相交流电源,电动机进入反接制动状态,电动机转速迅速下降。当电动机转速低于速度继电器动作值时,速度继电器常开触点复位,接触器QA2线圈电路被切断,反接制动结束。

2. 具有反接制动电阻的可逆运行反接制动控制电路

图2-17所示为具有反接制动电阻的可逆运行反接制动控制电路。电阻RA是反接制动电阻,同时也具有限制启动电流的作用。BS1和BS2分别为速度继电器BS的正转和反转常开触点。

该控制电路的工作原理如下。按下正转启动按钮SF2,中间继电器KF3线圈通电并自锁,其常闭触点打开,互锁中间继电器KF4线圈电路,KF3常开触点闭合,使接触器QA1线圈通电,QA1主触点闭合使定子绕组经3个电阻RA接通正序三相电源,电动机MA开始降压启动。当电动机转速上升到一定值时,速度继电器的正转常开触点BS1闭合,使中间继电器KF1通电并自锁,这时由于KF1、KF3的常开触点闭合,接触器QA3线圈通电,于是3个电阻RA被短接,定子绕组直接加以额定电压,电动机转速上升到稳定工作转速。在电动机正常运转过程中,若按下停止按钮SF1,则KF3、QA1、QA3的线圈相继断电。由于此时电动机转子的惯性转速仍然很高,使速度继电器的正转常开触点BS1尚未复原,中间继电器KF1仍处于工作状态,所以在接触器QA1常闭辅助触点复位后,接触器QA2线圈得电,其常开主触点闭合,使定子绕组经3个电阻RA获得反相序三相交流电源,对电动机进行反接制动,电动机转速迅速下降。当电动机转速低于速度继电器BS1动作值时,其常开触点复位,KF1线圈断电,接触器QA2

释放,反接制动过程结束。

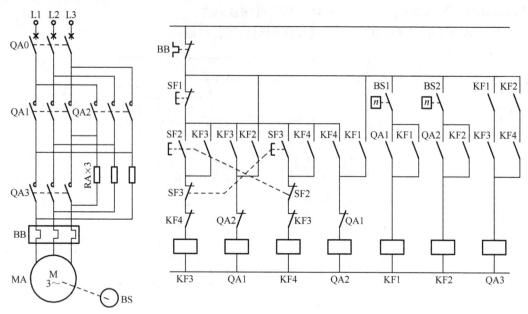

图 2-17 具有反接制动电阻的可逆运行反接制动控制电路

电动机反向启动和制动停车过程与正转时相同。

2.5.2 能耗制动控制电路

能耗制动是指在电动机脱离三相交流电源之后,定子绕组上加一个直流电压,即通入直流电流,利用转子感应电流与静止磁场的作用达到制动的目的。根据能耗制动时间控制原则,可以用时间继电器进行控制,也可以根据能耗制动速度原则,用速度继电器进行控制。

图 2-18 所示为以时间原则控制的单向能耗制动控制电路。在电动机正常运行的时候,若按下停止按钮 SF1,电动机由于 QA1 断电释放而脱离三相交流电源,而直流电源则由于接触器 QA2 线圈通电使其主触点闭合而加入定子绕组,时间继电器 KF 线圈与 QA2 线圈同时通电并自锁,于是电动机进入能耗制动状态。当其转子的惯性速度接近于 0r/min 时,时间继电器延时断开的常闭触点断开接触器 QA2 的线圈电路。由于 QA2 常开辅助触点的复位,时间继电器 KF 线圈的电源也被断开,电动机能耗制动结束。KF 的瞬时常开触点的作用是为了当出现 KF 线圈断线或机械卡住故障时,电动机在按下按钮 SF1 后仍能迅速制动,两相的定子绕组不会长期接入能耗制动的直流电流。因此,在 KF 发生故障后,该电路具有手动控制能耗制动的能力,即只要使停止按钮处于按下状态,电动机就能实现能耗制动。

图 2-19 所示为以速度原则控制的单向能耗制动控制电路。该电路与图 2-18 所示的控制电路基本相同,这里仅在控制电路中取消了时间继电器 KF 的线圈及其触点,而在电动机轴上安装了速度继电器 BS,并且用 BS 的常开触点取代了 KF 延时断开的常闭触点。这样一来,该电路中的电动机在刚刚脱离三相交流电源时,由于电动机转子的惯性速度仍然很高,速度继电器 BS 的常开触点仍然处于闭合状态,所以接触器 QA2 线圈能够依靠按下 SF1 按钮通电自锁。于是,两相定子绕组获得直流电源,电动机进入能耗制动。当电动机转子的惯性速度低于速度继电器 BS 动作值时,BS 常开触点复位,接触器 QA2 线圈断电释放,能耗制动结束。

按时间原则控制的能耗制动,一般适用于负载转速比较稳定的生产机械上。对于那些能够通过传动系统来实现负载速度变换或加工零件经常变动的生产机械来说，采用速度原则控制的能耗制动较为合适。

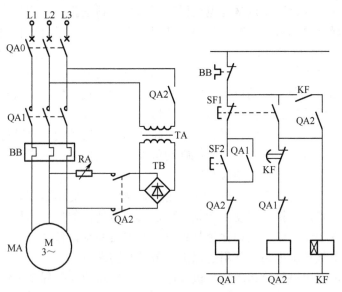

图 2-18 以时间原则控制的单向能耗制动电路

能耗制动比反接制动消耗的能量少，其制动电流也比反接制动电流小得多，但能耗制动的制动效果不如反接制动明显。同时还需要一个直流电源，控制电路相对比较复杂，一般适用于电动机容量较大和启动、制动频繁的场合。

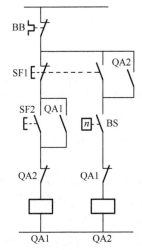

图 2-19 以速度原则控制的单向能耗制动控制电路

本章小结

本章主要介绍了继电接触器控制系统的基本原理和常用电路，还讲解了两种重要的在电气自动化控制系统中常用的控制设备：软启动器和变频器。

（1）电气控制系统图主要有电气原理图、电器布置图和电气安装接线图。各种图有其不同的用途和规定画法，各种图必须按国家标准绘制。电气原理图能够清楚地表明电路功能，便于分析系统的工作原理，因此应重点掌握电气原理图的规定画法。

（2）三相笼型异步电动机是生产实际中最常用的设备，其全压启动的控制电路是最基本的控制电路。应掌握电动机的点动、连续运行、正反转、自动循环和调速等基本控制电路的特点，以及各种电器及控制触点的逻辑关系。理解自锁和互锁的概念以及它们的使用。

（3）较大容量的笼型异步电动机，一般采用降压启动方式来启动，以避免过大的启动电流对电网及传动机械造成的冲击。常用的方法有星形-三角形降压启动和使用软启动器等。

（4）常用的电气制动控制电路有反接制动和能耗制动。反接制动要避免反向再启动，要限制制动电流，一般采用速度控制原则。能耗制动可采用时间控制原则或速度控制原则。使用软启动器和变频器也可以实现电动机的软制动。

（5）变频器在电气自动化控制系统中的使用越来越广泛。变频器有多种类型，其控制方式主要有V/F控制和矢量控制两种。使用变频器可以实现电动机的软启动和软制动，更能实现智能化的调速任务。变频器是电气自动化控制系统中的重要控制设备之一。

（6）重点掌握电气控制电路中常用的保护环节及其实现方法。

（7）掌握电气控制电路的分析基础。机床电气控制电路的复杂程度虽然差异很大，但均是由电动机的启动、正反转、制动、点动控制、多台电动机先后顺序控制等基本控制环节组成的。在对电气控制电路分析时，首先要对控制设备的结构组成、工作原理及运动要求等进行分析；其次要对复杂的控制电路"化整为零"，按照主电路、控制电路和其他辅助电路等逐一分解、各个击破。

思考题与练习题

1. 电动机的控制电路中采用自锁和互锁的作用是什么？
2. 星形-三角形降压启动方法有什么特点？其使用场合是什么？
3. 三相笼型异步电动机有哪几种电气制动方式？各有什么特点和适用场合？
4. 三相笼型异步电动机的调速方法有哪几种？
5. 变频调速有哪两种控制方式？
6. 变频器主要由哪几部分组成？给用户提供的主要的外部接口是什么？
7. 某三相笼型异步电动机单向运转，要求启动电流不能过大，制动时要快速停车。试设计主电路和控制电路，并要求有必要的保护措施。
8. 某三相笼型异步电动机可正向、反向运转，要求星形-三角形降压启动。试设计主电路和控制电路，并要求有必要的保护措施。
9. 某机床主轴由一台三相笼型异步电动机拖动，润滑油泵由另一台三相笼型异步电动机拖动，均采用直接启动，工艺要求如下：

（1）主轴必须在润滑油泵启动后，才能启动。
（2）主轴为正向运转，为调试方便，要求能正向、反向点动。
（3）主轴停止后，才允许润滑油泵停止。
（4）具有必要的电气保护。

试设计主电路和控制电路，并对设计的电路进行简单说明。

10. MA1 和 MA2 均为三相笼型异步电动机，可直接启动，按下列要求设计主电路和控制电路。

（1）MA1 先启动，经过一段时间后 MA2 自行启动。

（2）MA2 启动后，MA1 立即停车。

（3）MA2 能单独停车。

（4）MA1 和 MA2 均能点动。

11. 设计一个控制电路，要求第一台电动机启动 10s 后，第二台电动机自行启动；运行 5s 后，第一台电动机停车并同时使第三台电动机自行启动；再运行 10s，电动机全部停车。

12. 设计小车运行控制电路，小车由异步电动机拖动，其动作程序如下。

（1）小车由原位开始前进，到终端后自动停止。

（2）在终端停留 2min 后自动返回原位停止。

（3）要求能在前进或后退途中任意位置停止或启动。

第 3 章 可编程控制器概述

【教学目标】
1. 了解可编程控制器的产生及定义。
2. 了解可编程控制器的特点及应用领域。
3. 掌握可编程控制器的基本组成及分类。
4. 掌握可编程控制器的工作原理。

【教学重点】
1. 可编程控制器的基本组成及分类。
2. 可编程控制器的工作原理。

随着微处理器、计算机和数字通信技术的飞速发展，计算机控制技术已经广泛地应用到各种工业领域。同时，制造型企业面临激烈的竞争，需要根据市场要求生产出大批量、多品种、低成本、高质量的产品。可编程控制器（Programmable Logic Controller，PLC）正是在这种背景下出现的，它是一种集自动控制技术、计算机技术和通信技术于一体的新型工业控制装置，应用面广、功能强大、使用方便，已经成为当代工业自动化最为重要的支柱之一，在工业生产的众多领域得到广泛的应用。

可编程控制器种类繁多，不同厂家的产品各有特点，它们虽有一定的区别，但作为工业典型控制设备，可编程控制器在结构组成、工作原理和编程方法等许多方面基本相同。本章主要介绍可编程控制器的一般特性，重点讲解其基本组成、分类及工作原理。

3.1 可编程控制器的产生和定义

3.1.1 可编程控制器的产生

在可编程控制器产生之前，控制系统主要由各种继电器、接触器、主令电器及其他低压电器组成，按一定的逻辑关系控制各种生产机械，这就是人们熟悉的传统的继电器控制系统。由于它结构简单、容易掌握、价格便宜，能满足大部分电气逻辑控制的要求，因此在工业电气控制领域中一直占据着主导地位。但是继电器控制系统具有明显的缺点：设备体积大、可靠性差、动作速度慢、功能简单、难以实现较复杂的控制，尤其是继电器控制系统依靠硬连线实现逻辑控制，接线复杂烦琐，当生产工艺或被控对象需要改变时，原有的接线就要更改甚至重新设计，所以通用性和灵活性较差。

20 世纪 60 年代初期，由于小型计算机的出现和大规模生产的发展，人们曾试图用小型计算机来实现工业控制的要求；但由于价格高、输入/输出（I/O）电路信号及容量不匹配、编程技术复杂等原因一直未能得到推广应用。

20 世纪 60 年代末期，美国的汽车制造业竞争激烈，各生产厂家的汽车型号不断更新，控制策略及控制算法不断改进，这必然要求生产线的控制系统也随之改变，并且对整个控制系统重新配置。为抛弃传统继电器控制系统的束缚，适应白热化的市场竞争要求，1968 年美国通用汽车公司公开招标，对新的汽车生产线控制系统提出具体要求，归纳起来有 10 点。

（1）编程简单，可现场修改和调试程序。
（2）维修方便，采用插件式结构。
（3）可靠性高于继电器控制系统。
（4）体积小于继电器控制系统。
（5）数据可直接送入管理计算机。
（6）成本可与继电器控制系统竞争。
（7）可直接使用交流 115V 输入。
（8）输出为交流 115V，容量要求在 2A 以上，可直接驱动小型接触器、电磁阀等负载。
（9）通用性强，易于扩展。
（10）用户存储器至少能扩展到 4KB。

以上就是著名的"GM 十条"。这些要求的实质内容是将继电器控制方式的简单易懂、使用方便、价格低廉等优点与计算机控制方式的功能强大、灵活多变、通用性好等优点结合起来，用计算机软件编程代替继电器控制系统的硬连线逻辑控制方式。

1969 年，美国数字设备公司（DEC）根据上述要求，研制开发出世界上第一台可编程逻辑控制器，并且在 GM 公司汽车生产线上应用成功。这是世界上第一台可编程逻辑控制器，型号为 PDP-14。由于当时开发这种设备的主要目的是用来取代继电器逻辑控制系统，其也仅限于执行逻辑运算、定时、计数等功能，所以将其称为可编程逻辑控制器（Programmable Logic Controller，PLC）。

随着微电子技术的发展，20 世纪 70 年代中期出现了微处理器和微型计算机，人们将微机技术应用到 PLC 中，使它能更好地发挥计算机的功能，不仅具有逻辑运算与控制功能，而且还增加了模数转换、数学运算、数据传送和处理等模拟量功能，使其真正成为一种用于工业控制的计算机设备。国外工业界在 1980 年正式将其命名为可编程控制器（Programmable Controller，PC）。但由于它和当时已经存在的个人计算机（Personal Computer）简称容易混淆，所以现在国际上仍把可编程控制器称为 PLC。

3.1.2 PLC 的定义

国际电工委员会（IEC）在 20 世纪 80 年代初就开始了有关可编程控制器国际标准的制定工作，并且发布了数稿草案。继 1992 年发布第 1 稿之后，在 2003 年最新发布的可编程控制器国际标准 IEC 61131-1（通用信息）中对可编程控制器有一个标准定义：

"可编程控制器是一种数字运算操作的电子系统，专为在工业环境下应用而设计。它采用了可编程序的存储器，用来在其内部存储逻辑运算、顺序控制、定时、计数和算术运算等操作指令，并通过数字式和模拟式的输入和输出，控制各种类型的机器或生产过程。可编程控制器及其相关的外围设备，都按易于与工业控制系统集成，易于实现其预期功能的原则设计。"

定义重点说明了三个问题：PLC 是什么、PLC 具备什么功能（能干什么）、PLC 及其相关外围设备的设计原则。定义强调了 PLC 应直接应用于工业环境,它必须具有很强的抗干扰能力、广泛的适应能力和应用范围。这也是它区别于一般微机控制系统的一个重要特征。定义强调了 PLC 是"数字运算操作的电子系统",也是一种计算机,它是"专为在工业环境下应用而设计"的工业计算机。它能完成逻辑运算、顺序控制、定时、计数和算术运算等操作,还具有"数字量及模拟量的输入和输出"功能,并且非常容易与"工业控制系统集成一体",易于"实现其预期功能"。

3.2 PLC 的发展

3.2.1 PLC 的发展历史

第一台 PLC 诞生后不久,Dick Morley(被誉为可编程控制器之父)的 MODICON 公司也推出了 084 控制器。这种控制器的核心思想就是采用软件编程方法替代继电器控制系统的硬接线方式,并且有大量的输入传感器和输出执行器的接口,可以方便地在工业生产现场直接便用。随后,日本在 1971 年推出了 DSC-80 控制器,1973 年西欧国家的各种 PLC 也研制成功。虽然这些 PLC 的功能还不强大,但它们开启了工业自动化应用技术新时代的大门。PLC 诞生不久即显示了其在工业控制中的重要性,在许多领域得到了广泛应用。

PLC 技术随着计算机和微电子技术的发展而迅速发展,形成了现代意义上的 PLC。进入 20 世纪 80 年代以来,以 16 位和 32 位微处理器构成的微机化 PLC 得到了惊人的发展,使 PLC 在概念、设计、性价比及应用等方面都有了新的突破。它不仅控制功能增强、体积减小、成本下降、可靠性提高、编程和故障检测更为灵活方便,而且远程 I/O 和通信网络、数据处理及人机界面(HMI)也有了长足的发展。现在 PLC 不仅能得心应手地应用于制造业自动化,而且还可以应用于连续生产的过程控制自动化,所有这些已经使之成为自动化技术领域的主要支柱,即使在集散控制系统(DCS)和现场总线系统(FCS)成为自动化技术应用热点的今天,PLC 仍然占有重要的地位。

PLC 的发展历史可以总结为五个阶段。

1. 初级阶段

从第一台 PLC 问世到 20 世纪 70 年代中期。这个时期的 PLC 功能简单,主要完成一般的继电器控制系统功能,即逻辑控制、定时和计数等,编程语言为梯形图。

2. 崛起阶段

从 20 世纪 70 年代中期到 20 世纪 80 年代初期。由于 PLC 在取代继电器控制系统方面的卓越表现,所以自从它在电气自动控制领域开始普及应用后便得到了飞速的发展。这个阶段的 PLC 增强了很多控制功能,如数据处理、模拟量控制、算术运算等。

3. 成熟阶段

从 20 世纪 80 年代初期到 20 世纪 90 年代初期。前两个阶段的 PLC 主要是单机应用和小规模、小系统的应用;但随着对工业自动化技术水平、控制性能和控制范围要求的提高,在大型控制系统中(如冶炼、饮料、造纸、烟草、纺织、污水处理等),PLC 也展示出了其强大的生命力。对于这些大规模、多控制器的应用场合，要求 PLC 控制系统必须具备通信和联网功能。这个时期的 PLC 顺应时代要求，在大中型 PLC 中都扩展了遵守一定协议的通信接口。

4．飞速发展阶段

从 20 世纪 90 年代初到 20 世纪 90 年代末期。由于对模拟量处理功能和网络通信功能的提高，PLC 在过程控制领域也开始广泛应用。随着芯片技术，计算机技术，通信技术和控制技术的发展，PLC 的功能得到了进一步的提高。现在 PLC 无论从外在性能（体积、人机界面功能、端子接线技术等），还是从内在性能（运算速度、存储容量、稳定可靠等）、实现的功能（运动控制、通信网络、多机处理、故障诊断等）都远非过去的 PLC 可比。从 20 世纪 80 年代以后，是 PLC 飞速发展的时期。

5．开放性、标准化阶段

从 20 世纪 90 年代末期至今。关于 PLC 的开放性工作在 20 世纪 80 年代就已经展开，但由于受到各大公司的阻挠和技术标准化难度的影响，这项工作进展得并不顺利。因此，PLC 诞生后的近 30 年时间里，各个 PLC 在通信标准、编程语言等方面都存在着不兼容的问题，这为在工业自动化中实现互换性、互操作性和标准化都带来了极大的不便。现在随着 PLC 国际标准 IEC 61131 的逐步完善和实施，特别是 IEC 61131-3 标准编程语言的推广，使得 PLC 真正走入了一个开放性和标准化的时代。

目前，世界上比较著名的 PLC 生产厂家有美国的 AB（被 ROCKWELL 收购）、GE、MODICON（被 SCHNEIDER 收购），日本的 MITSUBISHI、OMRON、FUJI、松下电工，德国的 SIEMENS 和法国的 SCHNEIDER 公司等。随着新一代开放式 PLC 走向市场，国内的生产厂家，如中国台湾台达、北京和利时、浙大中控、无锡信捷等生产的基于 IEC 61131-3 编程语言的 PLC 可能会在未来的市场中占有一席之地。

3.2.2 PLC 的发展趋势

PLC 总的发展趋势是向高集成度、小体积、大容量、高速度、易使用、高性能、信息化、智能化、标准化、与现场总线技术紧密结合等方向发展。

1．向小型化、专用化、低成本方向发展

随着微电子技术的发展，新型器件性能的大幅度提高，价格却大幅度降低，使得 PLC 结构更为紧凑，操作使用十分简便。从体积上讲，有些专用的微型 PLC 仅有一个烟盒的大小。PLC 的功能不断增加，将原来大中型 PLC 才有的功能部分地移植到小型 PLC 上，如模拟量处理、复杂的功能指令和网络通信等。PLC 的价格也在不断下降，真正成为现代电气控制系统中不可替代的控制装置。据统计，小型和微型 PLC 的市场份额一直保持在 60%～70%，所以对 PLC 小型化的追求不会停止。

2．向大容量、高速度、信息化方向发展

现在大中型 PLC 采用多微处理器系统，有的采用了 32 位微处理器，并且集成了通信联网功能，可同时进行多任务操作，运算速度、数据交换速度及外设响应速度都有大幅度提高，存储容量大大增加，特别是增强了过程控制和数据处理的功能。为了适应工厂控制系统和企业信息管理系统日益有机结合的要求，信息技术也渗透到了 PLC 中，如设置开放的网络环境、支持

OPC（OLE for Process Control）技术。

3. 智能化模块的发展

为了实现某些特殊的控制功能，PLC制造商开发出了许多智能化的I/O模块。这些模块本身带有CPU，通过自身强大的信息处理能力和控制功能，可以完成PLC的主CPU难以兼顾的功能，从而减轻了主CPU的工作负担，减少了PLC扫描周期的时间，提高了整个PLC控制系统的性能。智能化模块由于在硬件和软件方面都采取了可靠性和便利化的措施，所以简化了某些控制系统的设计和编程。典型的智能化模块主要有高速计数模块、定位控制模块、温度控制模块、闭环控制模块、以太网通信模块和各种现场总线通信协议模块等。

4. 人机接口的发展

人机接口（Human Machine Interface，HMI）也称人机界面，在工业自动化系统中起着越来越重要的作用，PLC控制系统在HMI方面的进展主要体现在以下几个方面。

（1）编程工具的发展。过去绝大部分中小型PLC仅提供手持式编程器，编程人员通过编程器进行编程和调试。首先是把编制好的梯形图程序转换为指令表程序，然后使用编程器一个字符、一个字符地输入到PLC内部；另外，调试时也只能通过编程器观察少量的信息。现在编程器已被淘汰，基于Windows的编程软件不仅可以对PLC控制系统进行硬件组态（即设置硬件的结构、类型、各通信接口的参数等），而且可以在屏幕上直接编辑梯形图、指令表、功能块图和顺序功能图程序，还可以实现不同编程语言之间的自由转换。程序被编译后可下载到PLC中，也可以将PLC中的用户程序上传到计算机中。编程软件的调试和监控功能也远远超过手持式编程器，可以通过编程软件中的监视功能实时观察PLC内部各存储单元的状态和数据当前值，为诊断分析PLC程序和工作过程中出现的问题带来了极大的方便。

（2）功能强大、价格低廉的HMI。过去在PLC控制系统中进行参数设定和显示时非常麻烦，对输入设定参数要使用大量的拨码开关组，对输出显示参数要使用数码管，它们不仅占据了大量的I/O资源，而且功能少、接线烦琐。现在各种单色、彩色的显示设定单元、触摸屏、覆膜键盘等应有尽有，它们不仅能完成大量数据的设定和显示，更能直观地显示动态图形画面，而且还能完成数据处理功能。

（3）基于PC的组态软件。在中型、大型的PLC控制系统中，仅靠简单的显示设定单元已不能解决人机界面的问题，所以基于Windows的PC成了最佳的选择。配合有适当的通信接口或适配器，PC就可以和PLC之间进行信息互换，再配合功能强大的组态软件，完成画面显示、数据处理、报警处理、设备管理等任务。国外知名组态软件品牌有WinCC、iFIX、InTouch等，国产知名组态软件品牌有北京亚控的组态王、三维力控的Force Control、昆仑通态的MCGS等。由于当前各大品牌的组态软件技术成熟，兼容性好，可以轻松完成与主流控制产品的数据交互，因此使用安装组态软件的工业计算机取代触摸屏也是一种很好的方案选择。

5. 通信联网功能的增强和易用化

在中型、大型PLC控制系统中，往往需要由多台PLC、各种智能仪器仪表及执行机构组成一个网络，进行信息交换。PLC通信联网功能的增强使它更容易与PC和其他智能控制设备进行互连，使系统形成一个统一的整体，实现分散控制和集中管理。现在许多小型，甚至微型PLC的通信功能也十分强大。PLC控制系统通信的介质一般有双绞线或光纤，具备常用的串行通信功能。在提供网络接口方面，PLC向两个方向发展：一个是提供直接挂接到现场总线网络中的接口（如 PROFIBUS、AS-i 等）；另一个是提供 Ethernet 接口，使 PLC 直接接入以太网。

虽然通信网络功能强大，但硬件连接和软件程序设计的工作量却不大，许多制造商为用户设计了专用的通信模块，并且在编程软件中增加了向导，所以用户大部分的工作是简单的组态和参数设置，实现了 PLC 中复杂通信网络功能的易用化。

6．软 PLC 的概念

所谓软 PLC 就是在 PC 的平台上，在 Windows 操作环境下，用软件来实现 PLC 的功能。这个概念大约在 20 世纪 90 年代中期提出。安装有组态软件的 PC 既然能完成人机界面的功能，为何不把 PLC 的功能用软件来实现呢？PC 价格便宜，有很强的数学运算、数据处理、通信和人机交互的功能。如果软件功能完善，则利用这些软件就可以方便地进行工业控制流程的实时和动态监控，完成报警、历史趋势和各种复杂的控制功能，同时节约控制系统的设计时间。配上远程 I/O 和智能 I/O 后，软 PLC 也能完成复杂的分布式控制任务。在随后的几年，软 PLC 的开发也呈现了上升的势头。但后来软 PLC 并未出现人们预期的良好发展态势，这是因为软 PLC 本身存在的一些缺陷造成的：

（1）软 PLC 对维护和服务人员的要求较高；
（2）电源故障对系统影响较大；
（3）在占绝大多数的低端应用场合，软 PLC 没有优势可言；
（4）在可靠性方面和对工业环境的适应性方面，和 PLC 无法比拟；
（5）PC 发展速度太快，技术支持不容易保证。

但随着生产厂家的努力和技术的发展，软 PLC 肯定也能在其最适合的领域得到认可和发展。

7．PLC 在现场总线控制系统中的位置

现场总线（包括实时以太网）的出现，标志着自动化技术步入了一个新的时代。现场总线（Field-Bus）是"安装在制造和过程区域的现场装置与控制室内的自动控制装置之间的数字式、串行、多点通信的数据总线"，它是当前工业自动化的热点之一。

随着 3C（Computer，Control and Communication）技术的迅猛发展，使得解决自动化信息孤岛的问题成为可能。采用开放化、标准化的解决方案，可以将不同厂家遵守同一协议规范的自动化设备连成控制网络并组成系统。现场总线采用总线通信的拓扑结构，整个系统处在全开放、全数字、全分散的体制平台上。从某种意义上说，现场总线技术给自动控制领域所带来的变化是革命性的。

虽然目前大多数大型控制系统已被基于现场总线技术或实时以太网技术的控制系统所取代，但 PLC 仍然发挥着不可替代的作用。在基于各种现场总线（如 PROFIBUS、CONTROLNET 等）的控制系统中，其主站和分布式智能化从站大多数由 PLC 来实现；在基于各种实时以太网技术（如 PROFINET、ETHERCAT、ETHERNET/IP 等）的控制系统中，其控制器和分布式智能化设备大多数由 PLC 来实现。可以预计，在未来相当长的时期里，PLC 仍然将快速发展，继续担当工业自动化应用领域中的主角。

3.3 PLC 的特点

PLC 作为一种通用的工业控制器，在诞生之后就因其卓越的性能得到了广泛的应用，这与

其自身特点是分不开的。其主要特点如下。

1．抗干扰能力强，可靠性高

针对工业现场恶劣的环境因素，为提高抗干扰能力，PLC 在硬件和软件方面都采取了许多措施。在硬件结构及软件设计上都吸取了生产厂家长期积累的经验，主要模块均采用大规模与超大规模集成电路，I/O 系统设计有完善的通道保护与信号调理电路；在结构上对耐热、防潮、防尘、抗振等都有周到的考虑；在硬件上采用隔离、屏蔽、滤波、接地等抗干扰措施；对电源部分采取了很好的调整和保护措施，如多级滤波、采用集成电压调整器等，以适应电网电压波动所造成的影响；在软件上采用数字滤波等抗干扰和故障诊断措施，采用信息保护和恢复技术等。所有这些措施使 PLC 具有较高的抗干扰能力。PLC 的平均无故障运行时间通常在几万小时以上，这是其他的控制系统无法比拟的。

另外，PLC 采用软元件和程序代替传统继电器控制系统中的逻辑器件和繁杂的硬件连线，仅剩下和输入单元、输出单元有关的少量接线，大大减少因触点接触不良或线圈损坏而造成的故障，因此 PLC 控制系统的可靠性大大提高。

2．控制系统结构简单，通用性强

在大部分情况下，一个 PLC 主机就能组成一个控制系统。对于需要扩展的系统，只要选好扩展模块，经过简单的连接即可。PLC 及扩展模块品种较多，可灵活组合成各种大小和要求不同的控制系统。在 PLC 构成的控制系统中，只需要在 PLC 的端子上接入相应的输入/输出信号线即可，不需要硬接线电路。PLC 的输入/输出可直接与交流 220V、直流 24V 等负载相连，并且有较强的带负载能力。

另外，如果需要变更 PLC 控制系统的功能，只需对程序进行简单修改，对硬件部分稍做改动即可。而一套已经装配好的继电器控制系统，对原系统进行修改几乎是不可能的事情。同一个 PLC 装置用于不同的控制对象，只是输入/输出组件和应用软件不同。所以说 PLC 控制系统有极高的柔性，通用性强。

3．编程方便，易于使用

PLC 是面向底层用户的智能控制器，因为其最初的目的就是要取代继电器逻辑控制，所以在 PLC 诞生之时，设计者就充分考虑到现场工程技术人员的技能和习惯，其编程语言采用了和传统控制系统中电气原理图类似的梯形图语言，PLC 内部编程指令也继续借鉴和使用过去人们所熟悉的如中间继电器、定时器、计数器等名称。这种编程语言形象直观、容易掌握，不需要专门的计算机知识和语言，只要具有一定的电气和工艺知识的人员都可在短时间内学会。

4．功能强大，成本低

现在 PLC 几乎能满足所有的工业控制领域的需要。PLC 控制系统可大可小，能轻松完成单机控制系统、批量控制系统、制造业自动化中的复杂逻辑顺序控制、流程工业中大量的模拟量控制，以及组成通信网络、进行数据处理和管理等任务。

由于其专为工业应用而设计，所以 PLC 控制系统中的 I/O 系统、HMI 等可以直接和现场信号连接并使用。系统也不需要进行专门的抗干扰设计。因此，和其他控制系统（如 DCS、FCS、IPC 等）相比，其成本较低，而且这种趋势还将持续下去。

5. 设计、施工、调试的周期短

PLC 的硬件、软件产品齐全，设计控制系统时仅需按性能、容量（输入/输出点数、内存大小）等选用硬件，具体编程工作也可在 PLC 硬件到货前进行，因此缩短了设计周期，使设计和施工可同时进行。由于用软件编程取代了硬接线实现控制功能，大大减轻了繁重的安装接线工作，缩短了施工周期。因为 PLC 是通过程序完成控制任务的，采用了方便用户的编程语言，且都具有强制和仿真功能，因此程序的设计、修改和调试都很方便，这样可大大缩短工程的设计和投运周期。

6. 维护方便

PLC 的输入/输出端子能够直观地反映现场信号的变化状态，通过编程工具（装有编程软件的计算机等）可以直观地观察控制程序和控制系统的运行状态，如内部工作状态、通信状态、I/O 点状态、异常状态和电源状态等。同时 PLC 具有完善的自诊断功能，便于维护人员查找故障，缩短对系统的维护时间。

3.4 PLC 的应用领域

初期 PLC 主要在以开关量居多的电气顺序控制系统中使用，但 20 世纪 90 年代以后，PLC 开始在流程工业自动化系统中广泛使用，一直到现在的现场总线控制系统，PLC 更是其中的主角，其应用范围越来越广。

目前，PLC 在国内外工业自动化领域应用非常广泛，主要包括钢铁、采矿、水泥、石油、化工、制药、电力、机械制造、汽车、批量控制、装卸、造纸/纸浆、食品/粮食加工、纺织、环保和娱乐等各行各业。归纳起来，PLC 的主要应用范围通常可以分为以下几种。

1. 开关量逻辑控制

这是 PLC 应用最广泛的领域，由于 PLC 具有"与""或""非"等逻辑运算的能力，其内部还有置位、复位、定时器、计数器等指令，因此可以实现逻辑运算，用触点的串联、并联及各种指令的使用代替继电器进行组合逻辑控制，实现定时控制与顺序逻辑控制。开关量逻辑控制可以用于单台设备，如塑料机械、印刷机械、订书机械、包装机械、切纸机械、组合机床、磨床及电梯控制等，也可以用于自动化生产线，其应用领域已遍及各行各业，甚至深入到民用和家庭。

2. 运动控制

为适应高精度的位置控制，现在的 PLC 制造商为用户提供了功能完善的运动控制功能。这一方面体现在功能强大的主机可以完成多路高速计数器的脉冲采集和大量数据的处理功能；另一方面还提供了专门的单轴或多轴控制步进电动机和伺服电动机的位置控制模块，这些智能化的模块可以实现任何对位置控制的任务要求，如金属切割机床、装配机械、机器人等。现在工业自动化领域基于 PLC 的运动控制系统和其他控制手段相比，功能更强、装置体积更小、价格更低、速度更快、操作更方便。

3. 模拟量过程控制

流程工业是工业类型中的重要分支，如电力、石油、化工、造纸、建材、轻工等，其特点是对物流（气体、液体为主）进行连续过程控制。过程控制系统中以温度、压力、流量、物位等模拟量参数进行自动调节为主，大部分场合还有防爆要求。20 世纪 90 年代以后，PLC 具有了控制大量过程参数的能力，对多路参数进行闭环 PID（比例-积分-微分）调节也变得非常容易和方便，和传统集散控制系统（DCS）相比，其价格方面也具有较大优势，再加上在人机界面和联网通信性能方面的完善和提高，PLC 控制系统在模拟量过程控制领域也占据了相当大的市场份额。

4. 数据处理

新型的 PLC 具有数据处理能力，不仅可以进行数学运算、数据传送、转换、排序和查表等操作，还可以完成数据的采集、分析和处理，或者将它们保存、打印。这些数据可以是运算的中间参考值，也可以是通过通信功能在各智能装置之间传送的数值。

5. 通信联网控制

PLC 通信包括主机与远程 I/O 之间的通信、多台 PLC 之间的通信、PLC 和其他智能控制设备（如计算机，变频器，智能仪器仪表及执行机构）之间的通信。PLC 与其他智能控制设备一起，可以组成"集中管理，分散控制"的集散控制系统（DCS）。

3.5 PLC 的系统组成

PLC 种类繁多，但其组成结构和工作原理基本相同。从广义上讲，PLC 是专为工业现场应用而设计的特殊计算机，因此它与普通计算机一样，主要由中央处理单元、存储器、输入/输出接口单元、电源、通信接口、扩展接口、编程设备等组成。PLC 的结构框图如图 3-1 所示。

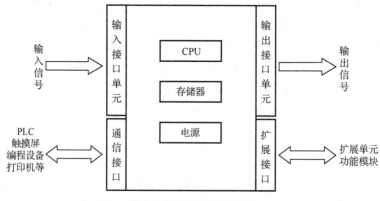

图 3-1 PLC 的结构框图

1. 中央处理单元

中央处理单元（CPU）一般由控制电路、运算器和寄存器组成，它们都集成在一个芯片内。CPU 通过数据总线、地址总线和控制总线与存储单元、输入/输出接口单元相连接。

与普通计算机一样，CPU 是 PLC 的核心，它按 PLC 中系统程序赋予的功能控制 PLC 有条不紊地工作。用户程序和数据事先存入存储器中，当 PLC 处于运行方式时，CPU 按循环扫描方式执行用户程序。

CPU 的主要任务是控制用户程序和数据的接收与存储；用扫描的方式通过 I/O 接口接收现场信号的状态或数据，并且存入输入映像寄存器或数据存储器中；诊断 PLC 内部电路的工作故障和编程中的语法错误等；PLC 进入运行状态后，从存储器逐条读取用户指令，经过命令解释后按指令规定的任务进行数据传送、逻辑或算术运算等；根据运算结果，更新有关标志位的状态和输出映像寄存器的内容，再经输出部件实现输出控制、数据通信等功能。

不同型号 PLC 的 CPU 芯片是不同的，有的采用通用 CPU 芯片，有的采用厂家自行设计的专用 CPU 芯片。CPU 芯片的性能关系到 PLC 处理控制信号的能力与速度，CPU 位数越高，系统处理信息量越大，运算速度也越快。PLC 功能随着 CPU 芯片技术的发展而提高和增强。现在大多数 PLC 都采用 16 位或 32 位 CPU，所以即使小型 PLC，其性能也可与过去中型、大型 PLC 相媲美。

2. 存储器

PLC 的存储器包括系统程序存储器和用户存储器两部分。

系统程序存储器用来存放由 PLC 生产厂家编写的系统程序。系统程序相当于个人计算机的操作系统，它使 PLC 具有基本的功能，能够完成 PLC 设计者规定的各项工作。系统程序主要包括系统管理程序、用户指令解释和编译程序、系统诊断程序和通信管理程序等。系统程序在 PLC 出厂之前由生产厂家直接烧录在只读存储器（ROM）中，用户不能删改。

用户存储器的大小关系到用户程序容量的大小，是反映 PLC 性能的重要指标之一，包括用户程序存储器和用户数据存储器两部分。用户程序存储器用来存放用户针对具体控制任务，用规定的 PLC 编程语言编写的应用程序。用户程序存储器根据所选用的存储器单元类型的不同，可以是随机存取存储器（RAM）或电擦除可编程只读存储器（EEPROM），其内容可以由用户任意修改或增删。用户数据存储器可以存放用户程序中使用到的所有数据，可以是 RAM 或 EEPROM。

PLC 使用的存储器类型一般有三种：ROM、RAM 和 EEPROM。

（1）只读存储器（ROM）。ROM 的内容只能读出，不能写入。它是非易失性存储器，即断电后仍然能保存内部存储的内容，用来存放系统程序。

（2）随机存取存储器（RAM）。RAM 用来保存 PLC 内部元器件的实时数据，是读/写存储器，其中的数据实时改变。RAM 工作速度快、价格便宜，是易失性存储器，断电后，储存的信息将会丢失。过去一般用锂电池保存 RAM 中的用户程序和某些数据。锂电池可用 2～5 年，需要更换锂电池时，由 PLC 发出信号通知用户。现在大部分 PLC 已不用锂电池，改用大电容来完成临时断电保存功能，对重要的用户程序和数据则存储到非易失性的 EEPROM 中，RAM 现在只用来存储一些不太重要的数据。

（3）电擦除可编程只读存储器（EEPROM）。EEPROM 是非易失性存储器，兼有 ROM 非易失性和 RAM 随机存取的优点，但是写入信息所需时间比 RAM 长。现在 EEPROM 用来存放用户程序和需长期保存的重要数据。

3. 输入/输出接口单元

输入/输出接口单元包括基本输入/输出接口单元和扩展输入/输出接口单元，是 PLC 与工业现场连接的接口。PLC 通过输入接口单元可以检测被控生产过程的各种参数，并且以这些数据作为控制信息，对被控对象进行控制；同时通过输出接口单元将控制器的处理结果送给被控设备或工业生产现场，从而驱动各种执行机构来实现自动化控制。一般情况下，PLC 输入/输出接口单元包括开关量输入（DI）单元、开关量输出（DO）单元、模拟量输入（AI）单元、模拟量输出（AO）单元。

4．电源

PLC 通常使用交流 220V 或直流 24V 电源作为外部供电电源，为 PLC 的中央处理器、存储器等提供 5V、24V、±12V 直流电源，有些小型 PLC 还提供一定容量的外接直流 24V 电源，为外部有源传感器（如接近开关、二线制变送器等）供电。PLC 所采用的开关电源输入电压范围宽、体积小、效率高、抗干扰能力强。

电源的安装形式多种多样，对于大多数小型 PLC 而言，通常将电源封装到机壳内部；对于大多数中型 PLC 而言，则多数采用独立的电源模块。

5．通信接口

随着生产规模的不断扩大，通信技术的不断发展，"人机对话"或"机机对话"需求越来越大，各厂家 PLC 均配有一定数量的通信接口。PLC 通过这些通信接口可以与编程设备、触摸屏、打印机相连，提供方便的人机交互途径；也可以与其他 PLC、工控机及现场总线网络相连，组成多机系统或工业网络控制系统。

6．扩展接口

扩展接口用于连接 PLC 基本单元与输入/输出扩展单元或功能模块，从而扩展 PLC 的输入/输出点数和某些特殊功能，使 PLC 配置更加灵活，以满足不同控制系统的需要。

7．编程设备

过去的编程设备一般是手持式编程器，其功能仅限于用户程序读/写和调试。读/写程序只能使用最不直观的指令表语言，屏幕显示也只有 2~3 行，各种信息用一些特定的代码表示，操作烦琐不便。现在 PLC 生产厂家不再提供手持式编程器，取而代之的是在 PC 上运行的基于 Windows 的编程软件。编程软件不仅能够实现图形化编程，而且能够进行在线或远程编译、调试及智能化故障诊断，功能非常强大。

8．其他部件

有些厂家的 PLC 还需配置存储器卡、电池、安装导轨、底座、背板、前连接器等部件。

3.6 PLC 的分类

由于 PLC 产品种类繁多，为便于选择适用不同应用场合的 PLC，一般将其按如下方法分类。

3.6.1 按输入/输出点数容量分类

PLC 根据外部信号和命令，通过用户程序计算出相应的输出结果，控制现场设备以实现自动化控制。因此，外部信号的输入、PLC 运算结果的输出，都要通过 PLC 输入/输出端子进行接线，输入/输出端子的数量之和称为 PLC 的输入/输出点数，简称 I/O 点数。按 PLC 的 I/O 点数的多少可将 PLC 分为三类，即小型 PLC、中型 PLC 和大型 PLC，以适应不同控制规模的应用。

1. 小型 PLC（含微型机）

小型 PLC 一般以处理开关量逻辑控制为主，其 I/O 点数一般在 256 点以下。现在的小型 PLC 还具有较强的通信能力和一定量的模拟量处理能力。这类 PLC 的特点是体积小巧、价格低廉，适合于控制单机设备和开发机电一体化产品。图 3-2（a）所示为典型的小型 PLC。

2. 中型 PLC

中型 PLC 的 I/O 点数在 256～2048 点之间，不仅具有极强的开关量逻辑控制功能，同时具有强大的通信联网功能和模拟量处理能力。中型 PLC 的指令比小型机更丰富，中型 PLC 适用于复杂的逻辑控制系统以及连续生产的过程控制场合。图 3-2（b）所示为典型的中型 PLC。

3. 大型 PLC

大型 PLC 的 I/O 点数在 2048 点以上，程序和数据存储容量最高分别可达 10MB，其性能已经与工业控制计算机相当，它具有计算、控制和调节功能，还具有强大的网络结构和通信联网能力，有些大型 PLC 还具有冗余能力。很多大型 PLC 配备多种智能板，构成多功能的控制系统。这种系统还可以和其他型号的控制器互连，和上位机相连，组成一个集中管理、分散控制的生产过程和产品质量监控系统。大型 PLC 适用于设备自动化控制、过程自动化控制和过程监控系统。图 3-2（c）所示为典型的大型 PLC。

以上类型划分并没有十分严格的点数界限，随着 PLC 技术的飞速发展，其与现场交互的能力（I/O 点数）和很多功能也在不断增强，这也是 PLC 的发展趋势。

3.6.2 按结构形式分类

根据 PLC 结构形式的不同，PLC 主要可分为整体式和模块式结构两类。

1. 整体式结构

微型和小型 PLC 一般为整体式结构。整体式结构的特点是将 PLC 的基本部件，如 CPU、输入/输出接口单元、电源、通信接口等紧凑地安装在一个标准机壳内，构成一个整体，组成 PLC 的基本单元（主机）。基本单元可以完成该类型 PLC 的基本功能，同时基本单元具有扩展接口，通过扩展接口可以和扩展单元（模块）相连，用于扩展 PLC 的 I/O 点数和某些特殊功能。小型 PLC 系统还提供许多专用的特殊功能模块，如模拟量输入/输出模块、热电偶、热电阻信号采集模块、通信模块等，以构成不同的配置，完成特殊的控制任务。整体式结构的 PLC 具有体积小、成本低、安装方便等特点。图 3-2（a）所示的小型 PLC 即为整体式结构。

2. 模块式结构

中型、大型 PLC 多采用模块式结构。模块式结构的特点是将 PLC 的基本部件，如 CPU、输入/输出接口单元、电源、通信接口和各种特殊功能单元等分别做成独立的模块单元，构建控制系统时，根据需求选取模块，并且将这些模块插在框架上或基板上即可。模块式结构的 PLC 具有配置灵活、维修方便、易于扩展等特点。图 3-2（b）和图 3-2（c）所示的中型、大型 PLC 即为模块式结构。

整体式结构的 PLC 每个 I/O 点的平均价格比模块式便宜,但其整体性能要低一些,在小型控制系统中一般采取整体式结构。模块式结构的 PLC 功能强,硬件组态方便灵活,I/O 点数的多少、输入与输出点数的比例、I/O 模块的使用等方面选择余地都比整体式结构的 PLC 大得多,功能较强、控制复杂、要求较高的控制系统一般选用模块式结构的 PLC。

(a) 小型 PLC(西门子 S7-200 系列)

(b) 中型 PLC(西门子 S7-300 系列)

(c) 大型 PLC(西门子 S7-400 系列)

图 3-2 PLC 的分类

3.6.3 按功能分类

按照功能的不同,PLC 可分为低档机、中档机、高档机三种。

1. 低档机

低档机具有逻辑运算、定时、计数、移位、自诊断、监控等基本功能,还可能具有少量的模拟量输入/输出、算术运算、数据传送与比较、通信等功能,主要用于逻辑控制、顺序控制或少量模拟量控制的单机控制系统。

2. 中档机

中档机除具有低档机的功能外,还具有较强的模拟量输入/输出、算术运算、数据传送与比较、数据转换、远程 I/O、子程序、通信联网等功能。中档机还可增设中断控制、PID 控制等功能,适用于复杂的控制系统。

3. 高档机

高档机除具有中档机的功能外,还有符号运算、矩阵运算、平方根运算及其他特殊功能函数运算、表格传送及制表功能等。高档机具有更强的通信联网功能，可用于大规模过程控制，构成分布式网络控制系统，实现整个工厂自动化。

3.7 PLC 的工作方式、原理及特点

3.7.1 PLC 的工作方式

与继电器控制系统采用并行工作方式不同，PLC 是一种工业控制计算机，故它的工作原理是建立在计算机工作原理基础之上的，即通过反复执行用户程序来实现。CPU 以分时操作方式来处理各项任务。计算机在每一瞬间只能做一件事情，所以程序的执行是按程序顺序依次完成相应各电气的动作，所以它属于串行工作方式。

PLC 工作的全过程可用图 3-3 所示的运行框图来表示。整个过程可分为三部分。

第一部分是上电初始化。PLC 上电后对自身系统进行一次初始化处理，包括硬件初始化、I/O 模块配置检查、停电保持范围设定、系统通信参数配置及其他初始化处理等。

第二部分是扫描过程。PLC 上电初始化阶段完成后进入扫描工作过程，首先完成输入采样，其次完成与其他外设的通信处理，最后进行时钟、特殊寄存器更新。当 CPU 处于 STOP 方式时，转入执行自诊断检查。当 CPU 处于 RUN 方式时，还要完成用户程序的执行和输出刷新，再转入执行自诊断检查。

第三部分是出错处理。PLC 每扫描一次，执行一次自诊断检查，确定 PLC 自身是否正常，如 CPU、电池电压、程序存储器、I/O 和通信等是否异常或出错。当检查出异常时，CPU 面板上的 LED 及异常继电器会接通，在特殊寄存器中会存入出错代码；当出现致命错误时，CPU 被强制为 STOP 方式，所有的扫描停止运行。

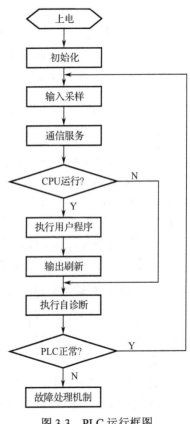

图 3-3 PLC 运行框图

3.7.2 PLC 工作原理

通过图 3-3 所示的运行框图可知，当 PLC 上电后处于正常运行状态时，它将不断循环执行输入采样、通信服务、执行用户程序、输出刷新、执行自诊断五项任务。如果对通信服务、执行自诊断等环节暂不考虑，这样循环过程就剩下输入采样、执行用户程序和输出刷新三个阶段。这三个阶段是 PLC 正常工作过程的核心内容，也是 PLC 工作原理的实质所在。

PLC 的工作原理：采用分时操作的方式周而复始地处理以输入采样、执行用户程序、输出刷新为主的各项任务。这种工作方式我们可以称之为"循环扫描工作方式"。每处理一遍任务称为扫描一次，扫描一次所用的时间称为"扫描周期"。PLC 运行正常时，扫描周期的长短与 CPU 的运算速度、I/O 点使用情况、用户程序大小及编程水平等有关。不同指令其执行时间是不同的，从零点几微秒到上百微秒不等，故选用不同指令所用的扫描时间会不同。

扫描周期是反映 PLC 性能的重要指标之一，PLC 的扫描周期一般为十几毫秒到几十毫秒。在应用 PLC 过程中，如果要求缩短扫描周期，可从软件、硬件上同时考虑。

深入理解 PLC 的工作原理，掌握输入采样、执行用户程序、输出刷新这三个阶段的具体执行过程，是学好 PLC 的基础，下面就这三个阶段进行详细分析，其执行过程如图 3-4 所示。

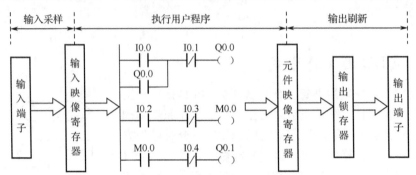

图 3-4 PLC 扫描执行过程示意图

1. 输入采样阶段

PLC 在输入采样阶段首先扫描所有输入端子，并且将各输入状态数据存入与输入端子一一对应的 PLC 内存中的某个区域，我们称之为"输入映像寄存器"，此时输入映像寄存器被刷新。此阶段结束后进入执行用户程序阶段和输出刷新阶段，在这两个阶段执行过程中，即使输入端的状态和数据发生变化，输入映像寄存器内相应单元的状态与数据也不会变化，必须等到下一个扫描周期的输入采样阶段，才能重新采集输入端的内容。因此，一般来说要求输入信号的有效宽度要大于 PLC 一个扫描周期，否则很可能造成信号丢失。

2. 执行用户程序阶段

进入到执行用户程序阶段后，除调用子程序和中断程序等特殊情况外，CPU 总是按照从左到右、从上到下的顺序执行程序的。当指令中涉及输入端的状态和数据时，PLC 只从输入映像寄存器中"读入"对应输入端的状态和数据，然后根据程序进行相应运算，运算后的结果立即存入相应元件的映像寄存器中（包括输出映像寄存器）。对于元件映像寄存器而言，每一个元件的状态会随着程序的执行过程而刷新。

3. 输出刷新阶段

在用户程序执行完毕后进入输出刷新阶段。在此阶段，PLC 按照输出映像寄存器内的状态和数据刷新所有的输出锁存电路，再经过输出电路和输出端子驱动外部负载，直到此时，PLC 才完成真正的输出任务。在下一个输出刷新阶段开始前，输出锁存电路的状态不会改变，从而相应输出端子的状态也不会改变。

3.7.3 循环扫描工作方式的特点

循环扫描工作方式是 PLC 的一大特点，针对工业控制采用这种工作方式使 PLC 具有一些优于其他各种控制器的特点，如可靠性和抗干扰能力明显提高、串行工作方式避免触点逻辑竞争、简化程序设计、通过扫描时间定时监视可诊断 CPU 内部故障、避免程序异常运行的不良影响等。

循环扫描工作方式的主要缺点是带来了 I/O 响应滞后性。影响 I/O 响应滞后的主要因素有输入电路和输出电路的响应时间、PLC 中 CPU 运算速度、程序设计结构等。

对于一般工业控制而言，PLC 的 I/O 响应滞后时间可以忽略不计，但对某些需要 I/O 快速响应的设备则应采取相应的处理措施。例如，在硬件方面，选择高速 CPU，提高扫描速度；选择快速响应模块、高速计数模块及特殊功能模块等措施减少滞后时间。在软件方面，提高编程能力，尽可能优化程序；而在编写大型设备控制程序时，尽量减少程序长度，选择分支或跳步程序等，对于实时性要求较高的情况可以采用中断处理的方法。以上都是减少响应时间的重要措施，应根据实际情况灵活运用。

3.8 PLC 的编程语言

编程语言是 PLC 的重要组成部分。设计人员根据控制系统的工艺过程及控制要求，选用合适的编程语言开发用户程序。根据国际电工委员会制定的工业控制编程语言标准（IEC 61131-3），PLC 的编程语言包括以下五种：梯形图语言（LD）、指令表语言（IL）、功能块图语言（FBD）、顺序功能图语言（SFC）及结构化文本语言（ST）。

1. 梯形图语言

梯形图语言是 PLC 程序设计中最早使用的一种编程语言，也是最直观、最简单的一种编程语言。它是从电气原理图演变而来的，继承了继电器控制系统的基本工作原理和电气逻辑关系的表示方法，只是在使用符号和表达方式上有一定的区别。由于电气设计人员对继电器控制系统较为熟悉，因此，梯形图编程语言得到了广泛的应用。

图 3-5 所示是梯形图编程语言示例。程序中借鉴了电气原理图中的电源、电流、触点、线圈等概念。图中左右两条垂直线段称为母线，相当于电气原理图中的电源"火线（L）"和电源"零线（N）"。在两条母线之间分别用两条竖线、两条竖线加反斜线、圆括号代表电气原理图中的"常开触点""常闭触点""线圈"。当"常开触点"闭合时，电路具备导通条件，则在母线"电源"的作用下，产生了虚拟的电流，我们称之为"能流"，能流流过线圈，线圈就被激励，与其相连的元件状态就会被写入"1"。反之，如果电路不具备导通条件，没有"能流"流过线圈，与其相连的元件状态就会被写入"0"。

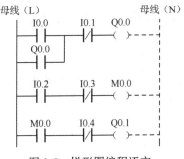

图 3-5 梯形图编程语言

每个 PLC 生产厂家都有一套针对本公司产品而开发的编程软件。编程时，有的梯形图采用两条母线，但是大部分梯形图将图形语言进一步简化，只保留左边的母线，右边以线圈或其他指令盒结束本段程序。

需要指出的是，以上仅是梯形图和电气原理图的简单对照，实际梯形图编程中还有很多复杂的编程元素和编程规则，因此，梯形图具体应用时与继电器控制系统有所区别。

关于梯形图的更多知识将在后续章节中重点介绍。

2. 指令表语言

指令表语言是与汇编语言类似的一种助记符编程语言，和汇编语言一样由操作码和操作数组成。早期在无计算机的情况下，通常采用指令表语言编程，并且通过 PLC 手持编程器进行下载和调试。现在指令表语言主要应用于繁杂的计算、控制、中断等场合，其优点是编程灵活、可完成复杂任务；其缺点是可读性差、需要一定计算机编程基础。

在大多数情况下，指令表语言与梯形图语言一一对应，并且可以通过 PLC 编程软件相互转换。图 3-6 所示是两种编程语言的对照图，其中图 3-6（a）所示是梯形图程序，图 3-6（b）所示是相应的指令表程序。

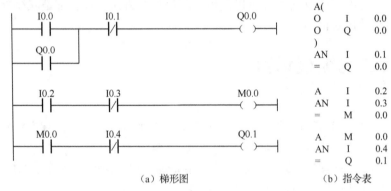

图 3-6　梯形图与指令表语言的对照图

3．功能块图语言

功能块图语言是与数字逻辑电路类似的一种 PLC 编程语言。它采用功能模块的形式来表示模块所具有的功能，不同的功能模块可以完成不同的功能。

功能块图语言的特点：以功能模块为单位，分析理解控制方案简单容易；功能模块用图形的形式表达功能，直观性强，对于具有数字逻辑电路基础的设计人员而言很容易掌握；对规模大、逻辑关系复杂的控制系统，采用功能块图语言编程能够清楚地表达逻辑关系，使编程调试时间大大减少。

在大多数情况下，功能块图语言与梯形图语言一一对应，并且可以通过 PLC 编程软件相互转换。图 3-7 所示是两种编程语言对照图，其中图 3-7（a）所示是梯形图程序，图 3-7（b）所示是相应的功能块图程序。

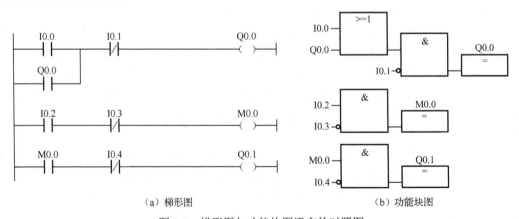

图 3-7　梯形图与功能块图语言的对照图

4. 顺序功能图语言

顺序功能图语言是为了满足顺序逻辑控制而设计的编程语言。编程时将顺序流程动作的过程分成步和转换条件，根据转移条件对控制系统的功能流程顺序进行分配，一步一步地按照顺序动作。每一步代表一个控制功能任务，用方框表示，在方框内含有用于完成控制任务的程序指令。这种编程语言使程序结构清晰，易于阅读及维护，大大减轻编程的工作量，缩短编程和调试时间。它用于系统规模校大、程序关系较复杂的场合。

顺序功能图语言的特点：以功能为主线，按照功能流程的顺序分配，条理清楚，便于理解用户程序；避免梯形图或其他语言不能顺序动作的缺陷，同时也避免了用梯形图语言对顺序动作编程时，由于机械互锁造成用户程序结构复杂、难以理解的缺陷；用户程序扫描时间也大大缩短。

关于顺序功能图语言的更多知识将在后续章节中重点介绍。

5. 结构化文本语言

结构化文本语言是用结构化的描述文本来编写程序的编程语言，它类似于高级语言。在大型、中型 PLC 系统中，它常采用结构化文本来描述控制系统中各个变量的关系，主要用于其他编程语言较难实现的用户程序编制。大多数 PLC 制造商采用的结构化文本语言与 BASIC 语言、PASCAL 语言或 C 语言等高级语言类似，但为了应用方便，在语句的表达方法及语句的种类等方面进行了简化。

结构化文本语言的特点：采用高级语言进行编程，可以完成较复杂的控制运算；需要有一定的计算机高级语言基础知识和编程技巧，对工程设计人员要求较高；直观性和操作性较差。

对以上五种编程语言，不同型号 PLC 的编程软件支持数量是不同的，早期 PLC 编程软件仅支持梯形图语言和指令表语言。目前小型 PLC 编程软件支持梯形图、指令表、功能模块图语言，有些大中型 PLC 编程软件还支持顺序功能图和结构化文本语言。

本章小结

PLC 作为一种工业标准设备，虽然生产厂家众多，产品种类层出不穷，但它们都具有相同的工作原理，使用方法也大同小异。本章从多个层面介绍和讲解了有关 PLC 的基本概念。

（1）PLC 是计算机技术与继电接触式控制技术相结合的产物，最初的目的是为了取代继电器控制系统而开发的。它专为在工业环境下应用而设计，可靠性高，使用方便，应用广泛。PLC 功能的不断增强，使 PLC 的应用领域不断扩大和延伸，应用方式也更加丰富。

（2）PLC 的发展大体上经历了五个阶段，目前重点向小型化、专用化、低成本、高性能、信息化、智能化、网络化等诸多方向发展。

（3）PLC 可以在任何工业自动化领域使用，但最适合的地方还是以开关量为主的单机控制系统和制造业自动化控制系统。

（4）PLC 具有诸多特点，其中显著的特点是抗干扰能力强、可靠性高、使用简单、系统柔性大和功能强。

（5）PLC 的组成部件主要有中央处理器（CPU）、存储器、输入/输出（I/O）接口单元、通信接口和电源等。

(6) PLC 类型从 I/O 点数容量上可分为小型 PLC、中型 PLC 和大型 PLC；从结构上可分为整体式结构和模块式结构。

(7) PLC 按集中采样、集中输出，按顺序周期性循环扫描用户程序的方式工作。当 PLC 处于正常运行时，它将不断重复扫描过程，其工作过程的中心内容由输入采样、执行用户程序和输出刷新三个阶段组成。

(8) 根据国际电工委员会制定的工业控制编程语言标准（IEC 61131-3），PLC 包含五种编程语言，每种语言各有特点。对于初学者来说，首先应掌握梯形图、指令表等基础语言，在此基础上再深入学习其他几种语言。

思考题与练习题

1. 从 PLC 的定义中能解读出哪三个方面的重要信息？
2. 一般来说，PLC 经历了哪几个发展阶段？每个阶段各有什么样的标志性的进展？
3. PLC 的最新发展趋势主要体现在哪些方面？
4. PLC 有什么特点？
5. PLC 可以在什么场合应用？
6. 构成 PLC 的主要部件有哪些？主要作用是什么？
7. PLC 的分类标准是什么？如何进行分类？每一类的特点是什么？
8. PLC 工作全过程包括几部分？每部分需要完成什么工作？
9. PLC 的工作原理是什么？它的循环过程主要包括哪三个阶段？每个阶段主要完成哪些任务？
10. 一般来说，PLC 对输入信号有什么要求？
11. 如何解决 I/O 快速响应问题？
12. 国际电工委员会制定的关于 PLC 的标准编程语言有哪些？各有什么特点？

第4章

S7-300 PLC 系统组成与硬件组态

【教学目标】
1. 了解 S7-300 PLC 主要模块的功能、原理、分类及使用情况。
2. 掌握 S7-300 PLC 控制系统硬件组成原则。
3. 掌握 S7-300 PLC 控制系统地址分配。
4. 掌握如何使用 STEP 7 软件进行硬件组态。

【教学重点】
1. S7-300 PLC 控制系统硬件组成原则及地址分配。
2. 使用 STEP 7 软件进行硬件组态。

SIMATIC S7 系列可编程控制器（Programmable Logic Controller）由西门子公司研发并陆续推出，在中国市场占有很大份额。其中包括 S7-200、S7-300、S7-400 共三个子系列。S7-200 属于小型 PLC 系列，可扩展 2~7 个模块；S7-300 属于中型 PLC 系列，最多可扩展 32 个模块；S7-400 属于大型 PLC 系列，可扩展模块数达 300 多个。

S7-300 是西门子公司生产的中型 PLC，该产品采用模块式结构，可控制的 I/O 点数多、功能强、扩展性能好、性价比高、使用灵活方便，既能用于机电设备的单机控制，又能组成大中型 PLC 网络系统，可满足中、小规模的工业自动控制领域需求，因此 S7-300 系列 PLC 是国内应用最广、市场占有率最高的中小型 PLC。

本章主要介绍 S7-300 系列 PLC 的主要模块、系统组成原则、地址分配、硬件组态和参数设置等内容。

4.1 S7-300 PLC 的模块简介

4.1.1 中央处理单元（CPU）

S7-300 PLC 的规格众多，且产品种类仍在不断扩充。PLC 的性能指标主要通过 CPU 模块进行区分，其余的 I/O 单元（模块）、电源模块、特殊功能模块均可通用。

1. CPU 分类

S7-300 CPU 主要有标准型、紧凑型、故障安全型、技术功能型 4 大系列。CPU 规格种类繁多，其中标准型与紧凑型是常用的产品。

(1) 标准型。

标准型 CPU 主要有 CPU312、CPU313、CPU315-2DP、CPU315-2PN/DP、CPU317-2DP、CPU317-2PN/DP、CPU318-2DP 等规格。标准型 CPU 模块无集成 I/O 点，其中 CPU312 不可连接扩展机架，最多只能安装 8 个模块，其最大 I/O 点数为 256 点；其余 CPU 均可连接 3 个扩展机架，每个机架可安装 8 个模块，PLC 的最大 I/O 点数为 1024 点。

(2) 紧凑型。

紧凑型 CPU 在型号后增加字母"C"，主要有 CPU312C、CPU313C、CPU313C-2PtP、CPU313C-2DP、CPU314C-2PtP、CPU314C-2DP 等规格。紧凑型 CPU 模块本身有数量不等的集成 I/O 点，可以用于 10~60kHz 的高速计数与脉冲输出。紧凑型中的 CPU312C 不能连接扩展机架，连同集成 I/O 点，其最大的 I/O 点数为 266 点；其余 CPU 均可连接 3 个扩展机架，每个机架最多可安装 8 个模块，由于 CPU 的集成 I/O 点需要占用地址，因此 PLC 的最大 I/O 点数略少于 1024 点。

(3) 故障安全型。

故障安全型 CPU 常用的有 CPU315F-2DP、CPU317F-2DP 两种，基本性能与同规格的标准型 CPU 类似，但此类 PLC 安装有德国技术监督委员会认可的功能块与安全型 I/O 模块参数化工具，可用于锅炉、索道、矿山等安全要求极高的特殊设备控制，它能在系统发生故障时立即进入安全模式，确保人身与设备的安全。

(4) 技术功能型。

技术功能型 CPU 常用的是 CPU317T-2DP。这是一种专门用于运动控制的 PLC，最大可控制 16 轴，内部集成了位置同步控制、固定点定位等特殊功能，CPU 除可控制定位外，还具有插补与同步控制功能，可用于简单的轮廓控制。技术功能型 CPU 模块带有集成 I/O 点，但不能使用扩展连接，最大 I/O 点数为 256 点。

此外，还有一种户外型 CPU，早期产品上带有后缀名"IFM"，现在以前缀名"SIPLUS"代替。户外型 CPU 的技术性能与同规格的紧凑型或标准型 CPU 类似，但其防护等级更高，可以在−25~+70℃或含有氯、硫气体的恶劣环境下使用。

S7-300 CPU 种类繁多，以后如无特殊说明，文中所提到的 S7-300 系列 CPU 均指标准型系列。

2. CPU 技术指标

S7-300 PLC 能够代表 CPU 性能的主要技术指标有运算能力、存储器容量、I/O 点数、系统配置规模、内部逻辑功能单元数量、程序调用块的数量、功耗等。S7-300 PLC 中常用的标准型 CPU 主要技术指标如表 4-1 所示。

表 4-1 S7-300 PLC 中常用的标准型 CPU 主要技术指标

技术指标		CPU314	CPU315-2DP	CPU315-2PN/DP	CPU317-2DP	CPU319-3PN/DP
工作存储器		96KB	128KB	256KB	512KB	1400KB
装载存储器		8MB	8MB	8MB	8MB	8MB
处理时间 (μs)	位指令	0.1	0.1	0.1	0.5	0.01
	字指令	0.2	0.2	0.2	0.2	0.02
	整数运算	2	2	2	0.2	0.02
	浮点运算	3	3	3	1	0.04

续表

	定时器（个）	256	256	256	512	2048
	计数器（个）	256	256	256	512	2048
	位存储器	256B	2KB	2KB	4KB	8KB
	最大系统（块）	32	32	32	32	32
	数字量通道	1024	16 384	16 384	65 536	65 536
	模拟量通道	256	1024	1024	4096	4096
块	功能块	2048	2048	2048	2048	2048
	功能	2048	2048	2048	2048	2048
	数据块	511	1024	1024	2047	4096
	功耗（W）	2.5	2.5	3.5	4	14

各 CPU 模块的通信功能也有较大差异，通信接口从 1～3 个不等。每个 CPU 均支持 MPI（多点接口）通信。带有"DP"后缀名的 CPU 支持 PROFIBUS-DP 协议，带有"PN"后缀名的 CPU 支持 PROFINET 通信，带有"PtP"后缀名的 CPU 支持点对点通信。

3．CPU 外部结构

S7-300 系列 CPU 种类众多，其外部结构也不尽相同，本章以紧凑型 CPU314C-2DP 为例，介绍 CPU 模块外部结构。其外部结构如图 4-1 所示，主要包括 7 部分。

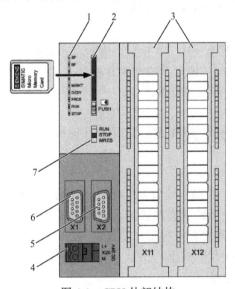

图 4-1　CPU 外部结构

（1）状态和错误指示灯。

状态和错误指示灯的功能是显示 PLC 运行状态和故障指示，可以帮助技术人员进行系统诊断和故障排除。CPU 状态和故障指示灯的含义如表 4-2 所示。

（2）SIMATIC MMC（微存储卡）的插槽（包括弹出装置）。

微存储卡用于在断电时保存用户程序和某些数据，它可以扩展 CPU 的存储容量，也可以将有些 CPU 的操作系统保存在 MMC 中，这对于操作系统的升级是非常方便的。只有在断电状态下才能取下 MMC，否则卡中的数据会被破坏，甚至卡片本身会被损坏。

表 4-2　CPU 状态和故障指示灯的含义

LED 标志	颜色	含义
SF	红色	硬件故障或软件错误
BF（带 DP 接口的 CPU）	红色	总线故障
MAINT	黄色	要求维护（无功能）
DC 5V	绿色	CPU 和 S7-300 总线的 5V 电源（正常时亮）
FRCE	黄色	LED 点亮：强制作业激活 LED 以 2Hz 的频率闪烁：节点闪烁测试功能
RUN	绿色	CPU 为 RUN 模式 在启动期间 LED 以 2Hz 的频率闪烁 在 HOLD 模式下以 0.5Hz 的频率闪烁
STOP	黄色	CPU 为 STOP、HOLD 或启动模式 请求存储器复位时 LED 以 0.5Hz 的频率闪烁 在复位期间以 2Hz 的频率闪烁

（3）集成的输入和输出端子。

只有紧凑型 CPU 集成输入和输出端子，标准型 CPU 没有集成输入和输出端子。

（4）电源连接。

电源连接的 L+和 M 端子分别是直流 24V 输出电压的正极和负极，用专用的电源连接器或导线连接电源模块和 CPU 模块的 L+和 M 端子。

（5）X2 通信接口（DP）。

带有 DP 后缀名的 CPU 配有一个 DP 接口，传输速率最高为 12Mb/s，主要用于和西门子产品中带 DP 接口的 PLC、PG/PC（编程器或个人计算机）、OP（操作员接口）进行通信，也可以和其他厂商 DP 主站和从站进行信息交换。

（6）X1 通信接口（MPI）。

所有的 CPU 模块都配有一个 MPI 通信接口，用于 PG/PC、OP 连接或用于 MPI 子网中进行通信的接口。

（7）模式选择开关。

CPU 面板上的模式选择开关用于设置 CPU 的工作模式。CPU 一般有三种或四种工作模式，少量模式选择开关需要通过专用钥匙旋转控制，大部分可直接用手拨动或旋转控制。

CPU314C-2DP 模式选择开关有三种工作方式。

① 运行模式（RUN）：在此模式下，CPU 执行用户程序，还可以通过编程设备上载、监视用户程序，但不能修改用户程序。

② 停止模式（STOP）：在此模式下，CPU 不执行用户程序，但可以通过编程设备从 CPU 中读出或修改用户程序。

③ 存储器复位模式（MRES）：该位置不能保持，当开关在此位置释放后将自动返回到 STOP 位置。将开关拨到 MRES 模式时，可复位存储器，使 CPU 回到初始状态。MRES 模式只有在程序错误、硬件参数错误、未插入存储卡、需要复位存储器等情况下使用，正常情况下请勿进行此模式操作。

4.1.2 信号模块 (SM)

信号模块又称 I/O 模块，是联系外部设备和 CPU 模块的桥梁。信号模块包括数字量（或称开关量）输入模块（DI）、数字量（或称开关量）输出模块（DO）、数字量输入/输出模块（DI/DO）、模拟量输入模块（AI）、模拟量输出模块（AO）、模拟量输入/输出模块（AI/AO）。

1. 数字量输入模块

数字量信号也称开关量信号，它是指具有两个状态的信号，电气技术中常用的数字量是电路的接通和断开，也可以表示为"1"和"0"，或者"ON"和"OFF"。

数字量输入模块接收来自生产现场的各种开关量信号，如限位开关、接近开关、操作按钮、选择开关、接触器和继电器辅助触点等，并将这些开关信号（如直流 24V 的通断或交流 220V 的通断等）转换成 S7-300 内部信号电平。数字量输入模块有直流输入和交流输入两种方式，大多数模块其输入电路的电源可由外部供给，也有少数模块可由自身电源提供。现场输入设备仅要求提供开关触点即可。

数字量直流、交流输入模块的内部电路和外部接线如图 4-2 和图 4-3 所示，为简化图形，只画出一路输入电路，图中的 M 是同一输入组内各输入信号的公共点。

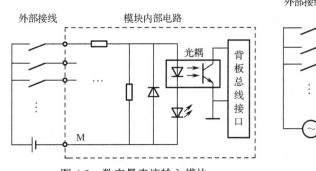 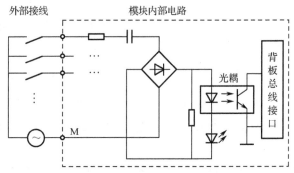

图 4-2　数字量直流输入模块　　　　　图 4-3　数字量交流输入模块

在图 4-2 中，当外接触点接通时，在直流电源激励下，光耦合器中的发光二极管和显示用发光二极管点亮，光敏三极管饱和导通；当外接触点断开时，两个发光二极管熄灭，光敏三极管截止，通断信号经背板总线接口传送给 CPU 模块。

在图 4-3 中，当外接触点接通时，交流电源（额定电压为 AC 120V 或 AC 230V）通过桥式整流电路将交流电流转换为直流电流，光耦合器中的发光二极管和显示用发光二极管点亮，光敏三极管饱和导通；当外接触点断开时，两个发光二极管熄灭，光敏三极管截止，通断信号经背板总线接口传送给 CPU 模块。

在电路设计中，为防止输入电流过大而设计限流电阻；为防止各种干扰信号和高电压信号进入内部核心电路，影响其可靠性或造成设备损坏，输入模块一般都有光电隔离和滤波电路，信号经过处理后才送至输入缓冲器等待 CPU 采样。

S7-300 系列 PLC 中的数字量输入模块 SM321 有多种型号可供选择，常用的有直流 16 路输入模块、直流 32 路输入模块、交流 8 路输入模块、交流 16 路输入模块、交流 32 路输入模块等。

2. 数字量输出模块

数字量输出模块将 S7-300 内部信号电平转换为控制过程所要求的外部信号电平，同时有隔离和功率放大的作用。输出驱动电流最高可达 2A，因此可直接驱动生产现场的小功率电磁阀、接触器、小型电动机、指示灯等，负载电源由外部电源提供。

按照模块内开关器件的种类不同，数字量输出模块可以分为晶体管输出模块、晶闸管输出模块和继电器输出模块。晶体管输出模块只能带直流负载，属于直流输出模块；晶闸管输出模块只能带交流负载，属于交流输出模块；继电器输出模块既能带直流负载，又能带交流负载，属于交流、直流两用输出模块。从响应速度上看，晶体管输出模块响应最快，继电器输出模块响应最慢。从安全隔离效果及应用灵活性角度来看，以继电器输出模块为最佳。

图 4-4 所示为晶体管输出模块内部电路和外部接线，它只能驱动直流负载。当梯形图中某一输出点为"1"状态时，其线圈"通电"，通过输出锁存器，使光耦合器中的发光二极管和显示用发光二极管点亮，光敏三极管饱和导通，驱动晶体管饱和导通，形成闭合回路，模块外部负载得电工作；当梯形图中某一输出点为"0"状态时，其线圈"失电"，通过输出锁存器，使两个发光二极管熄灭，光敏三极管截止，从而使晶体管截止，负载失电。

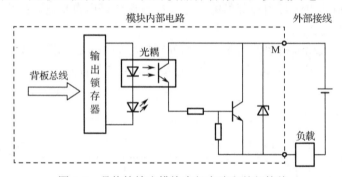

图 4-4　晶体管输出模块内部电路和外部接线

晶体管输出模块是无触点电子式开关模块，其开关延迟时间小于 1ms，因此可用于高频脉冲输出。

图 4-5 所示为晶闸管输出模块内部电路和外部接线，它只能驱动交流负载。小方框内光敏晶闸管和外部双向晶闸管组成固态继电器（SSR）。SSR 的输入功耗低，输入信号电平与 CPU 内部的电平相同，既能起到隔离作用，又具有一定带负载能力。当梯形图中某一输出点为"1"状态时，其线圈"通电"，通过输出锁存器，使光敏晶闸管中发光二极管和显示用发光二极管点亮，光敏双向晶闸管导通，驱动另一个容量较大的双向晶闸管导通，模块外部负载得电工作；反之，双向晶闸管关断，负载失电。图 4-5 中的 RC 电路用来抑制晶闸管关断过电压和外部浪涌电压。这类模块只能用于交流负载，因为是无触点电子式开关输出，其开关速度快，工作寿命长。

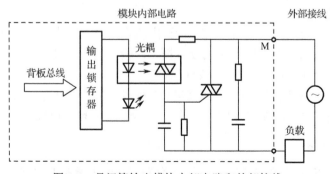

图 4-5　晶闸管输出模块内部电路和外部接线

双向晶闸管由关断变为导通的延迟时间小于1μs,由导通变为关断最长延迟时间为10ms(工频半周期)。如果因负载电流过小,晶闸管不能导通,则可以在负载两端并联电阻,从而增大负载电流。

图4-6所示为继电器输出模块内部电路和外部接线,它既能驱动直流负载又能驱动交流负载。当梯形图中某一输出点为"1"状态时,其线圈"通电",通过输出锁存器,使模块中对应的微型硬件继电器线圈通电,其常开触点闭合,模块外部负载得电工作;当某一输出点为"0"状态时,梯形图中的线圈"失电",输出模块中的微型继电器的线圈也断电,其常开触点断开,负载失电。

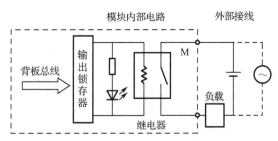

图4-6 继电器输出模块内部电路和外部接线

继电器输出模块额定负载电压范围较宽,直流可以为24~120V,交流可以为48~230V。继电器触点容量与负载电压有关,电压越高,触点容量越低。当电源切断后约200ms内电容器仍蓄有能量,这段时间内用户程序还可以暂时使继电器动作。

继电器输出模块是有触点机械式开关模块,因此开关延时时间长,响应速度较慢,动作有噪声。

S7-300系列PLC中的数字量输出模块SM322有多种型号可供选择,常用的模块有8路晶体管输出模块、16路晶体管输出模块、32路晶体管输出模块、8路晶闸管输出模块、16路晶闸管输出模块、8路继电器输出模块和16路继电器输出模块,具体选用哪种输出类型由项目实际需求决定。继电器输出模块最为常用,其输出接口可使用交流或直流两种电源,而且带载能力较强,但输出信号的通断频率不能太高;晶体管输出模块输出接口的通断频率高,适合在运动控制系统(步进电动机、伺服驱动等)中使用,但只能使用直流电源;晶闸管输出模块也适合于对输出接口通断频率要求较高的场合使用,但其电源为交流电源,目前这种模块使用较少。

3. 数字量输入/输出模块

SM323是S7-300系列PLC中的数字量输入/输出模块,它主要有两种型号可供选择:一种是8路输入和8路输出,输入点和输出点均只有一个公共端;另一种是16路输入(8路1组)和16路输出(8路1组)。这两种模块的输入/输出特性相同。输入、输出的额定电压均为DC 24V,输入电流为7mA,最大输出电流为0.5A,每组总输出电流为4A。输入电路和输出电路通过光电耦合器与背板总线相连,输出电路为晶体管型,有电子保护功能。

4. 模拟量输入模块

在实际生产过程中,有大量连续变化的模拟量需要PLC测量,有的是非电量,如温度、压力、流量、液位、速度、物体的成分(如气体中的含氧量)和频率等,有的是强电电量,如发电机组电流、电压、有功功率和无功功率、功率因数等。

模拟量输入模块用于采集生产现场各种模拟信号,并转换为CPU内部处理用的数字信号。

模块主要由内部电源、多路开关、A/D 转换器、光电隔离部件和逻辑电路等组成，如图 4-7 所示。各路模拟量输入通道共同使用一个 A/D 转换器，通过多路开关切换被转换通道，模拟量输入模块各输入通道 A/D 转换和转换结果存储均按顺序进行，各个通道的转换结果被保存到各自的存储器中，直至被下一次的转换值覆盖。

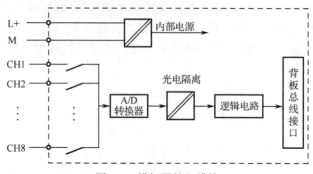

图 4-7　模拟量输入模块

S7-300 系列 PLC 中的模拟量输入模块 SM331 有多种型号可供选择，主要有 2 路 AI×12 位精度模块、8 路 AI×12 位精度模块、8 路 AI×13 位精度模块、8 路 AI×15 位精度模块等。SM331 模块支持多种传感器信号，如标准的电压和电流信号、热电阻信号、热电偶信号等，具体取决于所选模块类型、接线方式及通道设置。

连接模拟量信号时应该使用屏蔽双绞线电缆，电缆屏蔽层应接地，这样会减少干扰。电缆两端的任何电位差都可能导致在屏蔽层产生电流，从而干扰或抵消模拟信号。为防止此类情况发生，电缆屏蔽层应单端接地。

5．模拟量输出模块

模拟量输出模块用于将 CPU 送出的数字信号转换为成比例的电流信号或电压信号，调节或控制生产现场的执行机构，如电动调节阀开度控制、变频器速度控制等。模块主要由内部电源、光电隔离部件、D/A 转换器和锁存电路等组成，如图 4-8 所示。模拟量输出模块的转换时间包括内部存储器传送数字化输出值的时间和 D/A 转换时间，各通道的转换结果被保存到各自锁存器中并输出，直至被下一次的转换值覆盖。

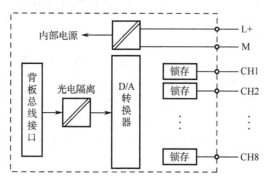

图 4-8　模拟量输出模块

S7-300 系列 PLC 中的模拟量输出模块 SM332 有多种型号可供选择，主要有 2 路 AO×12 位精度模块、4 路 AO×12 位精度模块、4 路 AO×16 位精度模块和 8 路 AO×12 位精度模块。SM332 模块支持标准的电压、电流输出信号，具体取决于所选模块类型、接线方式及通道设置。

6. 模拟量输入/输出模块

SM334 和 SM335 是 S7-300 系列 PLC 中的模拟量输入/输出模块，SM334 有 4 路 AI 和 2 路 AO，其中一种是 I/O 精度均为 8 位的模块，另一种是 I/O 精度均为 12 位的模块；SM335 有 4 路 AI 和 4 路 AO，AI 精度为 14 位，AO 精度为 12 位。模拟量输入/输出模块的输入信号可以为电压值或电流值，电压量程范围有 1~5V、0~10V、±10V 等多种。输出信号为电压值，电压量程范围有 0~10V 和 ±10V 两种。

4.1.3 电源模块（PS）

电源模块用来将 AC 120V/230V 电源转换为 DC 24V 电源，供给 CPU 模块、输入/输出模块或其他模块使用。S7-300 PLC 的电源模块 PS307 输出容量有 DC 24V/2A、DC 24V/5A、DC 24V/10A 三种，用户可根据实际需要选择。在有些 PLC 系统中，电源模块也可用于 PLC 输入模块的外部电源，但原则上不宜作为 DC 24V 输出模块的负载驱动电源。

1. 电源模块面板

以 PS307-5A 为例，其面板上各组成部分如图 4-9 所示。

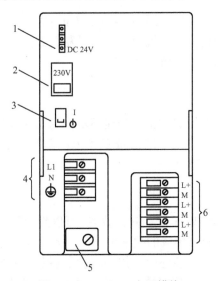

图 4-9 PS307-5A 电源模块

（1）"DC 24V 输出电压工作"显示。
（2）电源选择器开关（AC 120V/230V 可选）。
（3）DC 24V 输出电压开关。
（4）主回路和保护性导体接线端。
（5）固定装置。
（6）DC 24V 输出电压接线端（共三组输出）。

PS307-5A 电源模块额定输入电压为 AC 120V/230V，输出电压为 DC 24V，输出电流最大值为 5A，并具有短路保护功能。

2. 系统功率计算

S7-300 PLC 各种模块按实际应用的要求组成一个控制系统，每个模块工作时需要消耗一定的电能。模块使用的电源一般由电源模块通过背板总线提供，有些模块还可以从外部负载电源供电。背板总线提供的总电流不能大于1.2A。系统的功率损耗估算主要考虑以下3个条件。

（1）各模块从背板总线吸取的电流总和应小于背板总线的最大允许电流（1.2A）。

（2）各模块从负载电源吸取的电流总和应小于电源的额定电流，并有一定的裕量。

（3）系统的总功耗在机柜额定功率范围内。

4.1.4 接口模块

在西门子S7-300中，接口模块为IM360/361/365。接口模块用于多机架配置时连接中央机架（也称主机架）和扩展机架。其中IM365只能用于配置一个中央控制器和一个扩展机架，而IM360/361可配置一个中央控制器和多个扩展机架。

1. 接口模块IM365

IM365模块专用于S7-300 PLC的双机架扩展系统，由两个模块和一根电缆组成，不需要辅助电源，成本较低，但扩展机架上不能使用CP模块。

2. 接口模块IM360/361

当S7-300 PLC需要扩展多个机架（最多连接3个扩展机架，共计4个机架）时，需要使用接口模块IM360/361。IM360装在中央机架上，用于发送数据，IM361装在扩展机架上，用于接收数据。IM360和IM361最大传输距离为10m。

4.1.5 功能模块

在西门子S7-300系列PLC中有大量的功能模块，这些功能模块都是智能模块（大部分自身带有CPU），在执行特定功能时，为S7-300的CPU模块分担了大量任务。常用的功能模块如下。

1. 计数器模块FM350

FM350的计数器均为32位或31位加减计数器，可以判断脉冲的方向，模块给编码器供电；有比较功能，到达比较值时，通过集成的数字量输出单元响应信号，或者通过背板总线向CPU发出中断请求；可以2倍频和4倍频进行计数，4倍频是指在两个相差90°的A、B相信号的上升沿、下降沿都计数；通过集成的数字量输入单元直接接收启动、停止计数器的开关信号。

2. 定位模块

定位模块可以用编码器来测量位置并向编码器供电。

（1）定位模块FM351。

FM351是用于快速进给和慢速驱动的双通道定位模块，每个通道具有4个数字输出点，用于电动机控制，可进行增量或同步串行位置检测。该模块最好通过接触器或变频器控制的标准电动机为调整轴或设定轴定位。

（2）电子凸轮控制器FM352。

FM352是高速的电子凸轮控制器模块，可以低成本地替代机械式凸轮控制器，用于增量或同步串行位置检测。FM352有32个凸轮轨迹，13个内置数字输出点，用于直接输出。FM352具有增量或同步连续位置解码器的功能，可以用参数设置凸轮个数为32、64、128，可以通过参数设置凸轮的特性，凸轮可以被定义为位置凸轮或时间凸轮，凸轮可用参数赋值到数字输出端等。FM352 还具备特殊功能，如长度测量、设定参考点、设定实际值，以及在运行过程中设定实际值、零点偏移、改变凸轮沿、进行仿真。

（3）高速布尔处理器 FM352-5。

FM352-5 可以进行高速的布尔控制（即二进制数字量控制），以及提供最快速的切换处理（循环周期 1μs），可以用 LAD 或 FBD 编程，指令集包括位指令、定时器、计数器、分频器、频率发生器和移位寄存器。其具有源极和漏极两种数字量输出型号，可以为编码器提供 DC 24V 电源。

3．闭环控制模块

（1）闭环控制模块 FM355。

FM355 具有闭环控制通道，可以满足通用的闭环控制任务，用于温度、压力、流速、物位的闭环控制，方便用户的在线自适应温度控制，有自优化温度控制算法和 PID 控制算法。FM355C 是具有 4 个模拟量输出端的连续控制器，FM355S 是具有 8 个数字输出量的步进或脉冲控制器，用于通用类型的执行器，当 CPU 停机或故障后仍可以进行控制任务。

（2）闭环温度控制模块 FM355-2。

FM355-2 是适用于温度闭环控制的四通道闭环控制模块，方便用户的在线自适应温度控制，可实现加热、冷却和加热冷却组合控制。它具有两种型号，其中 FM355-2C 是具有 4 个模拟量输出端的连续控制器，FM355-2S 是具有 8 个数字量输出端的步进或脉冲控制器，当 CPU 停机或故障后仍可以进行控制任务。

4．位置解码器模块

SM338POS 输入模块可以提供最多 3 个绝对值编码器（SSI）和 CPU 之间的接口，将 SSI 的信号转换为 S7-300 的数字值，可以为编码器提供 DC 24V 电源。它还可以提供位置编码器数值，用于 STEP 7 程序进一步处理，并允许可编程控制器直接响应运动系统中编码值。

5．称重模块

SIWAREX U 称重模块式紧凑型电子秤，用于化工、食品等行业的质量检测和料位间接检测，对起重机载荷进行监控，对传送带载荷进行测量或对工业提升机、轧机超载进行安全防护等。

4.1.6 通信处理模块

西门子 S7-300 系列 PLC，所有 CPU 模块都有一个多点接口 MPI，有的 CPU 模块有一个 MPI 和一个 PROFIBUS-DP 接口，有的 CPU 模块有一个 MPI/DP 接口和一个 PN 接口。

通信处理模块用于 PLC 之间、PLC 与计算机、PLC 与其他智能设备之间的通信，可以将 PLC 接入 PROFIBUS-DP、AS-I 和工业以太网，或者用于实现点对点通信等。通信处理模块可以减轻 CPU 处理器的通信任务，并减少用户对通信的编程工作。

常用的通信处理模块主要有以下几种。

1．通信处理模块 CP340

CP340 用于执行点到点串行通信的低速连接，最大传输速率为 19.2kb/s，具有两个不同通信传输接口，即 RS-232C（V.24）、20mA（TTY）和 RS-422/RS-485（X.27）。可通过 ASCII、3964（R）（不适用于 RS-485）通信协议及打印机驱动程序，实现与各系列 PLC、计算机及其他厂家的智能控制系统、扫描仪等设备的通信连接。通过集成在 STEP 7 中的硬件组态参数化工具，可以简化对通信处理模块 CP 的参数设定。

2. 通信处理模块 CP341

CP341 用于执行点到点串行通信的低速连接，最大传输速率为 76.8kb/s，具有 3 个不同通信传输接口，即 RS-232C（V.24）、20mA（TTY）、RS-422/RS-485（X.27），可通过 ASCII、3964（R）、RK512 及用户指定的通信协议，实现与各系列 PLC、计算机及其他厂家的智能控制系统、扫描仪等设备的通信连接。通过集成在 STEP 7 中的硬件组态参数化工具，可以简化对通信处理模块 CP 的参数设定。

3. 通信处理模块 CP343-1 Advanced/CP343-1

CP343-1 Advanced/CP343-1 主要用于实现 S7-300 与工业以太网之间的连接。它是 10/100Mb/s 全/半双工传输的，具有自适应功能与可调节的 Keep Alive 功能，具有 RJ45 接口，可对 TCP 与 UDP 实现多协议运行，可用于 UDP 的多点传送。通过 S7 路由可实现交叉网络编程器/操作员面板通信。

4. 通信处理模块 CP343-2/CP343-2P

CP343-2/CP343-2P 是用于 SIMATIC S7-300 PLC 和分布式 I/O 设备 ET 200M 的 AS-Interface 的主站，是实现 S7-300 到 AS-I 接口总线的连接。CP343-2 最多可连接 62 个 AS-I 从设备，并进行集成模拟值传输和支持所有 AS-I 主站（符合扩展 AS-I 接口技术规范 V2.1），通过前面板上的 LED 可显示运行状态和所连接从设备的运行准备情况，可使用前面板上的 LED 屏显示错误，具有紧凑型外壳设计。

5. 通信处理模块 CP342-5/CP342-5 FO

CP342-5/CP342-5 FO 是带有电气接口/光学接口的 PROFIBUS DP 主站或从站，用来将 SIMATIC S7-300 和 SIMATIC C7 连接到最大传输速率为 12Mb/s（包括 45.45kb/s）的 PROFIBUS 上。它可实现 PROFIBUS DP-V0、PG/OP 通信，可与 S7 通信，与 S5 兼容通信，容易实现对 PROFIBUS 的组态和编程。通过 S7 路由，可实现交叉网络编程器通信，且不需 PG 即可更换模块。

6. 通信处理模块 CP343-5

CP343-5 是 SIMATIC S7-300 和 SIMATIC C7 与 PROFIBUS（12Mb/s，包括 45.45kb/s）的主站连接。它分担 CPU 的通信任务，为用户提供各种 PROFIBUS 总线系统服务，可以通过 PROFIBUS-FMS 对系统进行远程组态和编程，容易集成到 S7-300 系统内，经过 S7 路由进行 PG 网络通信。

4.2　S7-300 PLC 控制系统组成

4.2.1　系统模块结构

S7-300 PLC 属于模块式结构，其控制系统主要包括电源模块、中央处理单元（CPU）模块、接口模块（IM）、信号模块（SM）、功能模块（FM）、通信模块（CP）、导轨等，所有模块均需安装在 DIN 标准的导轨上，模块与模块之间通过 U 形背板总线连接器连接，从而进行电源供给和数据传输。用户可以根据具体被控对象，选用不同型号和不同数量的模块进行组合。

安装模块时，电源模块一般安装在机架的最左侧，CPU 模块紧靠电源模块；如果有接口模块，则接口模块必须安装在 CPU 右侧；除电源模块、CPU 模块和接口模块外，一个机架上最多只能再安装 8 个模块，可以是信号模块、功能模块、通信模块或它们的组合。

如果假想每个模块占用一个槽位（实际上模块通过 U 形背板总线连接器互连），那么每个导轨上最多分配 11 个槽位，最左边为 1 号槽位，最右边为 11 号槽位。其中，电源模块、CPU 模块和接口模块的位置分别固定在 1、2、3 号槽位，信号模块、功能模块和通信模块可任意占用 4~11 号槽位。S7-300 PLC 控制系统模块结构如图 4-10 所示。

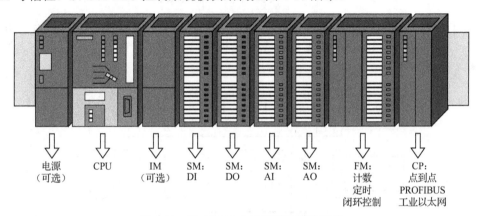

图 4-10　S7-300 PLC 控制系统模块结构

如果需要安装的信号模块、功能模块和通信模块总数超过 8 块，则可以通过增加扩展机架（ER）来进行系统的扩展。S7-300 PLC 的中央控制器最多可以扩展 3 个机架，每个机架最多安装 8 个模块，因此系统最多连接 32 个模块。

4.2.2　模块地址分配

S7-300 PLC 数字量输入/输出模块的每个通道都和内存中的某个位一一对应，模拟量输入/输出模块的每个通道都和内存中的某个字一一对应，我们将与通道相对应的内存中的空间称为该通道的地址。每个通道的地址并非固定不变，它与所在信号模块的机架号和槽号有关，与模块上端子位置也有关。

1. 数字量 I/O 地址分配

S7-300 PLC 的数字量地址由标识符、字节号、间隔符（小圆点）、位号四部分组成。标识符 I 表示输入映像寄存器，Q 表示输出映像寄存器。例如，I2.0 是一个数字量输入点的地址，其中，小数点前面的 2 是地址的字节部分，小数点后面的 0 表示 2 号字节中的第 0 位。

数字量除按位寻址外，还可以按字节、字和双字寻址。例如，数字量 I0.0~I0.7 组成一个输入字节 IB0；两个连续的字节组成一个输入字，如 IB2~IB3 组成 IW2，其中 IB2 为高位字节，IB3 为低位字节；4 个连续的字节组成一个输入双字，如 IB4~IB7 组成 ID4，其中 IB4 为最高位字节，IB7 为最低位字节。

默认情况下，从 0 号字节开始，S7-300 PLC 给每个数字量信号模块分配 4 个字节的地址，相当于 32 个 I/O 点，每个数字量通道占用其中的一位，如图 4-11 所示。

地址0.0
地址0.7
地址1.0
地址1.7
地址2.0
地址2.7
地址3.0
地址3.7

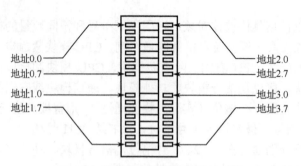

图 4-11　数字量信号模块的默认地址

M 号机架（*M*=0～3）的 *N* 号槽位（*N*=4～11）的数字量信号模块的起始字节地址为 32×*M*+(*N*−4)×4。S7-300 PLC 最多有 32 个数字量模块，共占用字节 32×4B=128B，各模块的位地址如图 4-12 所示。

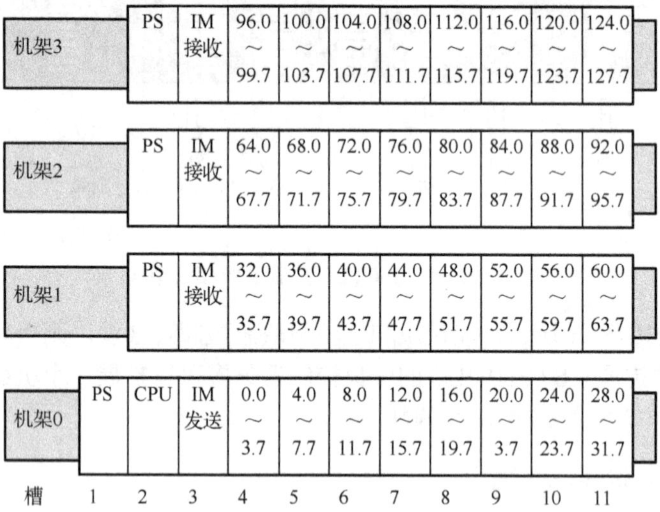

机架3
PS
IM 接收
96.0～99.7
100.0～103.7
104.0～107.7
108.0～111.7
112.0～115.7
116.0～119.7
120.0～123.7
124.0～127.7
机架2
PS
IM 接收
64.0～67.7
68.0～71.7
72.0～75.7
76.0～79.7
80.0～83.7
84.0～87.7
88.0～91.7
92.0～95.7
机架1
PS
IM 接收
32.0～35.7
36.0～39.7
40.0～43.7
44.0～47.7
48.0～51.7
52.0～55.7
56.0～59.7
60.0～63.7
机架0
PS
CPU
IM 发送
0.0～3.7
4.0～7.7
8.0～11.7
12.0～15.7
16.0～19.7
20.0～3.7
24.0～23.7
28.0～31.7
槽
1
2
3
4
5
6
7
8
9
10
11

图 4-12　数字量信号模块的位地址

2．模拟量 I/O 地址分配

模拟量 I/O 模块以通道为单位，一个通道占用 2 个字节地址，通道地址取决于模块所在位置。一块模拟量 I/O 模块，它的输入和输出通道有相同的起始地址。S7-300 PLC 为模拟量模块保留了专用的地址区域，字节地址范围为 IB256～767。一个模拟量模块最多有 8 个通道，从 256 号字节开始，S7-300 PLC 给每个模拟量模块分配 16 个字节的地址。*M* 号机架的 *N* 号槽位的模拟量起始字节地址为 128×*M*+(*N*−4)×16+256。S7-300 最多有 32 个模拟量模块，共占用字节 32×16B= 512B，各模块的位地址如图 4-13 所示。

需要注意的是，以上数字量及模拟量模块的地址分配均为系统默认，即各槽位的数字量模块地址以 4B 为单位递增，模拟量模块地址以 16B 为单位递增，如果配置模块的实际通道少于系统默认分配长度，没有用到的地址不会分配给后续插槽的模块。另外，在硬件组态中，用户可以根据实际情况修改系统分配的默认地址。

举例说明信号模块默认地址分配，如表 4-3 所示。

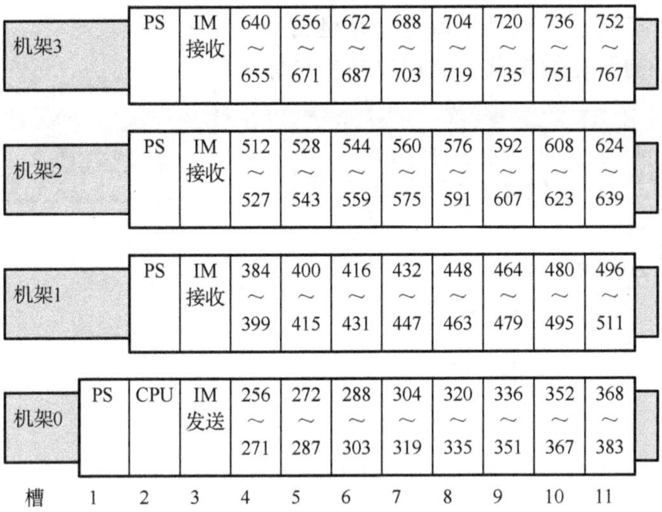

机架3	PS	IM 接收	640~655	656~671	672~687	688~703	704~719	720~735	736~751	752~767
机架2	PS	IM 接收	512~527	528~543	544~559	560~575	576~591	592~607	608~623	624~639
机架1	PS	IM 接收	384~399	400~415	416~431	432~447	448~463	464~479	480~495	496~511
机架0	PS	CPU	IM 发送	256~271	272~287	288~303	304~319	320~335	336~351	352~367	368~383
槽	1	2	3	4	5	6	7	8	9	10	11

图 4-13　模拟量信号模块的位地址

表 4-3　信号模块地址分配举例

机架号	模 块	槽 号							
		4	5	6	7	8	9	10	11
0	模块类型	16 点 DI	16 点 DI	32 点 DI	32 点 DI	16 点 DO	16 点 DO	32 点 DO	32 点 DO
	地址	I0.0~I1.7	I4.0~I5.7	I8.0~I11.7	I12.0~I15.7	Q16.0~Q17.7	Q20.0~Q21.7	Q24.0~Q27.7	Q28.0~Q31.7
1	模块类型	4 路 AI	4 路 AI	8 路 AI	8 路 AI	4 路 AO	4 路 AO	8 路 AO	8 路 AO
	地址	PIW384~PIW390	PIW400~PIW406	PIW416~PIW430	PIW432~PIW446	PQW448~PQW454	PQW464~PQW470	PQW480~PQW494	PQW496~PQW510

4.3　硬件组态

硬件组态就是在西门子编程软件 STEP 7 中对 S7-300 PLC 控制系统中所使用的硬件进行软件再现和参数设置。

4.3.1　STEP 7 简介

STEP 7 是西门子工业软件的一部分，用于对整个控制系统（包括 PLC、远程 I/O、HMI、驱动装置和通信网络等）进行组态、编程和监控。

STEP 7 主要有以下功能。

（1）组态硬件，即在机架中放置模块，为模块分配地址和设置模块参数。

（2）组态通信系统，定义通信伙伴和连接特性。

（3）使用编程语言编写用户程序。

（4）采用离线方式或在线方式下载和调试用户程序、硬件诊断、打印和存档等。

STEP 7 安装完成后，通过单击操作系统"开始"菜单中的"SIMATIC"→"SIMATIC Manager"选项，或者双击桌面快捷方式图标 ，即可快速启动 STEP 7，其界面如图 4-14 所示，它主要由标题栏、菜单栏、工具栏、项目窗口等部分组成。

标题栏：显示当前正在编辑项目（程序）的名称。

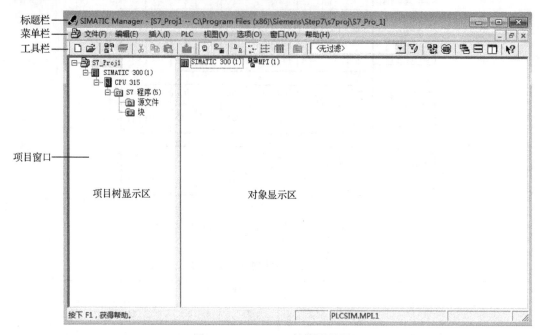

图 4-14　SIMATIC 管理器界面

菜单栏：由文件（F）、编辑（E）、插入（I）、PLC、视图（V）、选项（O）、窗口（W）、帮助（H）8 组主菜单组成，每组主菜单都包含一组具体命令，单击相应的命令即可执行所选择的操作。

工具栏：由若干常用工具按钮组成，当光标选中某个按钮时，会有简单的信息提示。工具栏中不仅包含常规的打开、保存、打印、复制、粘贴等标准工具按钮，还有很多 STEP 7 专用的快捷按钮。可以通过主菜单的"视图（V）"→"工具栏（T）"选项显示或隐藏工具栏。

项目窗口：用来管理生成的数据和程序，这些对象在项目下按不同的项目层次，以树状结构分布。在 SIMATIC 管理器中可以同时打开多个项目，每个项目的视图由两部分组成，左侧窗口称为"项目树显示区"，可显示所选择项目的层次结构；右侧窗口称为"对象显示区"，可显示当前选中的目录下所包含的对象。

4.3.2　创建项目

使用 STEP 7 软件生成一个新项目，最简单的方法是使用"新建项目"向导。在 SIMATIC Manager（SIMATIC 管理器）中单击菜单命令"文件"→"新建项目"，出现"STEP 7 向导：'新建项目'"对话框，如图 4-15 所示。

单击"下一步"按钮，在弹出的对话框中选择 CPU 类型，CPU 型号一定与实际选购的硬件相同，输入 CPU 名称和 MPI 地址，默认的 MPI 地址为 2，可根据实际情况在 2～31 之间选择；单击"下一步"按钮，在弹出的对话框中选择需要生成的组织块（OB），默认只生成作为主程序的组织块 OB1，还可以选择生成块所使用的编程语言。单击"下一步"按钮，在弹出的对话框中可以输入新项目名称，最后单击"完成"按钮，完成新项目的创建，如图 4-16 所示。

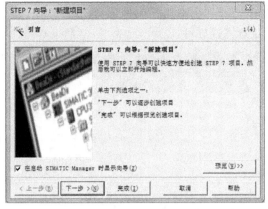
图 4-15 "STEP 7 向导:'新建项目'"对话框

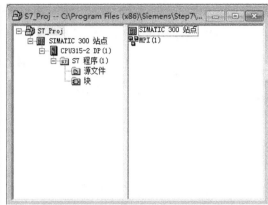
图 4-16 使用向导创建的项目

在项目中,数据在分层结构中以对象的形式保存,左边窗口内的"树"显示项目的结构。第一层为项目,第二层为站(Station),站是组态硬件的起点。"S7 程序"文件夹是编写程序的起点,所有的软件程序都存放在该文件夹中。使用鼠标选中左图"项目树显示区"的某一层,在右侧的"对象显示区"将显示所选层的对象和下一级的文件夹。双击"对象显示区"中的图标,可以打开并编辑对象。

还可以使用 STEP 7 软件直接创建一个新项目,在 SIMATIC Manager(SIMATIC 管理器)中单击菜单命令"文件"→"新建",出现"新建项目"对话框,如图 4-17 所示。在"名称"文本框中输入新项目的名称,"存储位置(路径)"文本框中为系统默认的新项目保存路径,单击"浏览"按钮,可以修改新项目的保存路径。最后单击"确定"按钮,生成一个新的空项目,如图 4-18 所示。

图 4-17 "新建项目"对话框

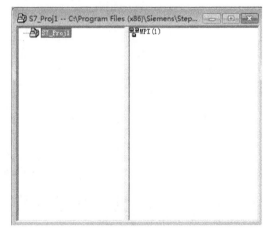
图 4-18 直接创建的空项目

4.3.3 硬件搭建与参数设置

1. 硬件搭建

(1)生成一个站点,例如,SIMATIC 300 Station。

右键单击图 4-18 所示的空项目名称,单击"插入新对象"→"SIMATIC 300 站点",则在"对象显示区"出现新站点"SIMATIC 300(1)",如图 4-19 所示。

(2) 双击"对象显示区"中的"SIMATIC 300（1）",再双击"硬件",打开硬件组态窗口 HW Config SIMATIC 300（1）,如图4-20所示,开始搭建硬件。

图4-19　插入SIMATIC 300（1）站点

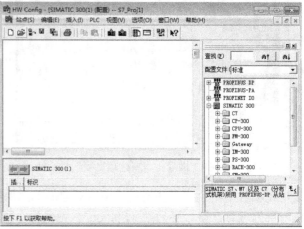

图4-20　硬件组态窗口

(3) 在HW Config窗口中,双击右侧"目录"中的"SIMATIC 300"→"RACK-300"→"Rail"（或用拖曳的方法）,插入RACK-300机架,如图4-21所示。

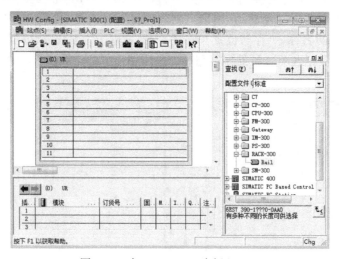

图4-21　在HW Config中插入Rail

(4) 选中机架1号槽,然后展开窗口右侧"目录"中的"PS-300"（电源模块）,双击所需电源（或用拖曳的方法）,插入电源模块。

(5) 选中机架2号槽,然后用同样的方法插入CPU模块,注意所选模块必须与实际硬件型号、版本相同。

(6) 机架3号槽是专为接口模块保留的,根据需要选择是否组态。4～11号槽可以插入信号模块SM、功能模块FM、通信处理模块CP。

(7) S7-300 PLC的中央机架（机架0）最多可以安装8块I/O模块,根据实际需要可以使用IM360、IM361和IM365接口模块进行机架扩展。使用IM360、IM361和IM365接口模块进行扩展的步骤如下。

① 再次选择S7-300机架作为扩展机架,方法同步骤（3）,然后对扩展机架进行硬件组态,

扩展机架不能插入 CPU 模块，其他组态过程同步骤（4）和（6）。

② 在 S7-300 中央机架上插入 IM360 模块，在 S7-300 扩展机架上插入 IM361 模块，插入后接口模块自动连接。

③ 如果只有一个扩展机架，则还可以选择在中央机架和扩展机架上各插入一个 IM365 模块，插入后接口模块自动连接。

硬件搭建中各机架和槽位的模块型号必须与实际配置完全吻合，否则出现错误，硬件无法正常使用。

生成的硬件组态窗口如图 4-22 所示。其中窗口左上部是一个组态简表，窗口左下部是一个包括模块订货号、MPI 地址和 I/O 地址等信息的详情表。窗口右侧是硬件目录窗口，可以通过菜单命令"视图"→"目录"显示或隐藏。

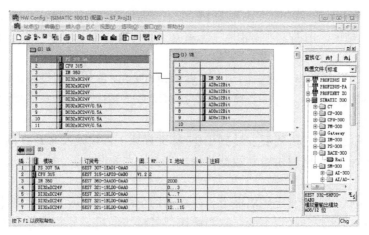

图 4-22 生成的硬件组态窗口

2．参数设置

硬件组态完成后，即可设置各个模块的参数。不同模块可以设置的参数数量是不同的。参数的设置在模块的属性（Property）对话框中完成。

双击模块所在的槽，或者用鼠标右键单击该槽，然后在下拉菜单中单击"对象属性"，就能打开该模块的属性（Property）对话框。图 4-23 所示为 CPU 模块的属性对话框。

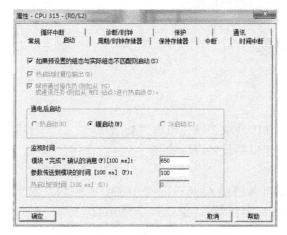

图 4-23 CPU 模块的属性对话框

3. 硬件组态的保存和下载

参数设置完成后，还需要保存以上硬件组态及其参数设置，并将它们下载到 CPU 中去。

在 HW Config 窗口中，单击菜单"站点"→"保存并编译"命令，或者单击工具栏上的"Save"图标，就可以将硬件组态存盘。两者的区别是前者能产生系统数据块 SDB，后者不能。

保存完毕后，单击工具栏 图标，或者单击"PLC"→"下载"命令将编译后的硬件组态内容下载至 CPU。

本章小结

S7-300 PLC 是西门子公司生产的中型 PLC，产品采用模块式结构，性价比高，目前广泛应用于工业自动控制领域，市场占有率很高。本章从多个层面介绍和讲解了有关 S7-300 PLC 的基本内容。

（1）S7-300 PLC 采用模块式结构，其主要模块有 CPU 模块、信号模块、电源模块、接口模块、功能模块和通信模块。每一类模块又有众多型号，具体应用时需要根据实际情况选用合适的型号和数量进行组合。

（2）在各个模块组合时，需要安装到 DIN 标准导轨上，模块和模块之间通过 U 形背板总线连接器连接，从而进行电源供给和数据传输。各模块在安装时，其位置及数量必须遵循安装原则。

（3）S7-300 PLC 输入/输出模块通道与内存中的空间一一对应，我们将此空间称为通道的地址。每个通道的地址并非固定不变，它与所在信号模块的机架号和槽号有关，与模块上端子位置也有关。

（4）系统默认地址分配均可以通过具体公式计算得出，如果模块的实际通道少于系统默认分配长度，则没有用到的地址不会分配给后续插槽的模块。另外，在硬件组态中，用户可以根据实际情况修改系统分配的默认地址。

（5）STEP 7 用于对西门子 S7-300/400 系列 PLC 系统（包括 PLC、远程 I/O、HMI、驱动装置和通信网络等）进行组态、编程和监控。在此介绍了两种创建项目的方法。

（6）创建项目后，在软件的 HW Config 窗口中进行硬件组态。硬件组态的原则是模块型号与模块之间的顺序必须与实际配置相匹配。

思考题与练习题

1. 填空题

（1）S7-300 PLC 的 CPU 模块在硬件组态中必须在_____号机架的_____号槽，接口模块在_____号槽。一个机架最多可以安装_____个信号模块，最多可以扩展_____个机架，最大数字量 I/O 点数为_____点。

（2）假设 0 号机架的 6 号槽插入 SM323 DI16/DO16 模块，那么该模块系统默认地址范围是_____，如果该机架 8 号槽插入 SM334 AI4/AO2 模块，那么该模块系统默认地址范围是_____。

2．CPU 一般有哪三种工作模式？各模式有何不同？

3．S7-300 PLC 主要由哪几类模块组成？

4．信号模块是哪些模块的总称？

5．数字量输出模块若按负载使用电源分类，可有哪几种输出模块？若按模块内开关器件分类，可有哪几种输出模块？各有何特点？

6．硬件组态的任务是什么？简述硬件组态的几个步骤。

7．某个控制系统选用 CPU315-2DP，系统所需的 I/O 点数为：数字量输入 44 点、数字量输出 40 点、模拟量输入 6 点、模拟量输出 3 点。采用直接创建方式生成一个项目，打开硬件组态工具 HW Config，选择合适的输入/输出模块，并插入相应的槽位。计算每个通道对应的地址，并通过 STEP 7 软件验证。

第 5 章

S7-300 PLC 基本指令及应用

【教学目标】
1. 掌握 S7-300 PLC 主要数据类型及存储器。
2. 了解 S7-300 PLC 直接寻址、间接寻址的四种方法。
3. 掌握 S7-300 PLC 位逻辑指令并熟练应用。
4. 掌握 S7-300 PLC 定时器、计数器指令并熟练应用。

【教学重点】
1. S7-300 PLC 位逻辑指令的灵活应用。
2. 定时器及其应用。
3. PLC 简单程序的设计。

指令是程序的最小单位,指令的有序排列构成用户程序。每一种系列的处理器都具有自己的指令系统。S7-300 PLC 指令系统功能强大,通过编程软件 STEP 7 所提供的梯形图(LAD)、语句表(STL)和功能块图(FBD)三种基本编程语言形成用户文件,以实现各种控制功能。对于 PLC 初学者而言,建议使用梯形图进行编程,梯形图具有直观、简单、易于掌握等优点,并且可以转换为语句表指令和功能块图指令。在学习指令系统时,需要重点把握指令对操作数的要求、指令的功能及执行指令对状态字的影响。

本章主要介绍 S7-300 系列 PLC 的编程基础、位逻辑指令、定时器和计数器指令等,并且应用这些基本指令进行简单的 PLC 控制程序设计。

5.1 S7-300 编程基础

5.1.1 数制

1. 二进制数

二进制数的 1 位(bit)只有 1 和 0 两个值,可以用来表示开关量(或数字量)的两种不同状态。例如,触点的接通和断开、线圈的通电和断电等。如果该位为 1,则表示梯形图中对应的位编程元件(如位存储器 M 和输出过程映像寄存器 Q)的线圈"通电",其常开触点接通,常闭触点断开,以后称该编程元件为 1 状态,或者称该编程元件 ON(接通);如果该位为 0,则对应的编程元件的线圈和触点的状态与上述相反,称该编程元件为 0 状态,或者称该编程元件 OFF（断开）。

PLC 用多位二进制数来表示数字，前面需加"2#"，如 2#1111 0101 1001 0011 是 16 位二进制数。二进制数遵循逢 2 进 1 的运算规则，从右向左第 n 位（最低位为第 0 位）的权值为 2^n，例如，二进制数 2#1000 1011 对应的十进制数可以用下式计算：$1\times 2^7+1\times 2^3+1\times 2^1+1\times 2^0=128+8+2+1=139$。

2. 十六进制数

多位二进制数书写及阅读很不方便，为解决这一问题，可以用十六进制数取代二进制数，每个十六进制数对应 4 位二进制数。十六进制数的 16 个数字分别是 0～9 和 A～F（对应十进制数的 10～15），例如，2#1010 1110 0111 0101 可以转换为 16#AE75，在数字后面加"H"也可以表示十六进制数，如 16#AE75 可以表示为 AE75H。

B#16#、W#16#、DW#16# 分别用来表示十六进制字节、字、双字常数，如 W#16#12AF。

3. BCD 码

BCD 码（Binary-Coded Decimal）是二进制编码的十进制数，用 4 位二进制数表示 1 位十进制数，如十进制数 5 对应的二进制数为 0101，由于十进制数最大数字为 9，因此在 BCD 码中，只用到 0000～1001（对应十进制数 0～9）共 10 种组合编码，而 1010～1111 共 6 种组合编码没有使用。

BCD 码的最高 4 位二进制数用来表示符号，当最高 4 位为 1111 时，表示"-"号，为 0000 时，表示"+"号。16 位 BCD 码字的范围为-999～+999，32 位 BCD 码双字的范围为-9 999 999～+9 999 999。

十进制数可以很方便地转换为 BCD 码，如十进制数 431 对应的 BCD 码为 W#16#431，或者 2#0100 0011 0001。

5.1.2 数据类型

指令通常由操作码和操作数构成，操作码用于指出指令要进行什么样的操作，操作数是指令执行的数据对象，其大小和位结构由数据类型确定。STEP 7 中的数据类型有基本数据类型、复杂数据类型和参数数据类型三大类。

1. 基本数据类型

基本数据类型用于定义不超过 32 位的数据，每种数据类型在分配存储空间时有确定的位数。基本数据类型如表 5-1 所示。

表 5-1 基本数据类型

数据类型	位数	说明	范围和计数法	实例
BOOL（位）	1	1 位布尔值	TRUE/FALSE	TRUE
BYTE（字节）	8	2 位十六进制数	B#16#00～B#16#FF	B#16#10
WORD（字）	16	二进制的数字	2#0～ 2#1111 1111 1111 1111	2#0001 0000 0000 0000
		十六进制的数字	W#16#0～W#16#FFFF	W#16#1000
		BCD	C#0～C#999	C#998
		十进制无符号数字	B#(0.0)～B#(255.255)	B#(10,20)

续表

数据类型	位数	说明	范围和计数法	实例
DWORD（双字）	32	二进制的数字 十六进制的数字 十进制无符号数字	2#0～ 2#1111 1111 1111 1111 1111 1111 1111 1111 DW#16#0000 0000～ DW#16#FFFF FFFF B#(0,0,0,0)～ B#(255,255,255,255)	2#1000 0001 0001 1000 1011 1011 0111 1111 DW#16#00A2 1234 B#(1,14,100,120)
INT（整数）	16	十进制有符号数字	−32 768～32 767	1
DINT（双整数）	32	十进制有符号数字	−2 147 483 648～2 147 483 647	L#125
REAL（浮点数）	32	IEEE 浮点数	上限：±3.402 823e+38 下限：±1.175 495e−38	1.234 567e+13
S5TIME（时间）	16	S7 时间 步长 10ms	S5T#0H 0M 0S 10MS～ S5T#2H 46M 30S 0MS	S5T#1H 1M 1S 0MS
TIME（时间）	32	IEC 时间，步长为 1ms	−T#24D 20H 31M 23S 648MS～ T#24D 20H 31M 23S 647MS	T#0D 1H 1M 0S 0MS
DATE（日期）	16	IEC 日期，步长为 1 天	D#1990-1-1～D#2168-12-31	D#1996-3-15 DATE#1996-3-15
TIME_OF_DAY（时间）	32	时间，步长为 1ms	TOD#0:0:0.0～ TOD#23:59:59.999	TOD#1:10:3.3 TIME OF DAY#1:10:3.3
CHAR（字符）	8	ASCII 字符	'A','B'等	'E'

2. 复杂数据类型

复杂数据类型用于定义大于 32 位或由其他数据类型组成的数据。STEP 7 允许 5 种复杂数据类型：DATE_AND_TIME（日期和时间）、STRING（字符串）、ARRAY（数组）、STRUCT（结构）、UDT（用户自定义数据类型）。复杂数据类型如表 5-2 所示。

表 5-2 复杂数据类型

数据类型	说明
DATE_AND_TIME	定义具有 64 位（8 个字节）的区域。此数据类型以二进制编码的十进制的格式保存，即 BCD 码存储日期时间信息
STRING	定义最多有 254 个字符的字符串。为字符串保留的标准区域是 256 个字节，这是保存 254 个字符和 2 个字节的标题所需要的空间
ARRAY	定义一个数据类型（基本或复杂）的多维数组
STRUCT	定义一个数据类型任意组合的结构体
UDT	在创建数据块或声明变量时，简化大量数据的结构化和数据类型的输入。在 STEP 7 中，可以组合复杂的和基本的数据类型以创建"用户自定义"数据类型。UDT 具有自己的名称，因此可以多次使用

常用复杂数据类型举例如下。

（1）DATE_AND_TIME。

占用 8 个字节，用于存储年的低 2 位（字节 N）、月（字节 N+1）、日（字节 N+2）、时（字

节 *N*+3)、分（字节 *N*+4)、秒（字节 *N*+5)、毫秒（字节 *N*+6 和字节 *N*+7 的一半）和星期（字节 *N*+7 的另一半），BCD 编码。星期日代码为 1，星期一至星期六代码分别是 2~7。例如，DT#04-07-16-12:30:16.200 为 2004 年 7 月 16 日 12 时 30 分 16.2 秒。

（2）STRING。

字符串是由字符组成的一维数组，每个字节存放一个字符，STRING[7] 'Siemens'。

（3）ARRAY。

将一组同一类型的数据组合在一起组成一个单位就是数组。数组的维数最大可以到 6 维；ARRAY 后面方括号中的数字用来定义每一维的起始元素和结束元素在该维中的编号，取值范围为-32 768~32 767。

数组的定义必须说明数组的维数、元素类型和每一维的上下标范围，各维之间的数字用逗号隔开，每一维开始和结束的编号用两个小数点隔开，如果某一维有 *N* 个元素，该维的起始元素和结束元素的编号一般采用 1 和 *n* 表示，例如，ARRAY[1..3,1..5,1..4] INT 定义一个 3×5×4 的三维数组。可以用数组名加下标方式来引用数组中的某个元素，如 A[1,2,3]表示数组中的一个元素。

（4）STRUCT。

将一组不同类型的数据组合在一起组成一个单位就是结构。如定义一个"电动机"结构，可以用如下方式。

  Motor：STRUCT
    Speed：INT
    Current：REAL
  END_STRUCT

（5）UDT。

用户自定义数据类型是一种特殊的数据结构，用户只需对它定义一次，定义好后可以在用户程序中作为数据类型使用。可以用它来产生大量的具有相同数据结构的数据块。

在 SIMATIC Manager 项目树的"块"工作区中，右键单击，在右键菜单中选择"插入新对象"→"数据类型"选项，弹出用户自定义数据类型窗口，通过组合基本数据类型或复杂数据类型，创建"用户自定义"数据类型，如图 5-1 所示。

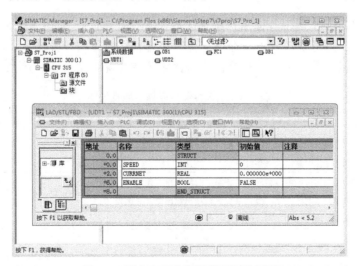

图 5-1 用户自定义数据类型创建画面

3. 参数数据类型

除基本数据类型和复杂数据类型外，STEP 7 还允许为块之间传送的形式参数定义参数类型。STEP 7 可以定义下列参数类型。

（1）TIMER 或 COUNTER：2 字节，指定执行逻辑块时将要使用的特定定时器或特定计数器。对应的实际参数应当为定时器或计数器的编号，如 T1、C15。

（2）块：2 字节，指定用作输入或输出的特定块。参数的声明确定使用的块类型（BLOCK_FB、BLOCK_FC、BLOCK_DB、BLOCK_SDB 等）。赋予 BLOCK 参数类型的形式参数，指定块地址作为实际参数。例如，FC101。

（3）POINTER：6 字节，参考变量的地址。指针包含地址而不是值。当赋予 POINTER 参数类型的形式参数时，指定地址作为实际参数。在 STEP 7 中，可以用指针格式或简单地以地址指定指针。例如，M50.0，若寻址以 M50.0 开始的数据指针，则定义为 P#M50.0。

（4）ANY：10 字节。当实际参数的数据类型未知或可以使用任何数据类型时，可以使用这种定义方式。例如，P#M50.0 BYTE 10 即定义了数据类型的 ANY 格式。

参数类型也可以在用户自定义数据类型（UDT）中使用。

5.1.3 S7-300 PLC 的存储器

S7-300 PLC 的存储器有装载存储器、工作存储器和系统存储器 3 个基本区域。

1. 装载存储器

装载存储器用于存储用户程序和系统数据（组态、连接和模块参数等），可以是 RAM 或 EEPROM。下载程序时，用户程序（逻辑块和数据块）被下载到 CPU 的装载存储器中，CPU 把可执行部分复制到工作存储器中，符号表和注释保存在编程设备中。

2. 工作存储器

工作存储器是集成的高速存取的 RAM，用于存储 CPU 运行时的用户程序和数据，如组织块和功能块。只有与程序执行有关的块被装入工作存储器，才能保证程序执行的快速性。

3. 系统存储器

系统存储器（RAM）用于存储用户程序的操作数据，被划分为若干个地址区域。例如，过程映像输入寄存器、过程映像输出寄存器、位存储器、定时器和计数器等。使用指令可以在相应的地址区域中直接对数据寻址。系统存储器存储区域及说明如表 5-3 所示。

表 5-3 系统存储器存储区域及说明

存储区域	功　　能	访问单位及标识符
过程映像输入寄存器（I）	在扫描周期开始，CPU 从输入模块读取输入状态，并写入过程映像输入寄存器中	输入位 I、输入字节 IB、输入字 IW、输入双字 ID
过程映像输出寄存器（Q）	在扫描周期中，将程序运算得出的输出写入此区域。在扫描周期结束时，CPU 从此区域读出输出值，并送到输出模块	输出位 Q、输出字节 QB、输出字 QW、输出双字 QD
位存储器（M）（辅助继电器）	该区域用于存储用户程序的中间运算结果或标志位	存储区位 M、存储区字节 MB、存储区字 MW、存储区双字 MD

续表

存储区域	功能	访问单位及标识符
外设输入区（PI）	通过该区域，用户程序直接访问输入模块	外设输入字节 PIB、外设输入字 PIW、外设输入双字 PID
外设输出区（PQ）	通过该区域，用户程序直接访问输出模块	外设输出字节 PQB、外设输出字 PQW、外设输出双字 PQD
定时器区（T）	该区域提供定时器的存储区	定时器 T
计数器区（C）	该区域提供计数器的存储区	计数器 C
共享数据块（DB）	共享数据块可供所有逻辑块使用，可以用"OPN DB"指令打开一个共享数据块	数据块 DB、数据位 DBX、数据字节 DBB、数据字 DBW、数据双字 DBD
背景数据块（DI）	背景数据块与某一功能块或系统功能块关联，可以用"OPN DI"打开一个背景数据块	数据块 DI、数据位 DBX、数据字节 DBB、数据字 DBW、数据双字 DBD
局部数据（L）	在处理组织块、功能块和系统数据块时，相应块的临时数据保存到该块的局部数据区	局部数据位 L、局部数据字节 LB、局部数据字 LW、局部数据双字 LD

5.1.4 CPU 中的寄存器

1. 累加器（ACCUX）

32 位累加器是用于处理字节、字或双字的寄存器。S7-300 PLC 有两个累加器（ACCU1 和 ACCU2），ACCU1 为主累加器，ACCU2 为辅助累加器。可以把操作数送入累加器，并在累加器中进行运算和处理，保存在 ACCU1 中的运算结果也可以传送到存储器。处理 8 位或 16 位数据时，数据放在累加器的低端（右对齐）。

2. 状态字

状态字是一个 16 位的寄存器，如图 5-2 所示，用于存储 CPU 执行指令的状态。状态字中的某些位记录某些指令是否执行和以什么样的方式执行，执行指令时可能改变状态字中的某些位，用位逻辑指令和字逻辑指令可以访问和检测状态字。

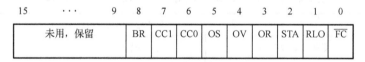

图 5-2 状态字的结构

（1）首次检测位（$\overline{FC}$）。

状态字的第 0 位称为首次检测位（$\overline{FC}$）。若该位的状态为 0，则表明当前指令为逻辑串的第 1 条指令。CPU 对逻辑串第 1 条指令检测（称为首次检测）产生的结果直接保存在状态字的 RLO 位中，经过首次检测存放在 RLO 中的 0 或 1 称为首次检测结果。该位在逻辑串的开始时总是 0，在逻辑串指令执行过程中该位为 1，输出指令或与逻辑运算有关的转移指令（表示一个逻辑串结束）将该位清 0。

（2）逻辑运算结果（RLO）。

状态字的第 1 位称为逻辑运算结果（Result of Logic Operation，RLO）。该位用来存储执行位逻辑指令或比较指令的结果。RLO 的状态为 1，表示有能流流到梯形图中运算点处，为 0 则表示无能流流到该点。

（3）状态位（STA）。

状态字的第 2 位为状态位。此位只在程序测试中由 CPU 使用。当位逻辑指令访问存储区时，STA 与被操作位的值是相同的。位逻辑指令不访问存储区时，STA 保持为 1。

（4）或位（OR）。

状态字的第 3 位称为或位，在先逻辑"与"、后逻辑"或"的逻辑运算中，OR 位暂存逻辑"与"的操作结果，以便进行后面的逻辑"或"运算。执行其他指令时，将 OR 位清 0。

（5）溢出位（OV）。

状态字的第 4 位称为溢出位，如果算术运算或浮点数比较指令执行时出现错误（如溢出、非法操作和不规范的格式），则溢出位被置 1。如果后面程序中影响该位的指令执行结果正常，则该位被清 0。

（6）溢出状态保持位（OS）。

状态字的第 5 位称为溢出状态保持位，或者称为存储溢出位。OV 位被置 1 时 OS 位也被置 1。OV 位被清 0 时 OS 仍保持不变，所以它保存了 OV 位，用于指明前面的指令执行过程中是否产生过错误。只有 JOS（OS=1 时跳转）指令、块调用指令和块结束指令才能复位 OS 位。

（7）条件码 1（CC1）和条件码 0（CC0）。

状态字的第 7 位和第 6 位称为条件码 1 和条件码 0。这两位综合起来用于表示在累加器 1 中产生的算术运算或逻辑运算的结果与 0 的大小关系、比较指令的执行结果或移位指令的移出位状态，详见表 5-4 和表 5-5。

表 5-4 算术运算后的 CC1 和 CC0

CC1	CC0	算术运算无溢出	整数算术运算有溢出	浮点数算术运算有溢出
0	0	结果=0	整数相加下溢出（负数绝对值过大）	正数、负数绝对值过小
0	1	结果<0	乘法下溢出；加减法上溢出（正数过大）	负数绝对值过大
1	0	结果>0	乘除法上溢出；加减法下溢出	正数上溢出
1	1	—	除法或 MOD 指令的除数为 0	非法的浮点数

表 5-5 比较、移位和字逻辑指令执行后的 CC1 和 CC0

CC1	CC0	比 较 指 令	移位和循环移位指令	字逻辑指令
0	0	累加器 2=累加器 1	移出位为 0	结果为 0
0	1	累加器 2<累加器 1	—	—
1	0	累加器 2>累加器 1	—	结果不为 0
1	1	不规范	移出位为 1	—

（8）二进制结果位（BR）。

状态字的第 8 位称为二进制结果位。它将字处理程序与位处理联系起来，在一段既有位操作又有字操作的过程中，用于表示字操作结果是否正确。在梯形图的方框指令中，BR 位与 ENO（使能输出端）有对应关系，用于表明方框指令是否被正确执行：如果执行出现错误，BR 位为 0，ENO 也为 0；如果功能被正确执行，BR 位为 1，ENO 也为 1。

在用户编写的 FB 和 FC 语句表程序中，必须对 BR 位进行管理，功能块正确执行后，使 BR 位为 1，否则使其为 0。使用 SAVE 指令可将 RLO 存入 BR 中，从而达到管理 BR 位的目的。当 FB 或 FC 执行无错误时，使 RLO 为 1，并存入 BR；否则在 BR 中存入 0。

状态字的第 9~15 位未使用。

3．数据块寄存器

数据块寄存器 DB 和 DI 分别用来保存打开的共享数据块和背景数据块的编号。

4．地址寄存器

地址寄存器 AR1 和 AR2 用于对各存储器操作数进行寄存器间接寻址。

5.1.5 寻址方式

操作数是指令操作或运算的对象，寻址方式是指令获取操作数的方式，操作数可以直接给出或间接给出。STEP 7 系统支持 4 种寻址方式：立即寻址、直接寻址、存储器间接寻址和寄存器间接寻址。

1．立即寻址

立即寻址的操作数是常数或常量，且操作数直接在指令中，有些指令的操作数是唯一的，为简化起见，不在指令中写出。下面是使用立即寻址的程序实例。

```
SET              //将状态字寄存器的 RLO 置 1
L    1234        //把整数 1234 装入累加器 1
L    W#16#48A2   //常数 16#48A2 装入累加器 1
```

2．直接寻址

直接寻址在指令中直接给出存储器或寄存器的地址。地址可以是位、字节、字、双字和特殊器件编号。

位地址包括存储器或寄存器的标识符、字节号、间隔符（小圆点）、位号，如 I3.4 指定输入映像寄存器 3 号字节的第 4 位，Q5.7 指定输出映像寄存器 5 号字节的第 7 位。由于 1 个字节由 8 位组成，因此位号的取值范围为 0~7。图 5-3 所示为输入映像寄存器位地址举例。

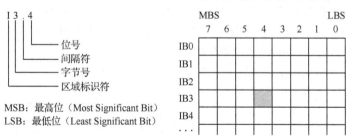

图 5-3　输入映像寄存器位地址举例

字节、字和双字的地址包括存储器或寄存器的标识符、数据类型和起始位置，图 5-4 所示为位存储器（M 存储器）的三种地址举例。需要注意的是，字和双字的起始字节一般情况下是偶数，如 MW102 和 MD104。另外，编程时一定避免地址重复占用。

存储区内还有一些具有一定功能的器件，使用时不需要指出它们的字节地址，而是直接写出其编号。这类器件包括定时器（T）、计数器（C）和累加器等。

下面是直接寻址的程序实例。

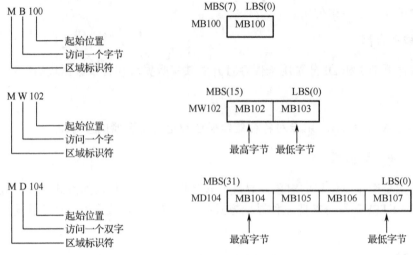

图 5-4 位存储器三种地址举例

```
A    I0.0      //对输入位 I0.0 进行"与"操作
A    T0        //对定时器 T0 位进行"与"操作
=    Q0.0      //将 RLO 的值赋给 Q0.0
L    MD10      //把 MD10 的内容装入累加器 1
T    MW2       //把累加器 1 低字中的内容传送给位存储器 MW2
```

3. 存储器间接寻址

在存储器间接寻址指令中,给出一个作为地址指针的存储器,该存储器的内容是操作数所在存储单元的地址。该存储器一般称为地址指针,在指令中需写在方括号"[]"内。使用存储器间接寻址可以改变操作数的地址,在循环程序中经常使用存储器间接寻址。

地址指针可以是字或双字,对于地址范围小于 65 535 的存储器(如 T、C、DB、FB、FC),使用字指针即可。对于其他存储器(如 I、Q、M 等)则要使用双字指针,使用双字指针时,第 0~2 位为被寻址地址中位的编号(0~7);第 3~18 位为被寻址地址中字节的编号(0~65 535)。如果要用双字格式的指针访问一个字节、字或双字存储器,则必须保证指针的位编号为 0。只有双字 MD、LD、DBD 和 DID 能做双字地址指针。

存储器间接寻址的指针格式如图 5-5 所示。

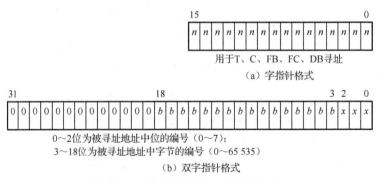

图 5-5 存储器间接寻址的指针格式

下面是存储器间接寻址的例子。

```
OPN    DB [MW4]
```
//打开数据块,数据块的地址指针在位存储器字 MW4 中,如果 MW4 的值为 2#00000000 00001111,
//则打开数据块 DB15
```
L    DBW [MD10]
```
//将数据块中的数据字装入累加器 1,数据字的地址指针在位存储器双字 MD10 中,如果 MD10 的值
//为 2#00000000 00000000 00000000 00100000,则装入的是 DBW4
```
A    M [DBD4]
```
//对 M 存储器的位做"与"运算,地址指针在数据双字 DBD4 中,如果 DBD4 的值为 2#00000000
//00000000 00000000 00100011,则对 M4.3 进行操作

4. 寄存器间接寻址

该寻址方式在指令中通过地址寄存器和偏移量间接获取操作数,其中的地址寄存器及偏移量必须写在方括号"[]"内。S7-300 PLC 中有两个地址寄存器 AR1 和 AR2,通过它们可以对各存储区的存储器内容进行寄存器间接寻址。地址寄存器的内容加上偏移量,形成地址指针,并指向操作数所在的存储器单元。

寄存器间接寻址的双字指针格式如图 5-6 所示。第 0~2 位(xxx)为被寻址地址中位的编号(0~7);第 3~18 位($bbbbbbbbbbbbbbbb$)为被寻址地址中字节的编号(0~65 535);第 24~26 位(rrr)为被寻址地址中区域标识符;第 31 位 x 为 0,为区域内的间接寻址,第 31 位 x 为 1,则为区域间的间接寻址。

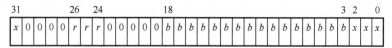

0~2 位为被寻址地址中位的编号(0~7);
3~18 位为被寻址地址中字节的编号(0~65 535);
24~26 位为被寻址地址中区域标识符;
31 位的 x=0 为区域内的间接寻址,x=1 为区域间的间接寻址

图 5-6 寄存器间接寻址的双字指针格式

如果要用寄存器指针访问一个字节、字或双字,必须保证指针中的位地址编号为 0。

第一种地址指针格式包括被寻址数值所在存储单元地址的字节编号和位编号,存储区的类型在指令中给出。这种指针格式适用于在某一存储区内寻址,即区内寄存器间接寻址。第 24~26 位(rrr)应为 0。

第二种地址指针格式包含了数据所在存储区域标识位,通过改变区域标识位可实现跨区寻址,区域标识由第 24~26 位确定,具体含义见表 5-6。这种指针格式适用于区域间寄存器间接寻址。

表 5-6 区域间寄存器间接寻址的区域标识位

区域标识符	存储器名称	第 24~26 位的二进制码(rrr)
P	外设输入/输出	000
I	输入过程映像寄存器	001
Q	输出过程映像寄存器	010
M	位存储器	011
DBX	共享数据块	100
DIX	背景数据块	101
L	正在执行的块局域数据	111

下面是区内间接寻址的例子，指针常数 P#4.3 对应的二进制数为 2#00000000 00000000 00000000 00100011。

```
L    P#4.3              //将间接寻址的指针装入累加器 1
LAR1                    //将累加器 1 中的内容送到地址寄存器 1
A    M[AR1,P#3.3]       //AR1 中的 P#4.3 加偏移量 P#3.3，实际上是对 M7.6 进行操作
=    Q[AR1,P#0.2]       //逻辑运算的结果送入 Q4.5
```

下面是区域间间接寻址的例子。

```
L    P#M6.0             //将存储器位 M6.0 的双字指针装入累加器 1
LAR1                    //将累加器 1 中的内容送到地址寄存器 1
T    W[AR1,P#50.0]      //将累加器 1 中的内容送到存储器字 MW56
```

P#M6.0 对应的二进制数为 2#10000011 00000000 00000000 00110000。因为地址指针 P#M6.0 中已经包含有区域信息，所以间接寻址的指令 T   W[AR1,P#50.0]中没有必要再使用区域标识符 M。

5.2 位逻辑指令

位逻辑指令用于 BOOL（布尔，二进制数）变量的逻辑运算，所产生的结果（"1" 或 "0"）称为 "逻辑运算结果"（RLO），存储在状态字的 "RLO" 中。

5.2.1 触点与线圈指令

在 LAD（梯形图）程序中，通常使用类似继电器控制电路中的触点符号及线圈符号来表示 PLC 的位元件，需要读取的操作数（用绝对地址或符号地址表示）则标注在触点符号的上方，需要写入的操作数则标注在线圈符号的上方，如图 5-7 所示。

图 5-7 触点和线圈

1. 常开触点和常闭触点

对于常开触点（动合触点），在 PLC 中规定：若操作数是 "1"，则常开触点 "动作"，即常开触点 "闭合"；若操作数是 "0"，则常开触点 "复位"，即常开触点处于断开状态。

对于常闭触点（动断触点），在 PLC 中规定：若操作数是 "1"，则常闭触点 "动作"，即常闭触点 "断开"；若操作数是 "0"，则常闭触点 "复位"，即常闭触点处于闭合状态。

2. 输出线圈指令（赋值指令）

输出线圈与继电器控制电路中的线圈一样，如果有电流（信号流）流过线圈（RLO=1），则线圈上方的操作数被写为 "1"；如果没有电流流过线圈（RLO=0），则操作数被写为 "0"。输出线圈只能出现在梯形图逻辑串的最右端。输出线圈等同于 STL 程序中的赋值指令（用等号 "=" 表示）。

梯形图中触点的串联可以实现"与"运算、触点的并联可以实现"或"运算，用常闭触点可以实现"非"运算，用多个触点的串联、并联电路可以实现复杂的逻辑运算。

【例 5-1】 用触点指令实现与、或、非运算，梯形图程序如图 5-8 所示。

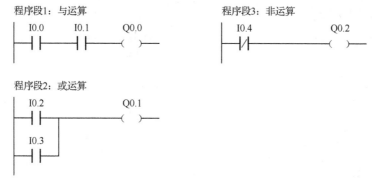

图 5-8　与、或、非运算

在程序段 1 中，只有当输入信号 I0.0 和 I0.1 的状态均为 1 时，输出信号 Q0.0 的状态才为 1，即 Q0.0=I0.0&I0.1。

在程序段 2 中，只要输入信号 I0.2 或 I0.3 的状态有一个为 1，输出信号 Q0.1 的状态就为 1，即 Q0.1=I0.2||I0.3。

在程序段 3 中，当输入信号 I0.4 的状态为 0 时，输出信号 Q0.2 的状态为 1，当输入信号 I0.4 的状态为 1 时，输出信号 Q0.2 的状态为 0，即 Q0.2=$\overline{I0.4}$。

3．中间输出

在梯形图设计时，如果一个逻辑串很长，不便于编辑，则可以将逻辑串分成几个段，前一段的逻辑运算结果（RLO）可作为中间输出，存储在位存储器（I、Q、M、L 或 D）中，该存储位可以当作一个触点出现在其他逻辑串中。中间输出只能放在梯形图逻辑串的中间，而不能出现在最左端或最右端。中间输出的符号如图 5-7（d）所示。图 5-9 所示为中间输出指令的应用举例，图 5-9（a）所示梯形图等效于图 5-9（b）所示梯形图。

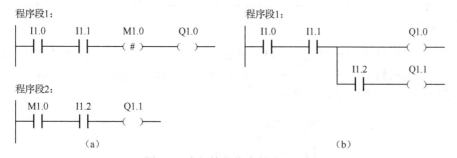

图 5-9　中间输出指令的应用举例

在图 5-9 中，当输入信号 I1.0 和 I1.1 的状态均为 1 时，位存储器 M1.0 和输出信号 Q1.0 的状态都为 1；当输入信号 I1.0、I1.1 和 I1.2 的状态均为 1 时，输出信号 Q1.1 的状态为 1。

【例 5-2】 用触点指令实现逻辑与非、或非、异或和同或运算。

以上四种逻辑关系经过转换之后，对应表达式分别如下。

$$Q0.0 = \overline{I0.0 \cdot I0.1} = \overline{I0.0} + \overline{I0.1}$$

$Q0.1 = \overline{I0.0 + I0.1} = \overline{I0.0} \cdot \overline{I0.1}$

$Q0.2 = I0.0 \oplus I0.1 = I0.0 \cdot \overline{I0.1} + \overline{I0.0} \cdot I0.1$

$Q0.3 = I0.0 \odot I0.1 = I0.0 \cdot I0.1 + \overline{I0.0} \cdot \overline{I0.1}$

梯形图程序如图 5-10 所示。

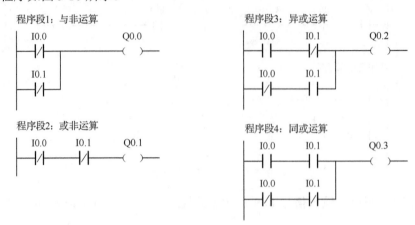

图 5-10 与非、或非、异或和同或运算梯形图程序

在程序段 1 中，只要输入信号 I0.0 或 I0.1 的状态有一个为 0，就有能流流入线圈，输出信号 Q0.0 的状态就为 1，只有 I0.0 和 I0.1 的状态都为 1，输出信号 Q0.0 的状态才为 0。程序段 2～4 中的程序请读者自行分析。通过程序，各变量的真值表如表 5-7 所示。

表 5-7 各变量的真值表

I0.0	I0.1	Q0.0	Q0.1	Q0.2	Q0.3
0	0	1	1	0	1
0	1	1	0	1	0
1	0	1	0	1	0
1	1	0	0	0	1

4．取反指令

取反指令的作用就是对它左边电路的逻辑运算结果（RLO）取反。如图 5-11 所示，程序采用取反指令，其运算结果与例 5-2 中与非运算结构相同，是另一种与非运算的编程方法，其优点是程序更加直观，符合逻辑运算思维。

程序段1：取反指令

```
 I0.0   I0.1              Q0.0
──┤├───┤├─────┤NOT├────( )
```

图 5-11 采用取反指令实现与非运算

5.2.2 置位和复位指令

置位（S）和复位（R）指令根据 RLO 的值来决定布尔操作数的状态是否改变。对于置位指令，一旦 RLO 为 1，则操作数的状态置 1，即使 RLO 又变为 0，操作数的状态仍保持为 1；

对于复位操作，一旦 RLO 为 1，则操作数的状态置 0，即使 RLO 又变为 0，操作数的状态仍保持为 0。

图 5-12（a）所示为置位、复位指令应用程序，图 5-12（b）所示为程序中各变量的时序图（随时间推移各变量值变化的图形）。当 I0.1=1 时，常开触点闭合，Q0.0 变为 1 并保持，即使之后 I0.1=0，常开触点断开，Q0.0 也保持为 1；当 I0.2=1 时，常开触点闭合，Q0.0 变为 0 并保持，即使之后 I0.2=0，常开触点断开，Q0.0 也保持为 0。

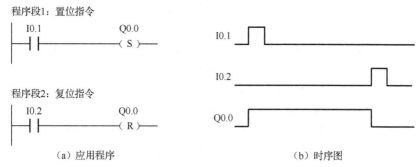

图 5-12　置位、复位指令应用程序

【例 5-3】图 5-13 所示为一条传送带通过电动机 M 驱动。在传送带的起点有两个按钮：用于启动的 SB1 和用于停止的 SB2。在传送带的终点也有两个按钮：用于启动的 SB3 和用于停止的 SB4。要求能从任意一端启动或停止传送带。传送带末端有传感器 SQ1，检测到物件时，停止传送带，并控制指示灯发光，当物体被移走后，指示灯自动熄灭。

其地址分配表如表 5-8 所示，PLC 外部接线图如图 5-14 所示，控制程序如图 5-15 所示。

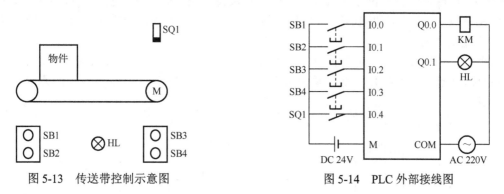

图 5-13　传送带控制示意图　　　　　图 5-14　PLC 外部接线图

表 5-8　传送带控制系统地址分配表

I/O 模块	I/O 地址	符　号	传感器/执行器	说　明
DI 模块 16×DC 24V	I0.0	SB1	常开自复位按钮	启动按钮
	I0.1	SB2	常开自复位按钮	停止按钮
	I0.2	SB3	常开自复位按钮	启动按钮
	I0.3	SB4	常开自复位按钮	停止按钮
	I0.4	SQ1	位置传感器，常开点	停止，指示灯控制
DO 模块 16×AC 220V	Q0.0	KM	接触器	控制传送带启停
	Q0.1	HL	指示灯	物件到达指示

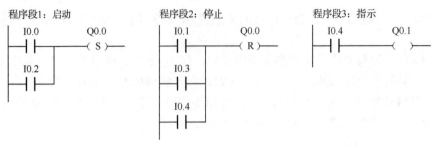

图 5-15 控制程序

在程序段 1 中：如果按下 SB1 或 SB3 按钮，则按钮常开触点闭合，输入信号 I0.0 或 I0.2 为 1，程序中的常开触点闭合，输出信号 Q0.0 置位，电动机启动运行。

在程序段 2 中：如果按下 SB2 或 SB4 按钮，或者传感器检测到物件，则按钮及传感器常开触点闭合，输出信号 Q0.0 复位，电动机停止运行。

在程序段 3 中：如果传感器检测到物件，则其常开触点闭合，输入信号 I0.4 为 1，程序中的常开触点闭合，输出信号 Q0.1 为 1，指示灯发光；如果物件被移走，则传感器触点复位，指示灯熄灭。

5.2.3 RS 与 SR 触发器指令

STEP 7 有两种触发器，即置位优先型（RS）触发器和复位优先型（SR）触发器。这两种触发器均可以用在逻辑串的最右端，用来结束一个逻辑串，或者用在逻辑串的中间，影响右边的逻辑操作结果。

RS 和 SR 触发器在置位输入端 S 为 1 时，触发器置位，地址端和输出端 Q 为 1，此时即使置位端 S 变为 0，地址端和输出端 Q 仍然保持为 1 不变。只有当复位端 R 为 1 时，地址端和输出端 Q 才能复位为 0。

当两个端子都为 1 时，对于置位优先型触发器，置位端 S 有效，输出端置位为 1；对于复位优先型触发器，复位端 R 有效，输出端复位为 0。图 5-16 所示为 RS 和 SR 触发器应用程序及时序图。

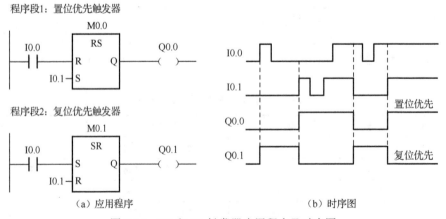

图 5-16 RS 和 SR 触发器应用程序及时序图

5.2.4 RLO 边沿检测指令

RLO 边沿检测指令有两类：RLO 上升沿检测（P）和下降沿检测（N）。RLO 边沿检测指令均有一个"位"操作数,用来保存前一个周期 RLO 的状态,以便和当前扫描周期的 RLO 状态进行比较。当上升沿检测指令左边的逻辑运算结果(RLO)由 0 变为 1 时(即波形的上升沿),上升沿检测指令右边产生一个宽度为一个扫描周期的高电平;当下降沿检测指令左边的逻辑运算结果(RLO)由 1 变为 0 时(即波形的下降沿),下降沿检测指令右边产生一个宽度为一个扫描周期的高电平。

图 5-17(a)所示为边沿检测指令应用程序,图 5-17(b)所示为程序中各变量的时序图。当 I0.1 由断开变为接通时,上升沿检测指令检测到一次正跳变,能流在该扫描周期内流过检测指令,M0.1 线圈仅在该扫描周期内"得电",且将输出线圈 Q0.0 置位;当 I0.2 由接通变为断开时,下降沿检测指令检测到一次负跳变,能流在该扫描周期内流过检测指令,M0.3 线圈仅在该扫描周期内"得电",且将输出线圈 Q0.0 复位。

需要注意的是,M0.1 和 M0.3 高电平脉冲宽度很窄,只有一个扫描周期的时间,因此使用程序状态监控功能很难看到线圈"得电"状态。

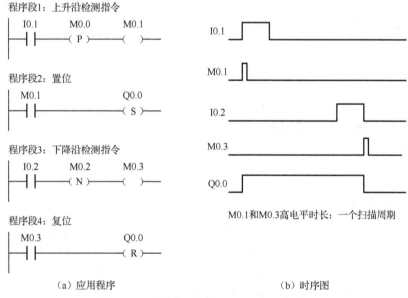

图 5-17 边沿检测指令应用程序及时序图

【例 5-4】 故障信息显示的程序设计。要求:故障信号 I0.0 为 1 状态时,Q4.0 控制的指示灯以 1Hz 的频率闪烁。操作人员按复位按钮 I0.1 后,如果故障已经消失,则指示灯熄灭;如果故障没有消失,则指示灯转为常亮,直至故障消失。

图 5-18(a)所示为实现故障信息显示的应用程序,图 5-18(b)所示为时序图。
(1)1Hz 闪烁频率的处理。
设计中的指示灯闪烁功能可以使用 CPU 时钟存储器的位 M1.5 实现。S7-300 有一个需要设置地址的时钟存储器字节,该字节的 8 位提供 8 个不同周期的时钟脉冲。双击硬件组态图标,在 HW Config 窗口中找到 CPU 模块,打开 CPU"属性"对话框的"周期/时钟存储器"选项卡,勾选"时钟存储器"复选框,设置时钟存储器(M)的字节地址为 1,即 MB1 为时钟存储器字节。其中 M1.5 是周期 1s,占空比为 50%的方波信号(即 0.5s 高电平,0.5s 低电平)。
(2)程序分析。
出现故障时,将 I0.0 输入点的故障信号用 M0.1 锁存起来,M0.1 和 M1.5 的常开触点组成串联逻辑块使 Q4.0 控制的指示灯以 1Hz 的频率闪烁。当按下复位按钮 I0.1 时,故障锁存信号

M0.1 被复位为 0 状态。如果此时故障已经消失，则指示灯熄灭；如果此时故障没有消失，则 M0.1 的常闭触点与 I0.0 的常开触点（当有故障时，I0.0 的常开触点闭合）组成串联逻辑块使指示灯转为常亮。故障消失，I0.0 常开触点复位，Q4.0 变为 0 状态，指示灯熄灭。

如果图 5-18（a）所示程序没有上升沿检测指令，显示效果又会如何呢？请读者自行分析。

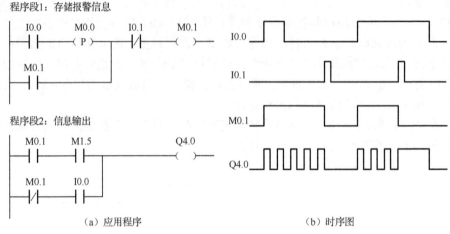

图 5-18 故障信息显示的应用程序及时序图

5.3 定时器和计数器

5.3.1 定时器

定时器是 PLC 中的重要指令，用来实现时间设定和控制。CPU 系统存储器中的定时器存储区域为每个定时器地址保留一个 16 位的字和一个二进制的位，定时器的字用来存放当前的定时时间值，定时器的位用来表示定时器当前值与预设值的比较关系（输出为 0 或 1）。定时器的访问只能使用有关的定时器指令，其编址为 T 加编号，如 T1、T55 等。

定时器的字格式如图 5-19 所示。第 0～11 位为以 BCD 码（二进制编码的十进制数）表示的时间值，第 12～13 位为二进制编码的时间基准（简称时基），其取值为 00、01、10、11，对应的时间基准是 10ms、100ms、1s 和 10s。实际的定时时间等于时基乘以时间值。为了得到不同的分辨率和定时时间，可以使用时基和时间值的不同组合。时基越小，定时器分辨率越高，定时范围越小；时基越大，定时器分辨率越低，定时范围越大。

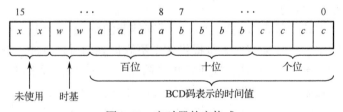

图 5-19 定时器的字格式

定时器在使用时需要预先设定定时时间，定时时间可以有两种表示方法。

一种方法是按照定时器的字格式进行编码，格式为：W#16#*wabc*（十六进制格式）。其中，

w 是时基，范围为 0~3，分别代表 10ms、100ms、1s 和 10s；abc 是 BCD 格式的时间值，范围为 0~999。例如，定时器字为 W#16#2999（或 2#0010 1001 1001 1001）时，定时器时基为 1s，定时时间为 1×999=999s；如果字改为 W#16#3999，则定时器时基为 10s，定时时间为 10×999=9990s，这也是定时器最大定时值。

另一种方法是使用 S5 时间表示方法设定定时时间，格式为：S5T#aH_bM_cS_dMS（S5 时间格式）。其中，a 表示 h；b 表示 min；c 表示 s；d 表示 ms。定时范围为 1ms~9990s。例如，S5T#1M15S 表示 1min15s，S5T#1H_11M_20S 表示 1h11min20s。需要注意的是，这种表示方法由 CPU 自动选择符合定时范围要求的最小时基，因此可能对有些定时时间进行自动处理。

S7-300 系列中有 5 种定时器，分别为脉冲定时器（S-PULSE）、扩展脉冲定时器（S-PEXT）、接通延时定时器（S-ODT）、保持型接通延时定时器（S-ODTS）和断开延时定时器（S-OFFDT）。每种定时器在梯形图指令中都有两种表示形式，即定时器指令盒和定时器线圈。定时器的指令及功能描述如表 5-9 所示。

表 5-9 定时器的指令及功能

名称	指令盒形式	线圈形式	功能描述
脉冲定时器（S-PULSE）	Tno. S-PULSE S Q TV BI R BCD	Tno. —(SP)— 定时时间 Tno. —(R)—	由正脉冲触发，需要保持为 1，开始运行时输出为 1，定时时间到后输出为 0
扩展脉冲定时器（S-PEXT）	Tno. S-PEXT S Q TV BI R BCD	Tno. —(SE)— 定时时间 Tno. —(R)—	由正脉冲触发，无须保持，开始运行时输出为 1，定时时间到后输出为 0
接通延时定时器（S-ODT）	Tno. S-ODT S Q TV BI R BCD	Tno. —(SD)— 定时时间 Tno. —(R)—	由正脉冲触发，需要保持为 1，开始运行时输出为 0，定时时间到后输出为 1
保持型接通延时定时器（S-ODTS）	Tno. S-ODTS S Q TV BI R BCD	Tno. —(SS)— 定时时间 Tno. —(R)—	由正脉冲触发，有记忆功能，开始运行时输出为 0，定时时间到后输出为 1
断开延时定时器（S-OFFDT）	Tno. S-OFFDT S Q TV BI R BCD	Tno. —(SF)— 定时时间 Tno. —(R)—	由正脉冲触发，下降沿定时，开始运行时输出为 1，定时时间到后输出为 0

续表

操作数	数据类型	存储区	说明
no.	Timer	T	定时器编号，范围由CPU定
定时时间	S5TIME	I、Q、M、L、D	预设的时间值
S	BOOL	I、Q、M、L、D	使能输入
TV	S5TIME	I、Q、M、L、D	预设的时间值
R	BOOL	I、Q、M、L、D	复位输入
Q	BOOL	I、Q、M、L、D	定时器位输出
BI	WORD	I、Q、M、L、D	剩余时间值，整型格式
BCD	WORD	I、Q、M、L、D	剩余时间值，BCD格式

1. 脉冲定时器（S-PULSE）

指令盒形式的脉冲定时器应用程序如图 5-20（a）所示。其中 S 为脉冲定时器的使能输入端，TV 为预设值输入端，R 为复位输入端，Q 为定时器位输出端，BI 端输出不带时间基准十六进制格式的当前时间，BCD 端输出 S5T#格式的当前时间。应用时 BI 和 BCD 端可以不指定地址。

时序图如图 5-20（b）所示，当脉冲定时器输入端 S 出现高电平，并且复位输入端 R 为 0 时，定时器启动运行，输出端 Q 为 1，当前值从预设值开始减计时，当时间减到 0 时，输出端 Q 由 1 变为 0。如果在定时器运行过程中，S 端变为 0 时，定时器会停止运行，并且输出端 Q 为 0。在定时器指令中，复位输入端 R 优先级最高，与其他输入信号的状态无关，只要复位输入端 R 从 0 变为 1，定时器就复位（当前值清 0，输出端为 0）。

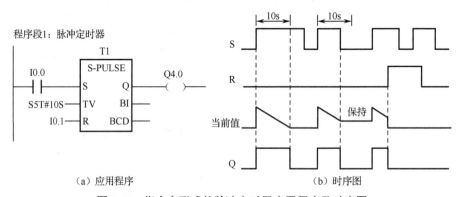

图 5-20 指令盒形式的脉冲定时器应用程序及时序图

与图 5-20 实现功能基本相同的线圈形式的脉冲定时器应用程序如图 5-21 所示。当 I0.0 为 1 状态（常开触点闭合）时，T1 开始定时，其常开触点闭合，Q4.0 变为 1。定时时间到，T1 的常开触点断开，Q4.0 变为 0。当 I0.0 为 0（常开触点复位）时，再将它置为 1 状态，T1 开始定时，定时时间未到时，I0.0 为 0 状态，T1 的常开触点断开，剩余时间保持不变，Q4.0 为 0。当 I0.0 再次置 1 时，T1 重新开始定时，在定时期间复位信号 I0.1 为 1，T1 被复位，剩余时间被清 0，常开触点断开，Q4.0 为 0。

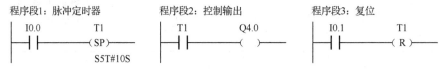

图 5-21 线圈形式的脉冲定时器应用程序

2. 扩展脉冲定时器（S_PEXT）

扩展脉冲定时器的功能与脉冲定时器的功能基本相同，其区别在于扩展脉冲定时器在输入脉冲宽度小于时间预设值时，也能输出设定宽度的脉冲。指令盒形式的扩展脉冲定时器应用程序如图 5-22（a）所示。

时序图如图 5-22（b）所示，当扩展脉冲定时器输入端 S 出现上升沿，并且复位输入端 R 为 0 时，定时器开始运行，在运行过程中即使 S 端变为 0，定时器仍将一直保持运行，运行期间输出端 Q 为 1。当前值从预设值减到 0 时，输出端 Q 由 1 变为 0。在减计时过程中，当 S 端再次出现上升沿时，定时器重新启动。在定时器指令中，复位输入端 R 优先级最高，只要复位输入端 R 从 0 变为 1，定时器就复位（当前值清 0，输出端为 0）。

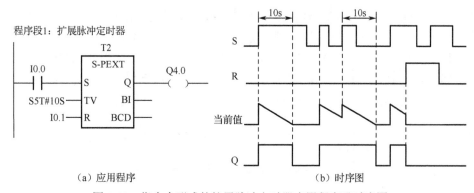

（a）应用程序　　　　　　　　　　　　（b）时序图

图 5-22　指令盒形式的扩展脉冲定时器应用程序及时序图

与图 5-22 实现功能基本相同的线圈形式的扩展脉冲定时器应用程序如图 5-23 所示。当 I0.0 为 1 状态（常开触点闭合）时，T2 开始定时，其常开触点闭合，输出端 Q4.0 变为 1，即使 I0.0 变为 0 状态，定时器也将运行 10s。定时期间如果 I0.0 又从 0 变为 1，则定时器被重新启动，从设定值开始减计时，在运行过程中，如果复位信号 I0.1 从 0 变为 1，则定时器复位，当前值清 0，输出端 Q4.0 变为 0。

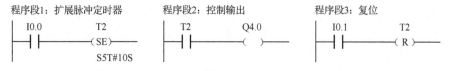

图 5-23　线圈形式的扩展脉冲定时器应用程序

3. 接通延时定时器（S_ODT）

接通延时定时器是使用最频繁的定时器，指令盒形式的接通延时定时器应用程序如图 5-24（a）所示。

时序图如图 5-24（b）所示，当接通延时定时器输入端 S 出现高电平，并且复位输入端 R 为 0 时，定时器启动运行，运行期间输出端 Q 为 0。当达到 TV 端设定的时间后，Q 变为 1 并一直保持，直到 S 端为 0 状态。在减计时过程中，如果 S 端变为 0，则定时器停止运行，BI 端和 BCD 端的剩余时间保持不变。在定时器指令中，复位输入端 R 优先级最高，只要复位输入端 R 从 0 变为 1，定时器就复位（当前值清 0，输出端为 0）。

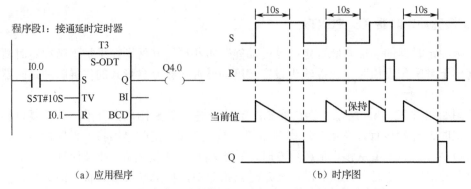

图 5-24 指令盒形式的接通延时定时器应用程序及时序图

与图 5-24 实现功能基本相同的线圈形式的接通延时定时器应用程序如图 5-25 所示。当 I0.0 从 0 变为 1 时，定时器 T3 开始运行；如果 I0.0 一直为 1，定时器运行 10s 后，定时器 T3 的位为 1，其常开触点闭合，输出端 Q4.0 为 1。定时期间如果 I0.0 从 1 变为 0，则定时器停止运行，并且 Q4.0 也变为 0。在运行过程中，如果 I0.1 从 0 变为 1，则定时器复位，Q4.0 变为 0。

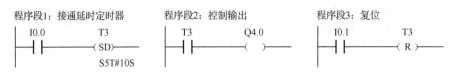

图 5-25 线圈形式的接通延时定时器应用程序

4. 保持型接通延时定时器（S-ODTS）

保持型接通延时定时器的功能与接通延时定时器的功能基本相同，其区别在于保持型接通延时定时器在输入脉冲宽度小于时间预设值时，也能正常定时。指令盒形式的保持型接通延时定时器应用程序如图 5-26（a）所示。

时序图如图 5-26（b）所示，保持型接通延时定时器输入端 S 出现上升沿，并且复位输入端 R 为 0 时，定时器开始运行，在运行过程中即使 S 端变为 0，定时器仍将一直保持运行，运行期间输出端 Q 为 0。当达到 TV 端设定的时间后，Q 变为 1 并一直保持。在减计时过程中，若 S 端再次出现上升沿时，定时器重新启动。在定时器指令中，复位输入端 R 优先级最高，只要复位输入端 R 从 0 变为 1，定时器就复位（当前值清 0，输出端为 0）。

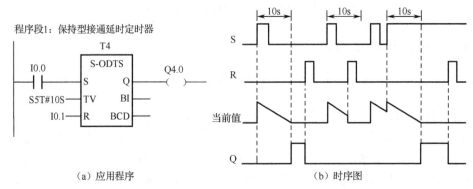

图 5-26 指令盒形式的保持型接通延时定时器应用程序及时序图

与图 5-26 实现功能基本相同的线圈形式的保持型接通延时定时器应用程序如图 5-27 所示。

当 I0.0 从 0 变为 1 时，定时器 T4 开始运行；此时无论 I0.0 是否发生改变，定时器继续运行，10s 后，定时器 T4 的位为 1，其常开触点闭合，输出端 Q4.0 为 1。在运行过程中，如果 I0.1 从 0 变为 1，则定时器当前值复位，Q4.0 变为 0。

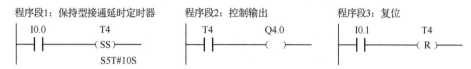

图 5-27 线圈形式的保持型接通延时定时器应用程序

5. 断开延时定时器（S_OFFDT）

在控制系统中，某些主要设备在停机后，需要其他辅助设备延时运行一段时间后再停止，使用断开延时定时器就可以方便地实现这一功能。指令盒形式的断开延时定时器应用程序如图 5-28（a）所示。

时序图如图 5-28（b）所示，断开延时定时器输入端 S 出现高电平，并且复位输入端 R 为 0 时，定时器输出端 Q 为 1 状态。定时器输入端 S 出现下降沿，定时器开始减计时，当达到 TV 端设定的时间后，输出端 Q 变为 0。在定时器减计时过程中，如果输入端 S 再次出现高电平，则剩余时间保持不变，直到出现下降沿，定时器重新装入预设值并减计时。在定时器指令中，复位输入端 R 优先级最高，只要复位输入端 R 从 0 变为 1，定时器就复位（当前值清 0，输出端为 0）。

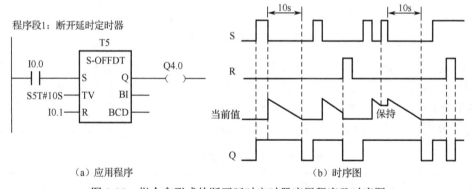

图 5-28 指令盒形式的断开延时定时器应用程序及时序图

与图 5-28 实现功能基本相同的线圈形式的断开延时定时器应用程序如图 5-29 所示。当 I0.0 从 0 变为 1 时，定时器 T5 的位变为 1 状态，其常开触点接通，Q4.0 的线圈通电。当 I0.0 为 0 状态时，T5 开始定时，输出端 Q4.0 仍为 1，定时时间到，输出端 Q4.0 为 0。在定时期间，如果 I0.0 又变为 1 状态，则 T4 的剩余时间值保持不变。在定时器运行时，复位信号 I0.1 为 1 时，T5 复位，Q4.0 为 0 状态。

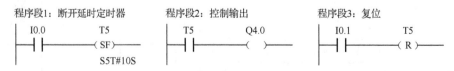

图 5-29 线圈形式的断开延时定时器应用程序

【例 5-5】 分别采用脉冲定时器和接通延时定时器构成一个方波发生器（闪烁电路），当按钮 SB（I0.0）的常开触点闭合时，指示灯 HL（Q0.0）以灭 1s、亮 2s 的规律闪烁发光。当常开触点断开时，立即停止闪烁。闪烁控制时序图如图 5-30 所示。方波发生器控制程序如图 5-31 所示。

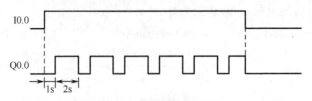

图 5-30　闪烁控制时序图

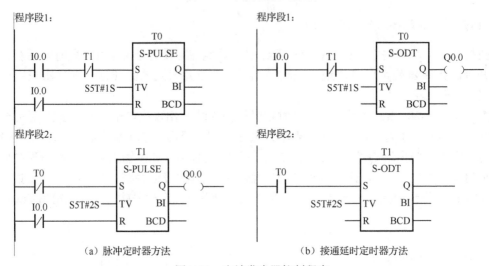

（a）脉冲定时器方法　　　　　　　　（b）接通延时定时器方法

图 5-31　方波发生器控制程序

【例 5-6】　某物流传输系统由两条皮带组成，通过电动机驱动，如图 5-32 所示。控制要求：当按下启动按钮 SB1 时，皮带 2 首先启动，延时 5s 后，皮带 1 自动启动；如果按下停止按钮 SB2，则皮带 1 立即停止，延时 10s 后，皮带 2 自动停止。

其地址分配表如表 5-10 所示，PLC 外部接线图如图 5-33 所示，控制程序如图 5-34 所示。

表 5-10　物流传输系统地址分配表

I/O 模块	I/O 地址	符　　号	传感器/执行器	说　　明
DI 模块 16×DC 24V	I0.0	SB1	常开自复位按钮	启动按钮
	I0.1	SB2	常开自复位按钮	停止按钮
DO 模块 16×AC 220V	Q0.0	KM1	接触器	皮带 1 电动机启停控制
	Q0.1	KM2	接触器	皮带 2 电动机启停控制

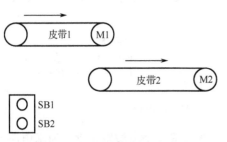

图 5-32　传送带控制示意图

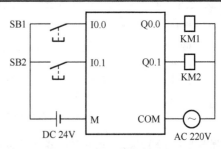

图 5-33　PLC 外部接线图

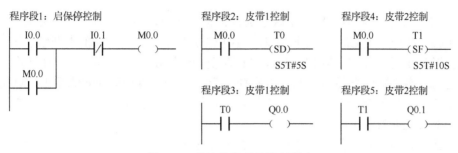

图 5-34 物流传输系统控制程序

【例 5-7】 某小车控制系统示意图如图 5-35 所示。要求：按下启动按钮 SB1，小车右行，走到右限位开关 SQ2 处停止运动，延时 15s 后开始左行，左行到左限位开关 SQ1 处后自动停止。在小车运行过程中，按下停止按钮 SB2，小车立即停止。

其地址分配表如表 5-11 所示，PLC 外部接线图如图 5-36 所示，控制程序如图 5-37 所示。

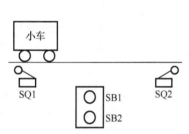

图 5-35 小车控制系统示意图

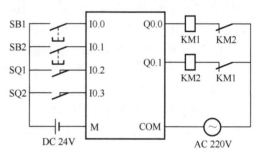

图 5-36 PLC 外部接线图

表 5-11 小车控制系统地址分配表

I/O 模块	I/O 地址	符 号	传感器/执行器	说 明
DI 模块 16×DC 24V	I0.0	SB1	常开自复位按钮	右行启动按钮
	I0.1	SB2	常开自复位按钮	停止按钮
	I0.2	SQ1	位置传感器，常开触点	位置控制
	I0.3	SQ2	位置传感器，常开触点	位置控制
DO 模块 16×AC 220V	Q0.0	KM1	接触器	小车右行
	Q0.1	KM2	接触器	小车左行

程序段1：右行

```
   I0.0   I0.1   I0.3   Q0.1   Q0.0
   ─┤├────┤/├────┤/├────┤/├────( )─
   Q0.0
   ─┤├─
```

程序段3：定时

```
   I0.3        T1
   ─┤├────────(SD)
              S5T#15S
```

程序段2：左行

```
   T1    I0.1   I0.2   Q0.0   Q0.1
   ─┤├────┤/├────┤/├────┤/├────( )─
   Q0.1
   ─┤├─
```

图 5-37 小车控制系统控制程序

在控制右行的 Q0.0 线圈回路中串联了 I0.3 的常闭触点，小车走到右限位开关 SQ2 处时，I0.3 的常闭触点断开，使 Q0.0 的线圈断电，小车停止右行。同时 I0.3 的常开触点闭合，T1 的线圈通电，开始定时。15s 后定时时间到，T1 的常开触点闭合，使 Q0.1 的线圈通电并自保持，小车开始左行。离开限位开关 SQ2 后，I0.3 的常开触点断开，T1 因为线圈断电，其常开触点断开。小车运行到左边的起始点时，左限位开关 SQ1 动作，I0.2 的常闭触点断开，使 Q0.1 的线圈断电，小车停止左行。

在梯形图中，左行和右行程序中都串联了停止按钮 I0.1 的常闭触点，使系统有手动操作的功能。在小车运行过程中，按下停止按钮 SB2，I0.1 常闭触点断开，Q0.0 或 Q0.1 的线圈断电，小车立即停止。

5.3.2 计数器

计数器是 PLC 中的重要指令，用来实现计数功能。同定时器一样，CPU 系统存储器中的计数器存储区域为每个计数器地址保留一个 16 位的字和一个二进制的位。字用来存放当前的计数值，第 0~11 位是以 BCD 码（二进制编码的十进制数）表示的计数值，范围为 0~999，前面需加上"C#"符号，如使用 C#228 表示输入计数值 228。计数器有向上计数和向下计数两种功能，向上计数到 999 或向下计数到 0 时计数器停止。位用来表示计数器当前状态，当计数器当前值为 0 时，计数器的位为 0，当计数器当前值不为 0 时，计数器位为 1。

S7-300 系列中有 3 种计数器，分别为加计数器（S_CU）、减计数器（S_CD）和加减计数器（S_CUD），每种计数器在梯形图指令中有两种表示形式，即计数器指令盒和计数器线圈，如表 5-12 所示。

表 5-12 计数器指令表

名 称	指令盒形式	线圈形式	功 能 描 述
加计数器 （S-CU）	Cno. S-CU CU Q S CV PV CV_BCD R	Cno. —(SC) 计数初值 Cno. —(CU) Cno. —(R)	上升沿加计数，可预先设置初始值，复位优先级最高，计数器当前值不为 0 时，位状态为 1
减计数器 （S-CD）	Cno. S-CD CD Q S CV PV CV_BCD R	Cno. —(SC) 计数初值 Cno. —(CD) Cno. —(R)	上升沿减计数，可预先设置初始值，复位优先级最高，计数器当前值不为 0 时，位状态为 1
加减计数器 （S-CUD）	Cno. S-CUD CU Q CD CV S CV_BCD PV R	Cno. —(SC) 计数初值 Cno. —(CU) Cno. —(CD) Cno. —(R)	上升沿加、减计数，可预先设置初始值，复位优先级最高，计数器当前值不为 0 时，位状态为 1

续表

操 作 数	数 据 类 型	存 储 区	说 明
no.	Counter	C	计数器编号，范围由 CPU 定
CU	BOOL	I、Q、M、L、D	加计数器输入
CD	BOOL	I、Q、M、L、D	减计数器输入
S	BOOL	I、Q、M、L、D	计数器预置输入
PV	WORD	I、Q、M、L、D 或常数	计数器初始值
R	BOOL	I、Q、M、L、D	复位输入
CV	WORD	I、Q、M、L、D	当前计数值，整数格式
CV_BCD	WORD	I、Q、M、L、D	当前计数值，BCD 格式
Q	BOOL	I、Q、M、L、D	计数器位输出

1. 加计数器应用

指令盒形式的加计数器应用程序如图 5-38（a）所示，时序图如图 5-38（b）所示，S 为预置信号输入端，当 S 端出现上升沿时，将计数器初始值赋予计数器的当前值。当加计数器输入端 CU 每出现一个上升沿时，计数器自动加 1，当计数器的当前值为 999 时，计数值保持为 999，加 1 操作无效。PV 为计数初始值输入端，初始值的范围为 0～999。可以通过字存储器（如 MW0 等）为计数器提供初始值，也可以直接输入 BCD 码形式的立即数，此时的立即数格式为 C#*XXX*，如 C#5、C#123。R 为计数器复位输入端，在任何情况下，只要该端出现上升沿，计数器会立即复位。复位后计数器当前值变为 0，位输出状态为 0。CV 端为以整数形式显示或输出的计数器当前值，如 16#0012（当前值为 18）。该端可以连接各种字存储器，如 MW0、QW2 等，也可以悬空。CV_BCD 是以 BCD 码形式显示或输出的计数器当前值，如 16#0012（当前值为 12）。该端可以连接各种字存储器，如 MW0、QW2 等，也可以悬空。

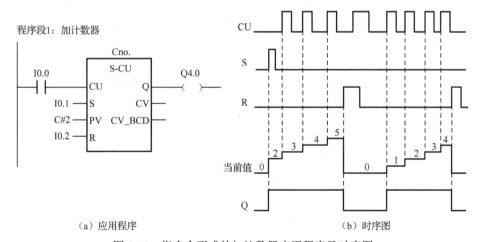

图 5-38 指令盒形式的加计数器应用程序及时序图

与图 5-38 实现功能基本相同的线圈形式的加计数器应用程序如图 5-39 所示。

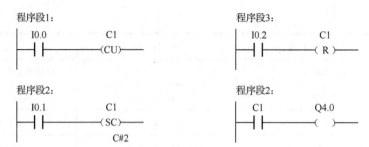

图 5-39　线圈形式的加计数器应用程序

2. 减计数器应用

指令盒形式的减计数器应用程序如图 5-40（a）所示，时序图如图 5-40（b）所示，CD 为减计数器输入端，该端出现上升沿的瞬间，计数器自动减 1，当计数器的当前值为 0 时，计数器保持为 0，减 1 操作无效。其他端功能与加计数器的功能相同，在此不再赘述。

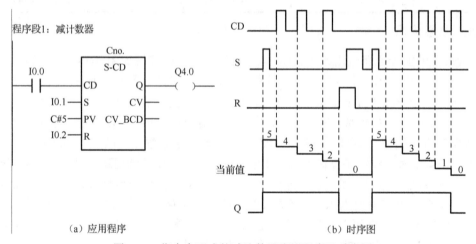

（a）应用程序　　　　　　　　　　　（b）时序图

图 5-40　指令盒形式的减计数器应用程序及时序图

与图 5-40 实现功能基本相同的线圈形式的减计数器应用程序如图 5-41 所示。

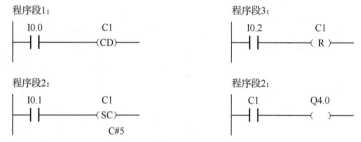

图 5-41　线圈形式的减计数器应用程序

3. 加减计数器应用

加减计数器将加计数器和减计数器的功能合二为一，其中 CU 和 CD 分别为加、减计数输入端，均为上升沿有效。其他端功能与加、减计数器相同，在此不再赘述。

在工业控制中，计数器一般用于计数完预先设定的数值后，进行某种操作。为实现这一要求，最简单的方法是首先将预设值送入减计数器，计数器当前值减为 0 时，计数器位为 0 状态，其常闭触点闭合，进行后续操作。如果使用加计数器，则需要增加比较指令来判断计数值是否等于预设值，从而进行后续操作，程序相对烦琐。

【例 5-8】 用计数器和定时器实现长时间定时。当按钮 SB（I0.0）的常开触点闭合时，指示灯 HL（Q0.0）延时 15h 后发光。当常开触点复位时，指示灯熄灭。长定时控制时序图如图 5-42 所示，控制程序如图 5-43 所示。

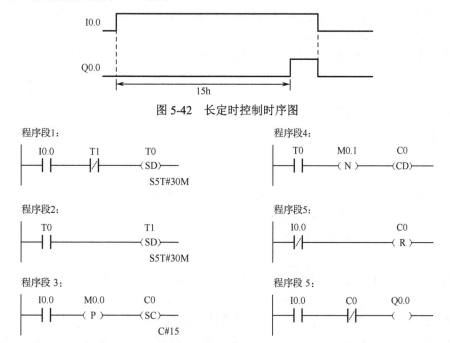

图 5-42　长定时控制时序图

图 5-43　长定时控制程序

程序中通过接通延时定时器 T0 和 T1 构成周期为 1h 的方波发生器，按下按钮时，将减计数器 C0 的预设值赋予当前值，并通过方波的下降沿进行减计数，当减计数器当前值为 0 时，说明定时时间到，通过计数器常闭触点使线圈得电，Q0.0 为 1，点亮指示灯。当按钮断开时，方波发生器不工作，计数器复位，指示灯熄灭。

本章小结

本章内容是重点内容，包含 PLC 最基本的编程指令和编程方法。学习完本章之后，读者可以编写一些简单的 PLC 控制程序，解决一些简单的实际问题。

（1）S7-300 PLC 数据类型有基本数据类型、复杂数据类型和参数数据类型三大类。掌握每种数据类型的特点是指令应用的基础，也会在今后的编程中事半功倍。

（2）S7-300 PLC 的存储器有装载存储器、工作存储器和系统存储器 3 个基本区域，其中系统存储器又被划分为若干地址区域，用于存放用户程序的诸多操作数据，学会使用直接寻址及间接寻址访问各存储器区域。

（3）S7-300 PLC 位逻辑指令包括触点及线圈指令、置位和复位指令、RS 与 SR 触发器指令、RLO 边沿检测指令等众多指令，读者要掌握每一种指令的功能及特点，并能解决简单的逻辑控制问题。

（4）定时器是 PLC 中的重要指令，在掌握定时器字格式的基础上，理解定时时间两种表示方法。通过定时器应用程序及其时序图熟练掌握 5 种定时器的使用方法，并能够根据具体控制要求选择合适的定时器编程。

（5）利用定时器编写程序时，不仅要熟练掌握定时器位信息的使用，而且应该灵活运用定时器当前值信息，通过与其他指令配合使用，往往能够使程序更加简单而高效。

（6）计数器也是 PLC 中的重要指令，通过计数器应用程序及其时序图熟练掌握 3 种计数器的使用方法，并能够根据具体控制要求选择合适的计数器编程。

（7）本章部分例题为实际工程应用的简化，读者要学会根据控制要求进行硬件选型、地址分配、外部接线图绘制及程序设计。这也是本章重点及难点所在。

思考题与练习题

1．填空题

（1）WORD（字）是 16 位_____符号数，INT（整数）是 16 位_____符号数。

（2）M_____是 MW0 中的最低位。

（3）M_____是 MD100 中的最低字节。

（4）RLO 是_____的简称。

（5）接通延时定时器的 SD 线圈_____时开始定时，定时时间到，剩余时间为_____，其定时器的位变为_____，其常开触点_____，常闭触点_____。定时期间如果 SD 线圈断电，则定时器的剩余时间_____，线圈重新通电后，又从_____开始定时。

（6）在减计数器的输入端 S 为_____时，将预设值送入计数器字。在输入端 CD 出现_____时，如果计数值大于_____，则计数值减 1；当计数值减为 0 时，计数器位为_____。

2．根据图 5-44 给定条件画出输出波形。

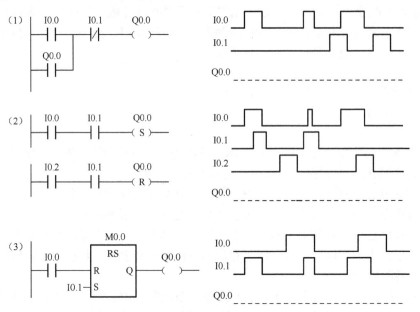

图 5-44　习题 2 图

3. 电动机延时自动关闭控制。要求：按下自复位启动按钮 SB1（I0.0），电动机 M（Q4.0）立即启动，延时 10min 后自动停止。启动后按下自复位停止按钮 SB2（I0.1），电动机立即停止。试画出 PLC 外部接线图，并编写程序。

4. 用 PLC 实现下述控制要求，分别画出其梯形图。
（1）电动机 M1 启动后，电动机 M2 才能启动，M2 能单独停止。
（2）电动机 M1 启动后，电动机 M2 才能启动，M2 可以点动。
（3）电动机 M1 启动后，电动机 M2 才能启动，M2 停止后，M1 才能停止。
（4）电动机 M1 启动 10s 后，电动机 M2 自动启动。
（5）电动机 M1 启动 10s 后，电动机 M2 自动启动，同时 M1 停止。

5. 按下按钮 I0.0 后，Q0.0 为 1 状态并保持，当 I0.1 输入 3 个脉冲后，T0 开始定时，10s 后 Q0.0 变为 0 状态，同时计数器被复位，时序图如图 5-45 所示。试用定时器和计数器设计出梯形图程序。

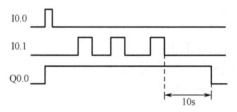

图 5-45 习题 5 图

6. 编制洗衣机清洗控制程序，控制要求：当按下启动按钮（I0.0）后，电动机先正转（Q0.0）10s，停 10s，然后反转（Q0.1）10s，停 10s。如此反复 3 次，自动停止清洗。当按下停止按钮（I0.1）时，停止清洗。试编写控制程序。

第 6 章

S7-300 PLC 功能指令及应用

【教学目标】
1. 掌握 S7-300 PLC 数据传送指令。
2. 掌握 S7-300 PLC 比较指令。
3. 掌握 S7-300 PLC 转换指令。
4. 掌握 S7-300 PLC 数学运算指令。
5. 了解 S7-300 PLC 移位和循环移位指令。
6. 了解 S7-300 PLC 字逻辑运算指令。
7. 了解 S7-300 PLC 控制指令。

【教学重点】
1. S7-300 PLC 各功能指令的灵活应用。
2. 功能指令与位逻辑指令的配合使用。
3. 结合功能指令进行 PLC 简单程序的设计。

S7-300 PLC 除具有丰富的位逻辑指令外,还具有丰富的功能指令。它极大地拓宽了 PLC 的应用范围,增强了编程的灵活性。功能指令的主要作用是完成更为复杂的控制程序设计、实现特殊工业控制环节任务、使程序设计更加优化和便捷。

本章主要介绍 S7-300 PLC 的数据传送指令、比较指令、转换指令、数学运算指令、移位指令、字逻辑运算指令和控制指令等,并应用这些基本指令进行简单的控制程序设计。

6.1 数据传送指令

数据传送指令 MOVE 用于实现系统存储器内各存储区之间的信息交换,其指令盒形式如表 6-1 所示。

表 6-1 MOVE 指令盒形式

梯形图指令	操 作 数	数据类型	存 储 区	说 明
MOVE EN ENO IN OUT	EN	BOOL	I、Q、M、L、D	使能输入
	ENO	BOOL	I、Q、M、L、D	使能输出
	IN	长度为 8、16 或 32 位的基本数据类型	I、Q、M、L、D、常数	源值
	OUT		I、Q、M、L、D	目标地址

当使能输入端 EN 有能流流入时,MOVE 指令被激活,将 IN 端输入的值复制到 OUT 端输出的指定地址。ENO 与 EN 的逻辑状态相同,可以使用该输出端使能后续 PLC 指令。MOVE 只能复制 BYTE、WORD 或 DWORD 数据对象。用户自定义数据类型(如数组或结构)必须用系统功能"BLKMOVE"(SFC20)来复制。

需要注意的是,执行 MOVE 时,如果 OUT 和 IN 数据类型相同,IN 输入的值将被完整地复制到 OUT 输出。如果 OUT 端数据类型长度小于 IN 端数据的长度,则执行 MOVE 后 IN 端多余的字节丢失;如果 OUT 端数据类型长度大于 IN 端数据的长度,则执行 MOVE 后 OUT 端多余的字节填充 0。

图 6-1 所示为数据传送梯形图程序,当 I0.0 为 1 时,将 MW0 中的数据传送到 MW2 中,同时 ENO 输出高电平,线圈得电,Q0.0 为 1 状态。

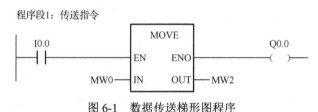

图 6-1 数据传送梯形图程序

梯形图的数据传送指令只有一条 MOVE 指令盒,它直接将源数据传送到目的地址,不用经过累加器中转。

在语句表程序中,通过装入指令(L)和传送指令(T)实现存储区之间的信息交换,但必须通过累加器中转。装入指令(L)将源操作数装入累加器 1,累加器 1 原有数据被自动移入累加器 2。装入指令可以对字节、字和双字进行操作,数据长度小于 32 位时,数据在累加器中遵循右对齐原则,即被装入的数据在累加器的低端,其余的高位字节填 0。传送指令(T)将累加器 1 的内容写入目的存储区,累加器 1 的内容不变。被复制的数据字节取决于目的地址的数据长度。

6.2 比较指令

比较指令用于比较两个数据的大小,并按照比较结果给予输出。根据操作数的数据类型不同,比较指令可以分为 3 类:整数比较(I)、长整数比较(D)和实数比较(R)。每一类比较指令均可以进行大于(GT)、等于(EQ)、小于(LT)、大于或等于(GE)、小于或等于(LE)、不等于(NE)6 种运算,因此 S7-300 PLC 中比较指令共有 18 个,其指令盒形式如表 6-2 所示,其中"??"可以是大于(>)、等于(==)、小于(<)、大于或等于(>=)、小于或等于(<=)和不等于(<>)6 种比较运算符。

表 6-2 指令盒形式

梯形图指令	操 作 数	数据类型	存 储 区	说 明
CMP ??I —IN1 —IN2	输入端	BOOL	I、Q、M、L、D	上一个逻辑运算的结果
	输出端	BOOL	I、Q、M、L、D	比较的结果,仅在输入端的 RLO=1 时才进一步处理
	IN1	INT	I、Q、M、L、D、常数	要比较的第 1 个整数值
	IN2	INT	I、Q、M、L、D、常数	要比较的第 2 个整数值

续表

梯形图指令	操作数	数据类型	存储区	说明
CMP ??D IN1 IN2	输入端	BOOL	I、Q、M、L、D	上一个逻辑运算的结果
	输出端	BOOL	I、Q、M、L、D	比较的结果，仅在输入端的 RLO=1 时才进一步处理
	IN1	DINT	I、Q、M、L、D、常数	要比较的第 1 个长整数值
	IN2	DINT	I、Q、M、L、D、常数	要比较的第 2 个长整数值
CMP ??R IN1 IN2	输入端	BOOL	I、Q、M、L、D	上一个逻辑运算的结果
	输出端	BOOL	I、Q、M、L、D	比较的结果，仅在输入端的 RLO=1 时才进一步处理
	IN1	REAL	I、Q、M、L、D、常数	要比较的第 1 个实数值
	IN2	REAL	I、Q、M、L、D、常数	要比较的第 2 个实数值

由表 6-2 可知，在梯形图中，使用比较器时必须保证 IN1 和 IN2 两个数据的类型相同。比较指令相当于一个常开触点，任何能够放置标准触点的位置就可放置比较指令，该类指令可以与其他触点串联或并联使用。当输入端为 1 时，比较指令对 IN1 端子输入的数和 IN2 端子输入的数进行比较，如果满足比较条件，则比较指令等效的常开触点闭合，有能流流出，否则常开触点断开，没有能流流出。

图 6-2 所示为两个整数进行比较，当 I0.0 为 1，常开触点闭合时，如果 MW10 和 MW20 中的数值相等，则比较指令等效的常开触点闭合，线圈得电，Q0.0 为 1 状态，否则常开触点断开，Q0.0 为 0 状态。

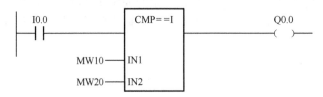

图 6-2 整数比较指令

【例 6-1】 设计一个基于比较指令的方波发生器，要求：当 I0.0 为 1 时，Q0.0 输出周期为 2s，占空比为 60%的方波信号。

图 6-3 所示为基于比较指令的方波发生器控制程序，其中 T0 为接通延时定时器，当 I0.0 的常开触点接通时，T0 开始定时，其剩余时间值从预设时间值 2s 开始递减。减至 0 时，T0 定时器的位变为 1 状态，在程序段 1 中的 T0 常闭触点断开，定时器位清 0，在下一个扫描周期，程序段 1 中 T0 常闭触点闭合，T0 定时器又从预设时间值开始定时。T0 定时器整型格式剩余时间写入位存储器 MW0 中。

当使用 S5 时间表示方法时，由于 CPU 自动选择符合定时范围要求的最小时基，因此本例中 2s 定时的时基是 10ms，剩余时间在 200～0 之间变化。程序段 2 中将 T0 的剩余时间（存入 MW0 中）与常数 80（800ms）比较，当剩余时间大于或等于 80 时，比较指令等效的触点闭合，Q0.0 的线圈通电，通电的时间为 1.2s，剩余时间小于 80 时，比较指令等效的触点断开，Q0.0 的线圈断电 0.8s，形成占空比为 60%的方波信号。方波发生器时序图如图 6-4 所示。

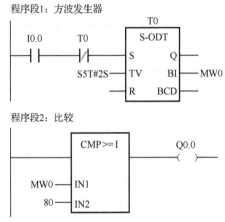

图 6-3 基于比较指令的方波发生器控制程序

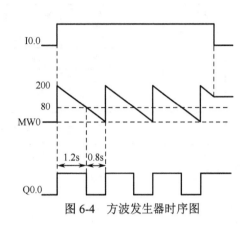

图 6-4 方波发生器时序图

6.3 转换指令

可编程控制器中的主要数据类型包括字节、整数、长整数和实数等,主要的码制有 BCD 码、二进制码、十进制码和十六进制码等。不同性质的指令对操作数的类型要求不同。因此,在指令使用之前,需要将操作数转化成相应的类型,这样才能保证指令的正确执行。转换指令可以完成数据类型的转换。

转换指令包括三大类:BCD 码、整数和长整数之间的转换指令如表 6-3 所示;实数和长整数之间的转换指令如表 6-4 所示;数的取反、求补指令如表 6-5 所示。

表 6-3 BCD 码、整数和长整数之间的转换指令

梯形图指令	操作数	数据类型	存储区	说明
BCD_I EN ENO IN OUT	EN	BOOL	I、Q、M、L、D	BCD 码转换为整数:将 IN 的内容以 3 位 BCD 码读取并转换为 16 位整数,输出至 OUT
	ENO	BOOL		
	IN	WORD		
	OUT	INT		
BCD_DI EN ENO IN OUT	EN	BOOL	I、Q、M、L、D	BCD 码转换为长整数:将 IN 的内容以 7 位 BCD 码读取并转换为 32 位长整数,输出至 OUT
	ENO	BOOL		
	IN	DWORD		
	OUT	DINT		
I_BCD EN ENO IN OUT	EN	BOOL	I、Q、M、L、D	整数转换为 BCD 码:将 IN 的内容以 16 位整数读取并转换为 3 位 BCD 码,输出至 OUT
	ENO	BOOL		
	IN	INT		
	OUT	WORD		
DI_BCD EN ENO IN OUT	EN	BOOL	I、Q、M、L、D	长整数转换为 BCD 码:将 IN 的内容以 32 位长整数读取并转换为 7 位 BCD 码,输出至 OUT
	ENO	BOOL		
	IN	DINT		
	OUT	DWORD		

续表

梯形图指令	操作数	数据类型	存储区	说明
I_DINT EN ENO IN OUT	EN	BOOL	I、Q、M、L、D	整数转换为长整数：将 IN 的内容以 16 位整数读取并转换为 32 位长整数，输出至 OUT
	ENO	BOOL		
	IN	INT		
	OUT	DINT		

表 6-4 实数和长整数之间的转换指令

梯形图指令	操作数	数据类型	存储区	说明
DI_REAL EN ENO IN OUT	EN	BOOL	I、Q、M、L、D	长整数转换为浮点数：将 IN 的内容以长整数读取，并转换为浮点数，输出至 OUT
	ENO	BOOL		
	IN	DINT		
	OUT	REAL		
ROUND EN ENO IN OUT	EN	BOOL	I、Q、M、L、D	取整为长整数：将 IN 的内容以浮点数读取，并四舍五入转换为长整数，输出至 OUT（如果小数部分等于 5，则返回最接近的偶数）
	ENO	BOOL		
	IN	REAL		
	OUT	DINT		
TRUNC EN ENO IN OUT	EN	BOOL	I、Q、M、L、D	取浮点数的整数部分：将 IN 的内容以浮点数读取，并去零取整转换为长整数，输出至 OUT
	ENO	BOOL		
	IN	REAL		
	OUT	DINT		
CEIL EN ENO IN OUT	EN	BOOL	I、Q、M、L、D	向上取整：将 IN 的内容以浮点数读取，并转换为大于该浮点数的最小长整数，输出至 OUT
	ENO	BOOL		
	IN	REAL		
	OUT	DINT		
FLOOR EN ENO IN OUT	EN	BOOL	I、Q、M、L、D	向下取整：将 IN 的内容以浮点数读取，并转换为小于该浮点数的最大长整数，输出至 OUT
	ENO	BOOL		
	IN	REAL		
	OUT	DINT		

表 6-5 数的取反、求补指令

梯形图指令	操作数	数据类型	存储区	说明
INV_I EN ENO IN OUT	EN	BOOL	I、Q、M、L、D	对整数求反码：读取 IN 的内容，并将每一位取反，输出至 OUT
	ENO	BOOL		
	IN	INT		
	OUT	INT		
INV_DI EN ENO IN OUT	EN	BOOL	I、Q、M、L、D	对长整数求反码：读取 IN 的内容，并将每一位取反，输出至 OUT
	ENO	BOOL		
	IN	DINT		
	OUT	DINT		

续表

梯形图指令	操作数	数据类型	存储区	说明
NEG_I EN ENO IN OUT	EN ENO IN OUT	BOOL BOOL INT INT	I、Q、M、L、D	对整数求补码：读取 IN 的内容，并进行二进制补码运算，输出至 OUT
NEG_DI EN ENO IN OUT	EN ENO IN OUT	BOOL BOOL DINT DINT	I、Q、M、L、D	对长整数求补码：读取 IN 的内容，并进行二进制补码运算，输出至 OUT
NEG_R EN ENO IN OUT	EN ENO IN OUT	BOOL BOOL REAL REAL	I、Q、M、L、D	取浮点数相反数：读取 IN 的内容，并改变符号，输出至 OUT

【例 6-2】 如图 6-5 所示，使用 BCD_I 功能指令盒将 BCD 码转换成整数。

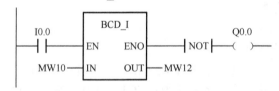

图 6-5 BCD 码转换成整数程序

如果输入位 I0.0 的状态为 1，则将 MW10 中的内容以 3 位 BCD 码数字读取，并将其转换为整数值输出，结果存储在 MW12 中。如果未执行转换（ENO = 0），则取反后输出 Q0.0 的状态为 1。

需要注意的是，3 位 BCD 码所能表示的范围是 -999～+999，小于 16 位有符号二进制码表示的整数范围（-32 768～+32 767），因此在执行 I_BCD 指令时，如果要转换的整数超出 BCD 码的表示范围，将不能得到正确的转换结果。同样，在执行 DI_BCD 指令时，也会出现类似问题。如果转换结果不正确，则系统会将状态字中的溢出位 OV 和溢出保持位 OS 置 1，可以通过判断 OV 和 OS 位的状态得知转换结果是否正确。

【例 6-3】 将浮点数 16.5 和 -16.5 分别用指令 ROUND、TRUNC、CEIL、FLOOR 取整，程序如图 6-6 所示。

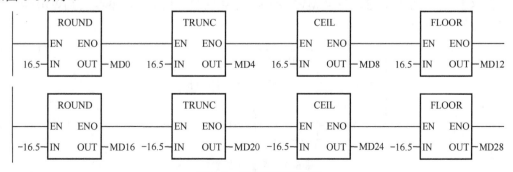

图 6-6 浮点数取整程序

浮点数 16.5 取整的结果依次为：16、16、17、16。
浮点数-16.5 取整的结果依次为：-16、-16、-16、-17。

6.4 数学运算指令

数学运算指令包括整数运算指令和浮点数运算指令。

6.4.1 整数运算指令

整数运算指令包括整数（I）和长整数（DI）两种数据的运算，共有 9 条指令，分别是：
- ADD_I（整数加）
- SUB_I（整数减）
- MUL_I（整数乘）
- DIV_I（整数除）
- ADD_DI（长整数加）
- SUB_DI（长整数减）
- MUL_DI（长整数乘）
- DIV_DI（长整数除）
- MOD_DI（返回长整数余数）

整数运算指令对整数（16 位）和长整数（32 位）执行加、减、乘、除等运算。整数运算指令的执行，会影响 CPU 状态字中的以下位：CC1、CC0、OV 和 OS。在一个运算指令中，两个数的类型必须一致。整数运算指令的梯形图形式非常相似，除了助记符，其他都相同。下面以整数加法指令为例说明。表 6-6 所示为整数加法指令盒。

表 6-6 整数加法指令盒

梯形图指令	操作数	数据类型	存储区	说明
ADD_I EN ENO IN1 IN2 OUT	EN	BOOL	I、Q、M、L、D	使能输入
	ENO	BOOL	I、Q、M、L、D	使能输出
	IN1	INT	I、Q、M、L、D、常数	被加数
	IN2	INT	I、Q、M、L、D、常数	加数
	OUT	INT	I、Q、M、L、D	结果

【例 6-4】 当 I0.0 为 1 时，将字 MW0 和 MW2 中的整数相加，结果存入 MW10 中。整数加法程序如图 6-7 所示。

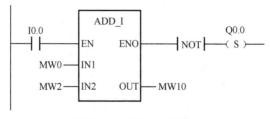

图 6-7 整数加法程序

注意：如果相加结果超出了整数（16 位）允许的范围（-32 768～32 767），OV 位和 OS 位将为 1，并且 ENO 为逻辑 0，取反后输出位 Q0.0 被置位。

6.4.2 浮点数运算指令

浮点数是指 32 位 IEEE 浮点数，属于 REAL 数据类型。浮点数运算指令分为基本指令和扩展指令两类。基本指令有 5 条，分别是：

- ADD_R（实数加）
- SUB_R（实数减）
- MUL_R（实数乘）
- DIV_R（实数除）
- ABS（绝对值）

扩展指令有 10 条，分别是：

- SQR（平方）和 SQRT（平方根）
- LN（自然对数）
- EXP（以 e 为底的指数值）
- SIN（正弦）和 ASIN（反正弦）
- COS（余弦）和 ACOS（反余弦）
- TAN（正切）和 ATAN（反正切）

在三角函数运算中，浮点数代表一个以弧度为单位的角度，而在反三角函数运算中，求一个定义在-1≤输入值≤1 范围内的浮点数的反三角函数值，结果是一个以弧度为单位的角度。对反正弦函数和反正切函数，结果为-π/2～π/2；对反余弦函数，结果为 0～π。

浮点数运算指令的语法和使用比较简单，和前面讲的整数运算指令相似，只是数据类型由整数换成了浮点数。此处不再赘述。

【**例 6-5**】 压力计算程序的数据处理。

压力变送器的量程为 0～1000kPa，输出标准信号为 4～20mA，模拟量输入模块将其转换为数字量 0～27 648，设转换后的数字为 N，以 kPa 为单位的压力值的转换公式为：

$$P=(1000*N)/27648 \approx 0.036169*N \text{（kPa）} \tag{6-1}$$

假设模拟量输入通道对应地址为 PIW320，其数据类型为 16 位整数，如果要进行实数运算，则首先要进行数据类型转换，用 I-DI 指令将其转换为长整数，然后用 DI-R 指令转换为实数，最后使用实数乘法指令 MUL_R 完成式（6-1）的运算，其程序如图 6-8 所示。

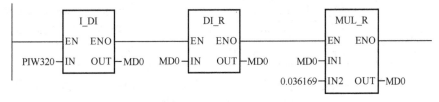

图 6-8 压力测量计算程序

6.5 移位和循环移位指令

6.5.1 移位指令

移位指令包括无符号数移位指令和有符号数移位指令。

1. 无符号数移位指令

无符号数移位指令共有 4 条，如表 6-7 所示。

表 6-7 无符号数移位指令

梯形图指令	操作数	数据类型	存储区	说明
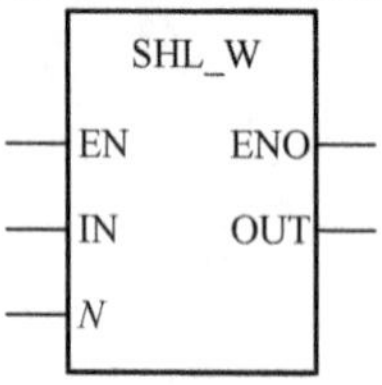 SHL_W EN ENO IN OUT N	EN	BOOL	I、Q、M、L、D	无符号字左移：EN 有上升沿时，将 IN 中的字数据向左逐位移动 N 位，结果送至 OUT。左移后在右边的空出位补 0
	ENO	BOOL		
	IN	WORD		
	N	WORD		
	OUT	WORD		
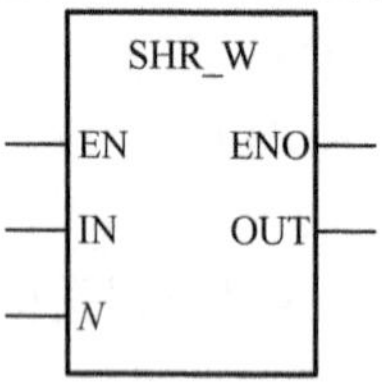 SHR_W EN ENO IN OUT N	EN	BOOL	I、Q、M、L、D	无符号字右移：EN 有上升沿时，将 IN 中的字数据向右逐位移动 N 位，结果送至 OUT。右移后在左边的空出位补 0
	ENO	BOOL		
	IN	WORD		
	N	WORD		
	OUT	WORD		
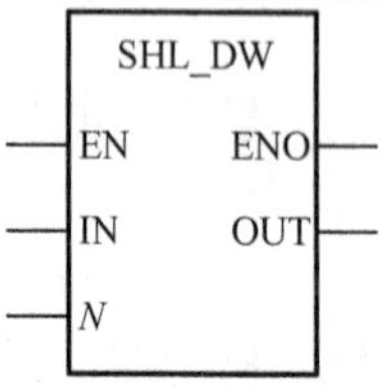 SHL_DW EN ENO IN OUT N	EN	BOOL	I、Q、M、L、D	无符号双字左移：EN 有上升沿时，将 IN 中的双字数据向左逐位移动 N 位，结果送至 OUT。左移后在右边的空出位补 0
	ENO	BOOL		
	IN	DWORD		
	N	WORD		
	OUT	DWORD		
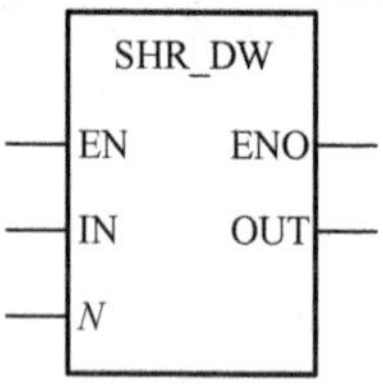 SHR_DW EN ENO IN OUT N	EN	BOOL	I、Q、M、L、D	无符号双字右移：EN 有上升沿时，将 IN 中的双字数据向右逐位移动 N 位，结果送至 OUT。右移后在左边的空出位补 0
	ENO	BOOL		
	IN	DWORD		
	N	WORD		
	OUT	DWORD		

【例 6-6】 将无符号字类型数据 0F55H 左移 6 位，结果为 D540H，程序及示意图如图 6-9 所示。在程序中，由于无符号字左移指令的操作数 N 不支持十进制常数，因此可以通过传送指令将 6 写入 MW0 中，然后执行左移 6 位指令，并将结果 D540H 存入 MW2 中。

2. 有符号数移位指令

有符号数移位指令共有 2 条，均为右移指令，如表 6-8 所示。

第 6 章　S7-300 PLC 功能指令及应用

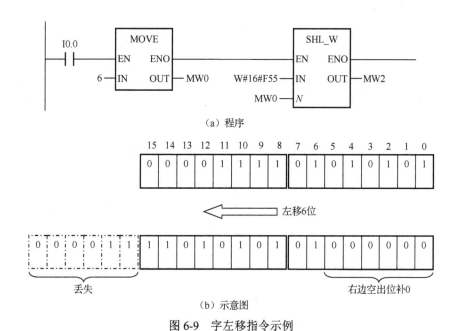

(a) 程序

(b) 示意图

图 6-9　字左移指令示例

表 6-8　有符号数移位指令

梯形图指令	操作数	数据类型	存储区	说　明
SHR_I EN ENO IN OUT N	EN	BOOL	I、Q、M、L、D	有符号整数右移：EN 有上升沿时，将 IN 中的整数向右逐位移动 N 位，结果送至 OUT。右移后在左边空出位补符号位 0（正数）或 1（负数）
	ENO	BOOL		
	IN	INT		
	N	WORD		
	OUT	INT		
SHR_DI EN ENO IN OUT N	EN	BOOL	I、Q、M、L、D	有符号长整数右移：EN 有上升沿时，将 IN 中的长整数向右逐位移动 N 位，结果送至 OUT。右移后在左边空出位补符号位 0（正数）或 1（负数）
	ENO	BOOL		
	IN	DINT		
	N	WORD		
	OUT	DINT		

【例 6-7】　将有符号数-20 726（AF0AH）右移 4 位，结果为 FAF0H，程序及示意图如图 6-10 所示。在程序中，由于整数右移指令的操作数 N 不支持十进制常数，因此可以通过传送指令将 4 写入 MW0 中，然后执行右移 4 位指令，并将结果 FAF0H 存入 MW2 中。

移位指令执行后，空出的位补 0（无符号数）或补符号位（有符号数，正数补 0，负数补 1）。最后移动的位的状态会被载入状态字的 CC1 位中。状态字的 CC0 位和 OV 位会被复位为 0。可以使用跳转指令对 CC1 位进行判断。存储器中的一个二进制数向左移动 N 位，相当于乘以 2 的 N 次幂，向右移动 N 位，相当于除以 2 的 N 次幂。左移指令和右移指令常常用来实现乘法和除法运算。

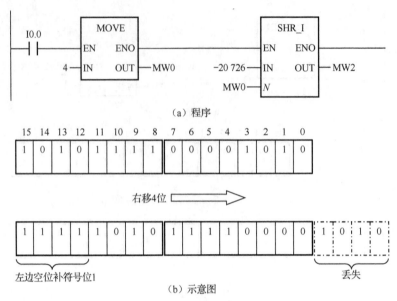

图 6-10 整数右移指令示例

6.5.2 循环移位指令

循环移位指令和一般的移位指令的区别在于，循环移位把操作数的最高位和最低位连接起来，参与数据的移动，形成一个封闭的环。循环移位指令共有 2 条，如表 6-9 所示。

表 6-9 循环移位指令

梯形图指令	操作数	数据类型	存储区	说　明
ROL_DW EN ENO IN OUT N	EN	BOOL	I、Q、M、L、D	无符号双字循环左移：EN 有上升沿时，将 IN 中的双字数据逐位向左移动 N 位，结果送至 OUT
	ENO	BOOL		
	IN	DWORD		
	N	WORD		
	OUT	DWORD		
ROR_DW EN ENO IN OUT N	EN	BOOL	I、Q、M、L、D	无符号双字循环右移：EN 有上升沿时，将 IN 中的双字数据逐位向右移动 N 位，结果送至 OUT
	ENO	BOOL		
	IN	DWORD		
	N	WORD		
	OUT	DWORD		

【例 6-8】将无符号数 90AA 0F0FH 循环左移 3 位，结果为 8550 787CH，程序及示意图如图 6-11 所示。在程序中，由于双字循环左移指令的操作数 N 不支持十进制常数，因此可以通过传送指令将 3 写入 MW0 中，然后执行循环左移 3 位指令，并将结果 8550 787CH 存入 MD2 中。

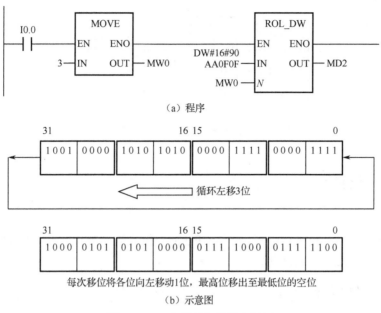

（a）程序

（b）示意图

图 6-11 双字循环左移指令示例

6.6 字逻辑运算指令

字逻辑运算指令用于对 IN1 和 IN2 两个操作数逐位进行逻辑运算，共有 6 条指令，分别是：
- WAND_W（字"与"运算）
- WOR_W（字"或"运算）
- WXOR_W（字"异或"运算）
- WAND_DW（双字"与"运算）
- WOR_DW（双字"或"运算）
- WXOR_DW（双字"异或"运算）

字逻辑指令的梯形图形式相似，下面以字逻辑"与"指令为例说明，如表 6-10 所示。

表 6-10 字逻辑"与"指令

梯形图指令	操作数	数据类型	存储区	说明
WAND_W EN ENO IN1 OUT IN2	EN	BOOL		使能输入
	ENO	BOOL		使能输出
	IN1	WORD	I、Q、M、L、D、常数	逻辑运算操作数 1
	IN2	WORD		逻辑运算操作数 2
	OUT	WORD		逻辑运算结果

【例 6-9】 当 I0.0 为 1 时，将字 MW0=0101 0101 0101 0101 和 IN2 中的 W#16#F 进行字逻辑"与"运算，结果存入 MW10 中。其梯形图程序如图 6-12 所示。

指令执行后，MW10=0000 0000 0000 0101，Q0.0 为 1。即进行"与"运算后，由于 IN2 操作数为 W#16#F，所以 MW0 中的位只有 0～3 位保留，其余位被屏蔽。

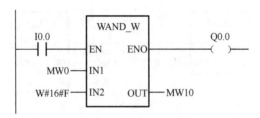

图 6-12 字逻辑"与"指令梯形图程序

6.7 控制指令

控制指令可控制程序的执行顺序，使得 CPU 能根据不同的情况执行不同的程序。控制指令包括逻辑控制指令和程序控制指令。

6.7.1 逻辑控制指令

逻辑控制指令可以在所有逻辑块，包括组织块（OB）、功能块（FB）和功能（FC）中使用，用于实现程序的跳转与循环，包括：

➢ JMP（跳转）
➢ JMPN（若"否"则跳转）

跳转指令的地址用标号（LABEL）表示。标号最多可以包含 4 个字符。第一个字符必须是字母，其他字符可以是字母或数字（如 SEG3）。跳转标号指示程序将要跳转到的目标。每个跳转指令都必须有与之对应的目标标号（LABEL）。目标标号必须位于程序段的开头。可以通过从梯形图浏览器中选择 LABEL，在程序段的开头输入目标标号，在显示的空框中，输入标号的名称。

1. 跳转（JMP）

当电源母线与跳转指令之间没有其他梯形图元素时，执行的是无条件跳转，跳转发生在块内。每个跳转指令都必须有与之对应的目标（LABEL）。无条件跳转指令不影响状态字。

当电源母线与跳转指令之间存在其他梯形图元素时，执行的是条件跳转，当前一逻辑运算的 RLO 为 1 时，执行条件跳转，否则不跳转。条件跳转时清 OR、FC，置位 STA、RLO。

2. 若"否"则跳转（JMPN）

若"否"则跳转指令与跳转指令的跳转条件相反，即当前一逻辑运算的 RLO 为 0 时，执行跳转操作。JMPN 跳转时清 OR、FC，置位 STA、RLO。

【例 6-10】 如果输入信号 I0.0 为 0，则执行手动程序，否则执行自动程序。跳转指令应用程序如图 6-13 所示。

6.7.2 程序控制指令

程序控制指令包括逻辑块调用指令、主控继电器指令及打开数据块指令。

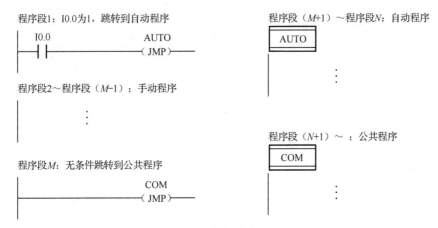

图 6-13　跳转指令应用程序

1. 逻辑块调用指令

STEP 7 将用户编写的程序和程序所需的数据放在块中，称为逻辑块。逻辑块包括组织块（OB）、功能（FC）、功能块（FB）、系统功能（SFC）和系统功能块（SFB）。逻辑块类似于子程序，使用户程序结构化，可以简化程序组织，使程序易于查错、调试和修改。程序运行时所需的数据和变量存储在数据块中。

逻辑块调用指令是指对逻辑块（FB、FC、SFB、SFC）的调用指令和逻辑块（OB、FB、FC）的返回指令，可以是有条件的或无条件的。逻辑块调用指令如表 6-11 所示。

CALL 指令用于调用不带参数的功能（FC）或系统功能（SFC）。只有在 CALL 线圈上 RLO 为 1 时，才执行调用。

当执行 CALL 时：存储调用块的返回地址，由当前的本地数据区代替以前的本地数据区，然后将 MA 位（有效 MCR 位）移位到 B 堆栈中，为被调用的功能创建一个新的本地数据区。之后，在被调用的 FC 或 SFC 中继续进行程序处理。

用方块指令调用功能块可以带参数。是否带参数以及带多少个参数视具体情况而定。

扫描 BR 位，可以查找 ENO。用户必须使用 SAVE 指令将所要求的状态分配给被调用块中的 BR 位。

当调用一个功能，而被调用块的变量声明表中具有 IN、OUT 和 IN_OUT 声明时，这些变量以形式参数列表的形式添加到调用块的程序中。

当调用功能时，必须在调用位置处将实际参数分配给形式参数。功能声明中的任何初始值都没有含义。

通过声明一个数据类型为功能块的静态变量，可创建一个多重背景。只有已经声明的多重背景才会包括在程序元素目录中。多重背景的符号改变取决于是否带参数以及带多少个参数。

表 6-11　逻辑块调用指令

梯形图指令	操 作 数	数据类型	存 储 区	说　　明
No. ─(CALL)─	无	BLOCK_FC BLOCK_SFC	—	No.为 FC 或 SFC 的编号，范围取决于 CPU

续表

梯形图指令	操 作 数	数 据 类 型	存 储 区	说 明
DB No. BLOCK No. EN ENO	DB No.	BLOCK_DB	I、Q、M、L、D	背景数据块号
	BLOCK No.	BLOCK_FB		功能块号
	EN	BOOL		使能输入
	ENO	BOOL		使能输出
——(RET)	无	—	—	块返回

2. 主控继电器指令

主控继电器指令简称 MCR（Master Control Relay），它是一种逻辑主控开关，用来控制 MCR 区域内的指令是否被正常执行，相当于一个用来接通和断开"能流"的主令开关，MCR 共有 4 条指令，分别是：

➤ MCRA（主控继电器激活）
➤ MCRD（主控继电器取消激活）
➤ MCR<（主控继电器打开）
➤ MCR>（主控继电器关闭）

在 MCR 堆栈中保存 RLO。MCR 嵌套堆栈为 LIFO（后入先出）堆栈，可以嵌套使用，允许的最大嵌套深度为 8 级。当堆栈已满时，MCR<功能产生一个 MCR 堆栈故障（MCRF）。下列元素与 MCR 有关，并在打开 MCR 区域时，受保存在 MCR 堆栈中的 RLO 状态的影响。它们是输出和中间输出、置位/复位输出、RS/SR 触发器、MOVE 指令。

【例 6-11】 分析主控继电器指令，其应用程序如图 6-14 所示。

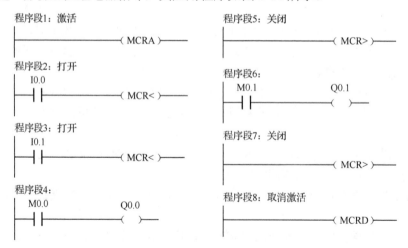

图 6-14 主控继电器指令应用程序

由程序可知，有两个 MCR 区域，当 I0.0=1 时，打开 MCR 区域 1（程序段 2～7），此时 Q0.1 状态由 M0.1 控制；当 I0.1=1 时，打开 MCR 区域 2（程序段 3～5），此时 Q0.0 状态由 M0.0 控制。当 I0.1=0 时，关闭 MCR 区域 2（程序段 3～5），此时无论 M0.0 为何值，Q0.0 都为 0；当 I0.0=0 时，关闭 MCR 区域 1（程序段 2～7），此时无论 I0.1、M0.0、M0.1 为何值，Q0.0 和 Q0.1 都为 0。各变量真值表如表 6-12 所示。

表 6-12 主控继电器指令程序中各变量真值表

I0.0	I0.1	M0.0	Q0.0	M0.1	Q0.1
0	0	0	0	0	0
		1	0	1	0
0	1	0	0	0	0
		1	0	1	0
1	0	0	0	0	0
		1	0	1	0
1	1	0	0	0	0
		1	1	1	1

3. 打开数据块指令

在访问数据块时，需要指明被访问的数据块编号及该数据块中的数据地址。在指令中同时给出数据块的编号和数据块中的地址，如 DB1.DBX4.5，可以直接访问数据块中的数据。访问时可以使用绝对地址，也可以使用符号地址。

STEP 7 中使用 OPN 指令用来打开共享数据块（DB）或背景数据块（DI）。访问已经打开的数据块内的存储单元，可以省略其地址中数据块的编号。

CPU 同时只能分别打开一个共享数据块和背景数据块，打开的共享数据块和背景数据块的编号分别存放在 DB 寄存器和 DI 寄存器中。

打开新的数据块后，原来打开的数据块自动关闭。调用一个功能块时，它的背景数据块被自动打开。如果该功能块调用了其他块，则调用结束后返回该功能块，原来打开的背景数据块不再有效，必须重新打开它。

在梯形图中，与数据块操作有关的只有一条无条件打开共享数据块和背景数据块指令，如图 6-15 所示。因为数据块 DB1 已经被打开，图中的数据位 DBX0.0 相当于 DB1.DBX0.0。

图 6-15 数据块指令程序

本章小结

本章重点介绍了 S7-300 PLC 的功能指令及其使用方法，通过本章学习，读者应该进一步掌握 PLC 的数据类型，并对数据操作、数据运算、程序控制有所了解，能够通过多种方法实现简单程序设计。

（1）S7-300 PLC 数据比较指令可以分为 3 类，整数比较（I）、长整数比较（D）和实数比较（R），每一类各有 6 种具体运算。掌握每种比较运算的使用，并与前面所学位逻辑指令结合，灵活解决各种实际问题。

（2）S7-300 PLC 的转换指令种类繁多、功能强大。学会对众多转换指令进行归类，并掌握每一类转换指令的共性和差异。在应用数据转换指令时，各操作数的数据类型必须匹配，否则程序无法编译。

（3）S7-300 PLC 数学运算指令包括整数运算指令和浮点数运算指令。在模拟量处理、过程控制、各种复杂控制中应用较多，使用时应注意每种指令对数据类型的要求，各种运算结果的范围限制。

（4）移位和循环移位指令的区别在于，移位指令移位后空出位补 0 或符号位，数据中某些位会"丢失"，而循环移位指令把操作数的最高位和最低位连接起来，形成一个封闭的环，移位后数据位不会丢失，但排列顺序发生变化。

（5）控制指令包括逻辑控制指令、程序控制指令。程序控制指令又包括逻辑块调用指令、主控继电器指令及打开数据块指令。熟练掌握控制指令能够改进程序结构，简化程序组织，使程序易于查错、调试和修改。

思考题与练习题

1．填空题

（1）21.5 分别用 ROUND、TRUNC 指令取整，其结果分别为_____和_____。

（2）将无符号字 FC72H 右移 5 位，结果为_____。

（3）将有符号数-10 205 右移 3 位，结果为_____。

（4）CPU 可以同时打开_____个共享数据块和_____个背景数据块。打开 DB2 后，DB2.DBB0 可以用地址_____来访问。

2．某传送带通过光电传感器（I0.0）检测包裹数量。当包裹数量不足 10 个时，"仓库区空位多"指示灯（Q0.0）亮，当包裹数量超过 100 个时，"仓库区满"指示灯（Q0.1）亮。试设计程序实现。

3．字 MW0 用于存放圆的半径（整数），圆周率取 3.1416，试通过程序计算圆的周长和面积，分别存放在 MD20 和 MD30 中。

4．用移位指令控制 8 盏灯，从左到右每隔 0.5s 亮一盏，全亮后，再自右向左每隔 0.5s 灭一盏。如此循环。

5．试通过移位或循环移位指令实现个性化流水灯程序，并通过输出模块显示。

第 7 章

S7-300 PLC 程序结构与设计

【教学目标】
1. 掌握用户程序的基本单元。
2. 掌握符号定义及变量声明。
3. 学会使用功能及功能块进行编程。
4. 掌握用户程序的基本结构，熟悉每种结构的特点。
5. 掌握顺序功能图及其转换为梯形图的方法。
6. 掌握较为复杂程序的编程思路和方法。

【教学重点】
1. 用户程序的基本结构及每种结构的特点。
2. 顺序功能图及其转换为梯形图的方法。
3. 通过项目案例使学生掌握较为复杂程序的编程思路和方法。

S7-300 PLC 用户程序以块为基本单位，根据功能不同，可以将块分为组织块、功能、功能块、系统功能、系统功能块、共享数据块和背景数据块。通过块与块之间的相互调用可以实现复杂控制任务。这种块结构显著增加了 PLC 程序的组织透明性、可理解性和易于维护性。

程序结构是各种块之间不同的组织和调用方法，可以分为线性化、分块化和结构化三种，每种结构都具有自身特点，编程时根据实际问题的具体情况，灵活运用三种结构进行编程，能够起到事半功倍的效果。

本章主要介绍 S7-300 PLC 用户程序的基本单元、符号定义及变量声明、功能及功能块编程方法、用户程序结构和较为复杂系统的 PLC 控制程序设计。

7.1 用户程序的基本单元

S7-300 PLC 的 CPU 运行两种程序，即操作系统和用户程序。操作系统完成的任务有启动管理、刷新输入及输出过程映像寄存器、调用用户程序、采集中断信息、调用中断 OB、识别错误并进行错误处理、管理存储区、处理与其他外设的通信任务等。

用户程序是用户为处理特定自动化任务、完成所需功能而编写的二次开发程序，由用户在 STEP 7 中编译生成，并下载到 CPU。用户程序完成的任务包括处理过程数据、响应中断、处理正常程序周期中的干扰等。

在 STEP 7 软件中，程序的基本单元是"块"，即 STEP 7 将用户编写的程序和程序所需的数据放在块中。其中 OB、FC、FB、SFC 和 SFB 包含程序段,因此也称为逻辑块,每个逻辑块是一个独立的单元。各种用户程序块的功能如表 7-1 所示。

表 7-1 用户程序块的功能

块的类型		功能简介
逻辑块	组织块(OB)	操作系统与用户程序的接口,确定用户程序的结构
	功能(FC)	由用户编写,包含频繁使用的功能的子程序,无存储区
	功能块(FB)	由用户编写,包含频繁使用的功能的子程序,有存储区
	系统功能(SFC)	集成在 CPU 中,通过 SFC 调用一些重要的系统功能,无存储区
	系统功能块(SFB)	集成在 CPU 中,通过 SFB 调用一些重要的系统功能,有存储区
数据块	共享数据块(DB)	存储用户数据的数据区,可供所有逻辑块使用
	背景数据块(DI)	调用 FB/SFB 时,用于传递参数的数据块,编译时自动创建

1. 组织块(OB)

组织块(OB)是操作系统与用户程序的接口,除循环组织块 OB1 外,其他各组织块实质上是用于各种中断处理的中断服务程序。对于中断处理组织块的调用,由操作系统根据中断事件(如日期时间中断、循环中断、硬件中断、故障中断等)自动调用,用户程序不能调用组织块。

各中断事件从 1~28 优先级逐渐增高。每个 OB 在执行程序过程中可以被更高优先级的事件中断,任何其他 OB 都可以中断主程序 OB1,执行自己的程序,执行完毕后从断点处开始恢复执行 OB1。具有同等优先级的 OB 不能相互中断。

不同 CPU 型号,其所支持的组织块的数目也不一样。在 SIMATIC 管理器中打开项目的硬件组态界面,双击 CPU,可以看到具体 CPU 所支持的组织块及默认的优先级。下面对主要组织块进行简要说明。

(1)循环执行的组织块 OB1。

循环执行的组织块也称为主程序 OB1,相当于高级语言的主程序和主函数。其他功能和功能块只有通过 OB1 调用,才能被 CPU 执行,CPU 在整个运行过程中不断循环扫描 OB1,它是用户程序中唯一不可缺少的程序模块。

(2)日期时间中断组织块(OB10~OB17)。

日期时间中断组织块可以根据设定的日期时间执行中断。例如,在指定的日期和时间点执行某个程序。

(3)延时中断组织块(OB20~OB23)。

延时中断组织块从某个事件开始延时执行一次中断。用户可以将需要延时执行的程序编写在延时中断组织块中。使用延时中断可以达到以 ms 为单位的高精度延时,大大优于定时器精度。

通过调用系统功能 SFC32 "SRT_DINT" 触发执行延时中断,OB 号及延迟时间在 SFC32 参数中设定,延迟时间为 1~60 000ms。

(4)循环中断组织块(OB30~OB38)。

循环中断组织块通常处理需要固定扫描周期的用户程序。例如,数据的周期接收、处理与发送,PID 功能块的周期调用等。

循环中断组织块是按设定的时间间隔循环执行的中断程序。时间间隔从进入 RUN 模式时开始计算。OB35 默认的时间间隔为 100ms，在 OB35 中的用户程序将每隔 100ms 被调用一次，时间间隔可以根据需要更改，最小时间间隔不能小于 55ms，最大时间间隔不能超过 60 000ms。使用循环中断时，应保证 OB35 中用户程序的执行时间必须小于设定的时间间隔值。

（5）硬件中断组织块（OB40～OB47）。

硬件中断组织块用于快速响应输入模块、点对点通信处理模块（CP）和功能模块（FM）的信号变化。具有硬件中断功能的上述模块将中断信号传送到 CPU 时，将触发硬件中断。

（6）异步错误中断组织块（OB80～OB87）。

S7-300 PLC 具有很强的错误检测和处理能力。异步错误中断组织块用于处理各种故障事件。异步错误与 PLC 的硬件或操作系统密切相关，后果一般都比较严重，与程序执行无关。异步错误对应的组织块为 OB80～OB87，优先级最高。当 CPU 检测到错误时，会调用适当的组织块，如果没有相应的错误处理程序，CPU 将进入 STOP 模式。

（7）启动组织块（OB100～OB102）。

当 PLC 上电或重启时，CPU 首先通过调用启动组织块 OB100～OB102 实现不同的启动方式，包括热启动（Hot restart）、暖启动（Warm restart）或冷启动（Cold restart），之后才开始执行主循环 OB1。不同的 CPU 具有不同的启动方式。对于 S7-300 PLC，除个别 CPU 可以选择暖启动和冷启动外，其他 CPU 只有暖启动的方式。

① 暖启动。启动时，过程映像寄存器、非保持的位存储器、定时器及计数器被复位。具有保持功能的位存储器、定时器、计数器及所有数据块将保留原数值。当 CPU 进入暖启动操作时，操作系统会自动调用 OB100 一次，然后组织块 OB1 开始循环执行。

进行手动暖启动时，将模式选择开关拨到"STOP"位置，"STOP" LED 灯亮，然后再拨到"RUN"或"RUN-P"位置。

② 热启动。只有 S7-400 才能用。在"RUN"状态时，如果突然停电，然后又重新上电，操作系统就会自动调用 OB101 一次，然后组织块 OB1 开始循环执行。热启动从"RUN"模式结束时程序被中断的地方继续执行，不对位存储器、定时器、计数器、过程映像及数据块等复位。

③ 冷启动。只有 CPU318-2 和 CPU417-4 具有这种启动方式。针对电源故障可以定义这种启动方式。冷启动时，所有过程映像寄存器、位存储器、定时器和计数器都被复位为 0，而且数据块的当前值被装载存储器的当前值（即之前下装到 CPU 的数据块）覆盖。冷启动时，操作系统会自动调用 OB102 一次，然后组织块 OB1 开始循环执行。

2. 功能（FC）

功能是用户自己编程的块，它是"无存储区"的逻辑块。功能的临时变量存储在局部数据堆栈中。当功能执行结束后，这些数据就会丢失。要将这些数据永久存储，功能也可以使用共享数据块。由于功能没有自己的存储区，必须为它指定实际参数，不能为一个功能的局部数据分配初始值。

当功能被不同的逻辑块调用时，功能中的程序总会被执行。功能有两个作用：（1）用作其他逻辑块的子程序；（2）用作函数，此时功能通常带形式参数。S7-300 PLC 中功能的程序最大容量为 16KB。

在使用功能时，如果功能带有形式参数，必须将实际参数赋值给形式参数。

3. 功能块（FB）

功能块也属于用户自己编程的块。与功能不同的是，功能块具有"存储功能"，即用背景数据块作为功能块的存储器。传递给功能块的参数和静态变量存储在背景数据块中，临时变量存储在本地数据堆栈中。

当功能块执行结束时，存储在背景数据块中的数据不会丢失，但存储在本地数据堆栈中的数据将会丢失。

功能块中所含的程序总是在不同的逻辑块调用该 FB 时执行，功能块使得常用功能、复杂功能的编程变得容易。

功能块的每次调用都将产生一个背景数据块，用于传递参数。

用户可以用一个功能块控制多台设备。例如，一个用于电动机控制的功能块，可以通过对每台不同的电动机使用不用的背景数据块，从而实现控制多台电动机的目的，每台电动机的数据（如运行状态、转速、电流、累积运行时间等），可存储在一个或多个背景数据块中。

在 STEP 7 中，对于 FB 通常不必将实际参数赋值给形式参数。但对以下形式参数必须赋值实际参数。

① 对于复杂的数据类型，如字符串（STRING）、数组（ARRAY）或日期与时间（DATE_AND_TIME）的输入/输出类型参数。

② 对于所有的参数类型，如定时器（TIMER）、计数器（COUNTER）或指针（POINTER）。

在功能块的变量声明表中，用户可给形式参数赋初值，这些值将写入与功能块相关的背景数据块中。

如果用户在调用语句中没有给形式参数赋值实际参数，则 STEP 7 将使用存储在背景数据块中的值。这些值也可作为初值输入到功能块的变量表中。

功能块与功能相比，功能块每次调用都必须分配一个背景数据块，用来存储接口数据区（TEMP 类型除外）和运算的中间数据。S7-300 PLC 中功能块程序的最大容量是 16KB。功能块的接口比功能多一个静态数据区（STAT），用来存储中间变量。程序调用功能块时，形式参数不像功能那样必须赋值，它可以通过背景数据块直接赋值。

4．共享数据块（DB）

共享数据块简称数据块，与逻辑块不同，在数据块中没有 STEP 7 的指令。它们用于存放用户数据，即数据块中存放用户程序工作时所需的变量数据。共享数据块中所存放的用户数据，所有逻辑块都可以访问。

如果某个逻辑块（FC、FB、OB）被调用，则它可以临时占用局部数据区的空间（L 堆栈），除这个局部数据区外，逻辑块还可以打开一个共享数据块形式的存储区。

与局部数据区中的数据不同，当共享数据块关闭，即当相应的逻辑块结束时，在共享数据块中的数据不会被删除。

每个 FB、FC 或 OB 可从共享数据块中读取数据，或者将数据写入共享数据块。当该共享数据块退出时能够进行数据保存。

5．背景数据块（DI）

背景数据块是功能块或系统功能块的"私有"存储区。功能块的实际参数和静态数据存储在背景数据块中。在功能块中定义的变量，决定背景数据块的结构。一个背景意味着一次功能块调用，如在 S7 的用户程序中某个功能块被调用了 5 次，则该块有 5 个背景。

如果用户将多个背景数据块分配给某个控制电动机的功能块，则用户可用该功能块去控制多台不同的电动机。描述具体电动机的各项数据，存储在不同的数据块中，当调用功能块时，相应的背景数据块决定哪台电动机被控制，从而使用一个功能块控制多台电动机。

对于背景数据块，应注意以下两点。

（1）在生成 FB 后，才可以生成它的背景数据块。

（2）在生成背景数据块时，应指明它的类型（Instance DB）和功能块的编号（如 FB1）。

6．系统功能（SFC）和系统功能块（SFB）

系统功能和系统功能块属于系统块，是集成在 CPU 中预先编制好的功能和功能块。通常 SFC 和 SFB 提供一些系统级别的功能调用，并且它们的编号和功能是固定的。用户在编制自己的程序时，可根据需要直接调用 SFC 和 SFB。但是，由于 CPU 内部没有给 SFB 分配背景数据块，因此在调用 SFB 之前必须由用户生成相关的背景数据块。

以上是 STEP 7 软件中程序的基本单元，用户在编写程序时，可以根据实际需要，采用多种逻辑块相互调用的方式，构成不同的程序结构，完成不同的控制任务。图 7-1 所示为各种块之间的调用关系例图。

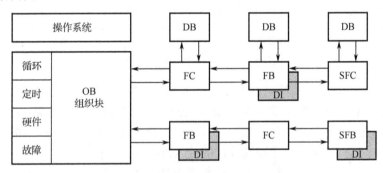

图 7-1　各种块之间的调用关系例图

7.2　符号定义与变量声明

7.2.1　符号定义

在 STEP 7 的用户程序中，可以使用绝对地址或符号地址来访问 I/O 信号、位存储区、计数器、定时器、数据块和功能块等。绝对地址由区域标识符和内存位置组成，表示元件在主机中的直接地址，如 Q4.0、I1.1、MW2、MD100、FB21。但为了使得程序具有良好的可读性和易于理解，往往给绝对地址赋予一个有实际含义的符号名字，程序运行时由 STEP 7 自动地将符号地址转换成所需的绝对地址。例如，在符号表中定义 I0.0 的符号地址为"Start"（开始），在程序中就可以用 Start 来代替绝对地址 I0.0。

要实现符号编程，必须先编辑一个符号表，在符号表里建立绝对地址和符号地址一一对应的关系，即在使用符号寻址数据前，必须首先将符号名称分配给绝对地址。

1．打开与编辑符号表

在"SIMATIC Manager"窗口中，选中左边项目树显示区的"S7 程序"文件夹，在右边的对象显示区中就会出现"符号"图标，双击该图标就会打开符号表的编辑界面，如图 7-2 所示。

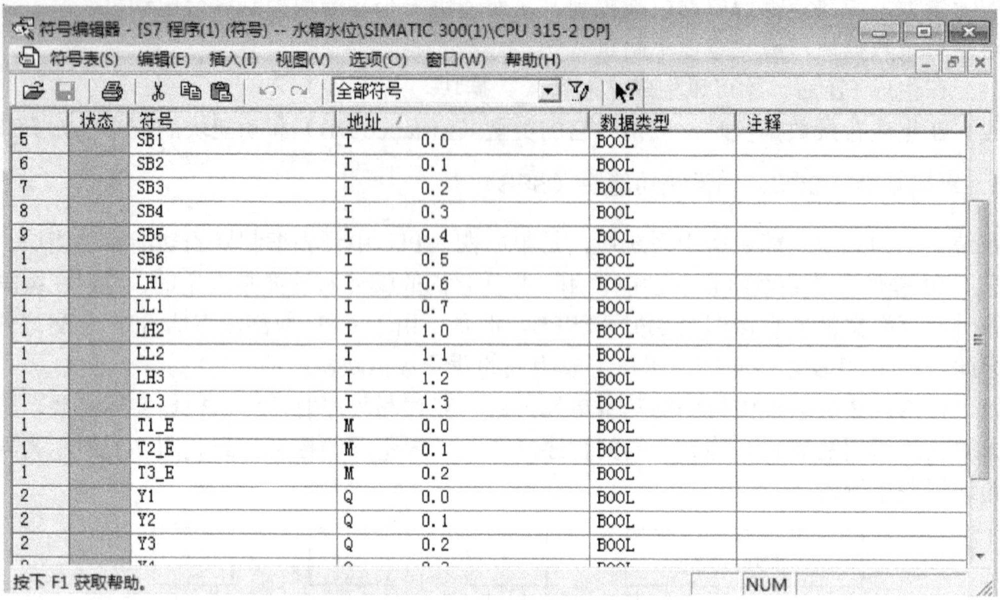

图 7-2 符号表的编辑界面

在符号表的空白行中输入符号名和地址,可定义一个新符号。符号表的前 3 项:符号(Symbol)、地址(Address)和数据类型(Data Type)是必须填写的,注释(Comment)根据需要填写。符号(Symbol)在整个符号表中必须唯一,符号最长可达 24 个字符。

当输入地址时,程序会自动检查该地址的输入是否是允许的。

输入地址后,软件将自动添加一个默认数据类型(Data Type)。用户也可以修改它,程序会检查修改的数据类型是否与地址相匹配。如果所做的修改不适合该地址或存在语法错误,则系统会提示"数据类型与地址不兼容"。

数据块中的地址(DBD、DBW、DBB 和 DBX)不能在符号表中定义。它们的名字应在数据块的声明表中定义。

需要注意的是,编辑完符号并保存符号表后,符号表才能生效。同时在逻辑块编程窗口中查看菜单命令"视图"→"显示方式",选择"符号表达方式"后,用户就可以在程序中看到绝对地址已经被其符号名所代替。

2. 共享符号与局部符号

STEP 7 中可以定义两类符号:共享符号和局部符号。与其他编程语言的定义一致,共享符号在整个用户程序范围内有效,局部符号仅在定义的块内部有效。共享符号和局部符号的对比如表 7-2 所示。

表 7-2 共享符号与局部符号的对比

对比内容	共享符号	局部符号
有效性	在整个用户程序中有效,可以被所有的块使用,在所有的块中含义是一样的,在整个用户程序中是唯一的	只在定义的块中有效,相同的符号可在不同的块中用于不同的目的
允许使用的字符	字母、数字及特殊字符 除 0x00、0xFF 及引号以外的强调号 如果使用特殊字符,则符号需写在引号内	字母、数字和下画线(_)

续表

对比内容	共享符号	局部符号
使用对象	可以为以下各项定义共享符号：I/O 信号（I、IB、IW、ID、Q、QB、QW、QD）、I/Q 输入与输出（PI、PQ）、存储位（M、MB、MW、MD）、定时器（T）/计数器（C）、逻辑块（FB、FC、SFB、SFC）、数据块（DB）、用户定义数据类型（UDT）和变量表（VAT）	可以为以下各项定义局部符号：块参数（输入、输出及输入/输出参数）、块的静态数据、块的临时数据
定义地方	符号表	块的变量声明表

当以 LAD、FBD 或 STL 方式输入程序时，符号表中定义的共享符号显示在引号内，块变量声明表中的局部符号显示时前面加"#"。编程时不必输入引号或"#"，语法会检查并自动添加。

在程序块的变量声明表中可以定义局部符号，通常局部符号也称为局部变量，它只能在一个块中使用。

7.2.2 局部变量声明

在 STEP 7 的程序逻辑块中，用户可以在变量声明表中声明本块中专用的变量，即局部变量，包括块的形式参数和参数的属性。如果在块中只使用局部变量，不使用绝对地址或全局符号，则可以将块移植到别的项目，成为一个通用的程序逻辑块。

1. 变量类型

功能块（FB）的局部变量分为 5 种类型，分别如下。

（1）IN（输入变量）：由调用它的块提供的输入参数。

（2）OUT（输出变量）：返回给调用它的块的输出参数。

（3）IN_OUT（输入_输出变量）：输入/输出参数，其初值由调用它的块提供，被子程序修改后返回给调用它的块。

（4）TEMP（临时变量）：暂时保存在局部数据区中的变量。在 OB1 中，局部变量表只包含 TEMP 变量。

（5）STAT（静态变量）：在功能块的背景数据块中使用。关闭功能块后，其静态数据保持不变。

功能（FC）的局部变量也分为 5 种类型，分别是 IN（输入变量）、OUT（输出变量）、IN_OUT（输入_输出变量）、TEMP（临时变量）和 RETURN（返回变量）。前 4 种局部变量的含义与功能块（FB）中的相同，RETURN（返回变量）为功能被调用后的返回值。由于操作系统仅在 L 堆栈中给 FC 的临时变量分配存储区，块调用结束，变量消失，所以 FC 不能使用静态变量。

在组织块 OB 中，其调用是由操作系统来完成的，用户不能参与，所以 OB 块的局部变量表只有临时变量 TEMP。

2. 变量声明表

在逻辑块的程序编辑器窗口中，右上半部分是变量声明表，右下半部分是程序指令，左边是指令列表，如图 7-3 所示。

变量声明表的左边给出了该表的总体结构，单击某一变量类型，如"IN"，在表的右边将显示出该类型局部变量的详细情况。

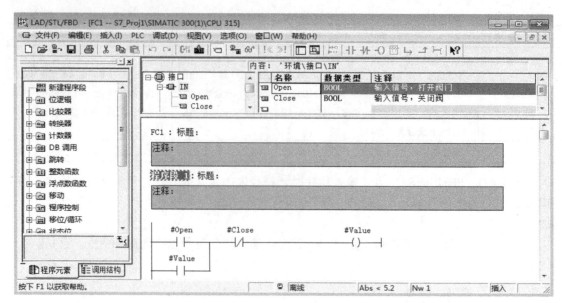

图 7-3 逻辑块的程序编辑器窗口

在 FC1 窗口的变量表中输入局部变量,局部变量的"名称"不能使用汉字。

在程序中,操作系统会自动在局部变量名前加前缀"#"。

将图 7-3 中变量声明表与程序指令部分的水平分隔条拉至程序编辑器视窗的顶部,不再显示变量声明表,将分隔条下拉,将再次显示变量声明表。

与符号表一样,编辑好变量声明表,需要保存后才能生效。

7.3 功能与功能块的编程

7.3.1 功能(FC)的编程

功能(FC)是用户编写的"无存储区"逻辑块。使用功能编程时按以下步骤进行。

第一步,定义局部变量。

在变量声明表中为 FC 定义临时变量和形式参数,也就是确定变量的名称、变量类型和变量的数据类型。形式参数通常是变量的名称,不是实际地址,以便得到一个通用的程序。

第二步,编写功能程序。

功能的编程环境与 OB1 完全相同,可以使用 STEP 7 的各种指令进行编程。功能程序编写完成后,利用参数赋值的方法就可以调用这些通用程序,实现控制目标了。

对于 S7-300 PLC,操作系统分配给每一个 OB 的局部数据区的最大字节数为 256B。OB 调用自己占去 20B 或 22B,还剩下最多 236B 可分配给 FC。如果块中定义的局部数据的数量大于 256B,则该块将不能下装到 CPU 中。在下装过程中将出现错误提示:"The block could not be copied"。利用"Reference Data"工具可查看程序所占用的局部数据区的字节数,包括总的字节数和每次调用所占用的字节数。

由于 FC 是"无存储区"的逻辑块,FC 的临时变量存储在局部数据堆栈中,当 FC 执行结束后,这些数据就丢失了。由于 FC 没有它自己的存储区,不能给一个 FC 的局部变量分配初始值，所以必须为 FC 指定实际参数。STEP 7 为 FC 提供了一个特殊的输出参数——返回值（RET_VAL），调用 FC 时，可以指定一个地址作为实际参数来存储返回值。

【例 7-1】 使用功能 FC1 实现阀门控制，要求 FC1 的功能如下。

（1）打开和关闭阀门。（2）阀门打开和关闭时，相应指示灯亮。

实现过程如下。

第一步，定义局部变量。

（1）在"SIMATIC Manager"窗口的项目树显示区中打开"块"文件夹，在对象显示区中单击右键，在弹出的菜单中选择"插入新对象"→"功能"（插入一个功能）。默认插入的第一个功能为 FC1。双击 FC1 功能图标，打开该功能。

（2）在 FC1 窗口的变量声明表中输入表 7-3 所示的局部变量。

表 7-3 FC1 局部变量声明表

区 域	名 称	数据类型	注 释
IN	Open	BOOL	输入信号，打开阀门
IN	Close	BOOL	输入信号，关闭阀门
IN/OUT	Value	BOOL	输入/输出信号，阀门
OUT	Dsp_Open	BOOL	输出信号，阀门打开指示灯
OUT	Dsp_Close	BOOL	输出信号，阀门关闭指示灯

第二步，编写功能程序。在 FC1 窗口中输入功能的程序，如图 7-4 所示。系统会自动在局部变量名前加前缀"#"。

图 7-5 所示为阀门的通用功能。其中 Open 和 Close 为输入参数，由调用它的块提供，Dsp_Open 和 Dsp_Close 为返回给调用它的块的输出参数，Valve 为输入/输出参数，其初值由调用它的块提供，阀门功能 FC1 可以被多次调用。

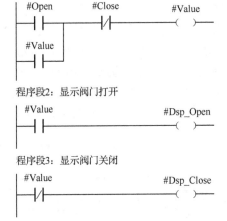

图 7-4 阀门功能梯形图程序

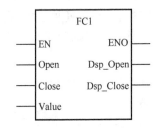

图 7-5 阀门的通用功能

块调用分为条件调用和无条件调用。用梯形图调用块时，块的 EN（Enable，使能）输入端有能流流入时执行块，反之则不执行。条件调用时 EN 端受到触点电路的控制。块被正确执行时 ENO（Enable Output，使能输出端）为 1，反之为 0。

图 7-6 所示为在 OB1 中调用功能 FC1，从而实现两个阀门的开关控制。其中第一个阀门

（Q0.0）使用 I0.0 控制打开，使用 I0.1 控制关闭，使用 M0.0 实现开状态指示，使用 M0.1 实现关状态指示。同样，第二个阀门（Q0.1）使用 I0.2 控制打开，使用 I0.3 控制关闭，使用 M0.2 实现开状态指示，使用 M0.3 实现关状态指示。由此可见，通过编写功能 FC1，可以在任何需要控制阀门的程序中调用 FC1，从而实现阀门控制，无须重复编写阀门控制程序。

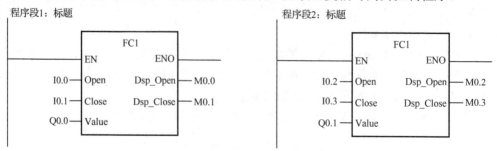

图 7-6 在 OB1 中调用功能 FC1

7.3.2 功能块（FB）的编程

功能块（FB）是用户编写的"有存储区"逻辑块。使用功能块编程时按以下步骤进行。

第一步，定义局部变量。

在变量声明表中为功能块定义静态变量和形式参数，也就是确定变量的名称、变量类型和变量的数据类型。形式参数通常是变量的名称，不是实际地址，以便得到一个通用的程序。

第二步，编写功能块程序。

功能块的编程环境与 OB1 完全相同，可以使用 STEP 7 的各种指令进行编程。功能块程序编写完成后，利用参数赋值的方法就可以调用这些通用程序，实现控制目标了。

如果功能块中定义的局部数据的数量大于 256B，则该块将不能下装到 CPU 中，在下装过程中出现错误提示，利用工具可查看程序中所占用的局部数据区的字节数，包括总的字节数和每次调用所占用的字节数。

功能块有一个数据结构与功能块变量声明表完全相同的数据块——背景数据块，当功能块被执行时，数据块被调用。执行结束时，调用随之结束，存放在背景数据块的数据不会丢失。

在 STEP 7 中，由于功能块具有背景数据块，因此通常不必将实际参数赋值给形式参数。在功能块的变量声明表中，用户可以给形式参数赋初值。这些值将写入与功能块相关的背景数据块中。如果用户在调用功能块时没有定义实际参数，则 STEP 7 将使用存储于背景数据块中形式参数的数值。表 7-4 所示为哪些变量可以赋初值。由于临时数据在该块执行完毕后将丢失，所以用户不能给它们赋予任何初值。

表 7-4 形式参数赋初值

变 量	数 据 类 型		
	基本数据类型	复杂数据类型	参数类型
IN	允许有初值	允许有初值	—
OUT	允许有初值	允许有初值	—
IN/OUT	允许有初值	—	—
STAT	允许有初值	允许有初值	—
TEMP	—	—	—

【例 7-2】 使用一个功能块 FB1 分别控制汽油机和柴油机,控制参数分别在背景数据块 DB1 和 DB2 中。控制汽油机时调用 FB1 和名为"汽油机数据"的背景数据块 DB1,控制柴油机时调用 FB1 和名为"柴油机数据"的背景数据块 DB2。组织块 OB1 是主程序,用来实现两次调用 FB1 完成对汽油机和柴油机的控制。

实现过程如下。

第一步,定义局部变量。

(1)在"SIMATIC Manager"窗口的项目树显示区中打开"块"文件夹,在对象显示区中单击右键,在弹出的菜单中选择"插入新对象"→"功能块"(插入一个功能块)。默认插入的第一个功能块为 FB1。双击 FB1 功能图标,打开该功能块。

(2)在 FB1 窗口的变量声明表中输入表 7-5 所示的局部变量。不需要输入"存储器地址",程序编辑器会根据各变量的数据类型,自动地为所有局部变量指定存储器地址。

表 7-5 FB1 局部变量声明表

区 域	名 称	数 据 类 型	地 址	初 始 值	注 释
IN	Switch_On	BOOL	0.0	FALSE	启动按钮
IN	Switch_Off	BOOL	0.1	FALSE	停止按钮
IN	Failure	BOOL	0.2	FALSE	故障信号
IN	Actual_Speed	INT	2.0	0	实际转速
OUT	Engine_On	BOOL	4.0	FALSE	发动机输出控制
OUT	Preset_Speed_R	BOOL	4.1	FALSE	达到预设转速
STAT	Preset_Speed	INT	6.0	1500	预设转速

表 7-5 中 BOOL 变量的初值为 FALSE,即二进制数 0。预设转速是固定的,在关闭功能块后应保持不变,所以它在变量声明表中作为静态参数(STAT)来存储,称为静态局部变量。

第二步,编写功能块程序。在 FB1 窗口中输入功能块的程序,如图 7-7 所示。系统会自动在局部变量名前加前缀"#"。

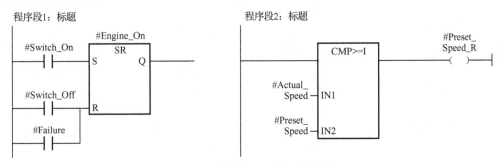

图 7-7 功能块 FB1 梯形图程序

第三步,生成背景数据块 DB1 和 DB2。

生成背景数据块之前必须首先生成对应的功能块。在"SIMATIC Manager"窗口的项目树显示区中打开"块"文件夹,在对象显示区中单击右键,在弹出的菜单中选择"插入新对象"→"数据块"。在弹出的窗口中,默认的第一个数据块名称为 DB1,选择数据块的类型为"背景数据块",并选择对应的功能块的名称 FB1,然后输入符号名"汽油机数据",单击"确定"按钮,生成数据块 DB1。使用同样的方法,生成"柴油机数据"对应的背景数据块 DB2。

可以看到，数据块只有变量声明部分，没有程序代码。功能块的变量声明表决定其背景数据块的结构，即背景数据块中的数据，其变量与对应的功能块的变量声明表中的变量相同（不包括临时变量 TEMP）。

两个背景数据块 DB1 和 DB2 中的变量相同，区别仅在于变量的实际参数不同和静态参数（如预设转速）的初值不同。

第四步，在组织块或其他逻辑块中调用功能块 FB1。

本例中的实际参数较多，为使程序易于理解，可以给实际参数指定符号，表 7-6 所示为发动机控制项目符号表，符号表中定义的变量是全局变量，可供所有的逻辑块使用。

表 7-6 发动机控制项目符号表

符 号	地 址	数据类型	符 号	地 址	数据类型
汽油机数据	DB1	FB1	柴油机数据	DB2	FB1
汽油机启动	I0.0	BOOL	柴油机启动	I0.3	BOOL
汽油机停止	I0.1	BOOL	柴油机停止	I0.4	BOOL
汽油机故障	I0.2	BOOL	柴油机故障	I0.5	BOOL
汽油机运行	Q0.0	BOOL	柴油机运行	Q0.2	BOOL
汽油机到达预设速度	Q0.1	BOOL	柴油机到达预设速度	Q0.3	BOOL
汽油机转速	MW0	INT	柴油机转速	MW2	INT

以在 OB1 中调用功能块 FB1 为例，实现对汽油机启、停控制和转速监视。控制柴油机的程序与之相似，如图 7-8 所示。

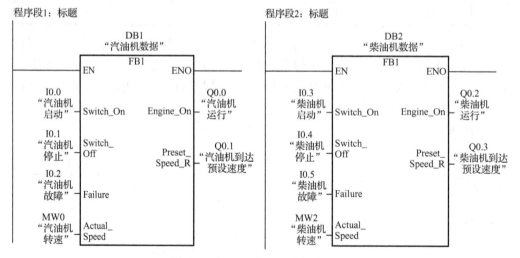

图 7-8 在 OB1 中调用功能块 FB1

7.4 用户程序的基本结构

1. 线性化程序

将所有用户程序放在组织块 OB1 中，操作系统按顺序自动扫描处理 OB1 中的每一条指令并不断地循环执行 OB1，这种编程方式就称为线性化程序，其示意图如图 7-9 所示。OB1 是用于循环处理的组织块，相当于用户程序中的主程序。这种方式的程序不涉及功能块、功能、数据块、局部变量、中断等比较复杂的概念，简单明了，适合于比较简单的控制任务。

由于所有指令都在一个块中，CPU 在每个扫描周期都要处理程序中的全部指令，而实际上许多指令并不需要每个扫描周期都去处理，因此该编程结构没有有效地利用 CPU。另一方面，某些需要多次执行相同或相近的操作，在程序中需要重复编写，增加编程负担，所以建议编写简单程序且需要较少存储区域时，使用此方法。

2．分块化程序

分块化程序将整个程序按照生产过程的工艺、任务或功能分成若干部分，每部分分别放在不同的功能或功能块中，然后通过循环组织块 OB1 调用各个块，从而完成控制任务，其示意图如图 7-10 所示。

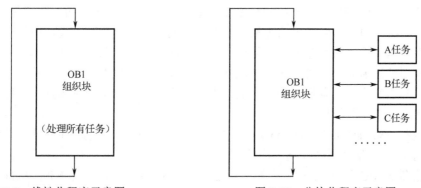

图 7-9　线性化程序示意图　　　　图 7-10　分块化程序示意图

在分块化程序结构中，既无数据交换，也无重复使用的程序代码，功能和功能块不传递也不接收参数。分块化编程效率高于线性化编程，程序可读性强，调试修改比较方便，具有一定的可移植性，建议编写不太复杂的控制程序时，使用此方法。

3．结构化程序

结构化程序将复杂的自动化控制中某些具有共性或重复使用的任务，采用统一的程序块（或称逻辑块）编程，形成通用解决方案。当编程中遇到这些重复的任务时，只要进行程序块调用，并分配不同的实际参数即可，不需要重复编写相同功能的程序代码，其示意图如图 7-11 所示。

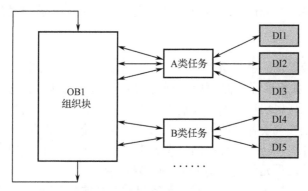

图 7-11　结构化程序示意图

在结构化程序设计中,某个程序块可能被调用多次,以完成具有相同工艺要求的不同控制对象。这种结构可以大大简化程序设计过程,减少代码长度,提高编程效率,程序可移植性好,建议编写较为复杂的控制程序时,使用此方法。

7.5 顺序控制系统的梯形图设计方法

7.5.1 顺序控制与顺序功能图

所谓顺序控制,就是按照生产工艺预先规定的顺序,在各个输入信号的作用下,根据内部状态和时间的顺序,在生产过程中各个执行机构自动地、有秩序地进行操作。

对于简单顺序控制,通常根据经验进行设计,没有一套固定的方法和步骤可以遵循,具有很大的试探性和随意性。在设计复杂顺序控制系统时,经验法需要大量的中间变量来完成记忆、连锁和互锁等功能。由于需要考虑的因素有很多,它们往往又交织在一起,所以分析起来非常困难,一般不可能把所有的问题都考虑得很周到。程序设计出来后,即使是非常有经验的工程师,也很难做到设计出的程序能一次试车成功。修改某一局部程序时,很可能会引发出别的问题,对系统的其他部分产生意想不到的影响,因此,梯形图的修改也很麻烦,往往花了很长的时间还得不到一个满意的结果。

顺序功能图(Sequential Function Chart,SFC)是描述控制系统的控制过程、功能和特性的一种图形,也是设计 PLC 顺序控制程序的有力工具。

顺序功能图是 IEC 61131-3 标准中的编程语言,我国早在 1986 年就颁布了顺序功能图的国家标准 GB 6988.6—1986。有的 PLC 为用户提供了顺序功能图语言,如 S7-300/400 的 S7-Graph 语言,在编程软件中生成顺序功能图后便完成了编程工作。但是还有相当多的 PLC 编程软件没有配备顺序功能图语言,我们可以用顺序功能图来描述系统的功能,根据它来设计梯形图程序。

顺序功能图并不涉及所描述的控制功能的具体技术,它是一种通用的技术语言,可以供进一步设计和不同专业人员之间进行技术交流使用。

采用顺序功能图设计顺序控制程序是一种先进的设计方法,我们称之为顺序控制设计法,它很容易被初学者接受,对于有经验的工程师,也会提高其设计效率。只要正确地画出描述系统工作过程的顺序功能图,就很容易编写程序,而且调试、修改程序也很方便。

7.5.2 顺序功能图的组成

顺序功能图主要由步、动作(或命令)、有向连线、转换和转换条件组成。

1. 步

顺序控制设计法最基本的思想是将系统的一个工作周期划分为若干个顺序相连的阶段,这些阶段称为步(Step),并用编程元件(如位存储器 M)来代表各步。步是根据输出量的 ON/OFF 状态变化来划分的。在任何一步之内,各输出量的状态不变,但相邻两步输出量的状态是不同的。步的这种划分方法使代表各步的编程元件的状态与各输出量的状态之间有着极为简单的逻辑关系。顺序控制设计法用转换条件控制代表各步的编程元件,让它们的状态按一定的顺序变化,然后用代表各步的编程元件去控制 PLC 的各输出量。

系统在开始进行自动控制之前,一般是等待启动命令的相对静止状态,我们称之为初始状态。与系统的初始状态相对应的步称为初始步，初始步用双线方框来表示，每一个顺序功能图至少应该有一个初始步。

当系统正处于某一步所在的阶段时，该步处于活动状态，称为活动步，活动步的编程元件为 1 状态，而其他非活动步的编程元件为 0 状态。步处于活动状态时，执行相应的非存储型动作；处于非活动状态时，则停止执行非存储型动作。

图 7-12 所示是液压动力滑台动作时序图，为了节省篇幅，将分时出现的几个脉冲输入信号波形画在一个时序图中。

假设动力滑台在初始位置时停在左边，限位开关 I0.3 为 1 状态，Q0.0～Q0.2 是控制动力滑台运动的 3 个电磁阀。按下启动按钮 I0.0 后，动力滑台开始快进、工进、暂停和快退，返回初始位置，完成一个工作周期后停止运动。根据 Q0.0～Q0.2 的 ON/OFF 状态的变化，一个工作周期可以分为快进、工进、暂停和快退 4 步。另外，还应设置等待启动的初始步，图 7-12 中分别用 M0.0～M0.4 来代表这 5 步。图 7-13 所示是描述该系统的顺序功能图，用矩形方框表示步，用方框中的数字表示各步的编号，也可以用代表各步的存储器位的地址作为步的代号，如 M0.0、M0.1 等。

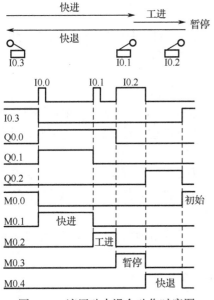

图 7-12 液压动力滑台动作时序图

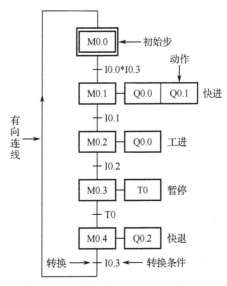

图 7-13 液压动力滑台的顺序功能图

2. 与步对应的动作或命令

用户可以将一个控制系统划分为被控系统和施控系统，例如，在数控车床中，数控装置是施控系统，而车床是被控系统。对于被控系统，在某一步中要完成某些"动作"（Action）；对于施控系统，在某一步中则要向被控系统发出某些"命令"（Command）。为了叙述方便，下面将命令或动作统称为动作，并用矩形框中的文字或符号来表示动作，该矩形框与相应的步的方框用水平短线相连。如果某一步有几个动作，可以将矩形框水平或垂直排列，如图 7-13 所示的快进动作（Q0.0、Q0.1 两个电磁阀同时打开），但并不含有这些动作之间的先后顺序。

说明命令的语句应清楚地表明该动作是存储型的还是非存储型的。非存储型动作是指该步为活动步时执行动作，为非活动步时停止动作。非存储型动作与它所在的步是同步的，如图 7-12 所示的 M0.4 与 Q0.2 的波形完全相同，它们同时由 0 状态变为 1 状态，又同时由 1 状态变为 0 状态。

如果某些动作在连续的若干步都为1状态，则可以在顺序功能图中，用动作的修饰词"S"将它在应为1状态的第一步置位，用动作的修饰词"R"将它在应为0状态的第一步复位。这种动作是存储型动作，在程序中一般用置位、复位指令来实现。

在图7-13所示的暂停步中，PLC所有的输出量均为0状态。接通延时定时器T0用来给暂停步定时，在暂停步，T0的线圈应一直通电。转换到下一步后，T0的线圈断电。从这个意义上说，T0的线圈相当于暂停步的一个非存储型动作，因此可以将这种为某一步定时的接通延时定时器放在与该步相连的动作框内，它表示定时器的线圈在该步内"通电"。

3. 有向连线

在顺序功能图中，随着时间的推移，将会发生步的活动状态的进展，这种进展按有向连线规定的路线和方向进行。在画顺序功能图时，将代表各步的方框按其成为活动步的先后次序顺序排列，并且用有向连线将它们连接起来。步的活动状态默认的进展方向是从上到下或从左到右，这两个方向有向连线上的箭头可以省略（为了更易于理解也可以加上箭头）。如果不是上述的方向，应在有向连线上用箭头注明进展方向。

4. 转换

转换是画在有向连线上，并与有向连线相垂直的短画线，转换将相邻两步分隔开。步的活动状态的进展是由转换的实现来完成的，并与控制过程的发展相对应。

5. 转换条件

使系统由当前步进入下一步的信号称为转换条件。转换条件可以是外部的输入信号，如按钮、指令开关、限位开关的接通或断开等；也可以是PLC内部产生的信号，如定时器、计数器触点的接通或断开等；还可以是若干个信号的与、或、非逻辑组合。

图7-13中转换条件I0.0*I0.3表示当I0.0和I0.3同时为1状态，即液压动力滑台在最左侧的前提下，按下启动按钮时，才能实现由初始步到快进步的转换。转换条件T0表示当T0的位为1状态，即T0的定时时间到时，转换条件满足。

能够正确绘制顺序功能图是编写顺序控制程序的基础，必须准确掌握。但初学者在绘制顺序功能图时经常出错，因此应注意以下几点。

（1）两个步不能直接相连，必须用一个转换将它们隔开。

（2）两个转换也不能直接相连，必须用一个步将它们隔开。

（3）顺序功能图中的初始步一般对应于系统等待启动的初始状态，这一步可能没有任何动作或命令，因此在画顺序功能图时很容易遗漏这一步。初始步是必不可少的，一方面因为该步与它的相邻步相比，从总体上说输出变量的状态各不相同；另一方面，如果没有该步，无法表示初始状态，系统也无法返回停止状态。

（4）自动控制系统应能多次重复执行同一个工作周期，因此，完整的顺序功能图中应该由步和有向连线组成闭环，即有向连线最终要返回初始步，等待下一个工作周期的开始，如图7-13所示。

（5）如果选择有断电保持功能的存储器位来代表顺序功能图中的各步，在交流电源突然断电时，可以保存当时活动步对应的存储器位的地址。系统重新上电后，可以使系统从断电时的状态开始继续运行。如果用没有断电保持功能的存储器位代表各步，则进入RUN模式时，它们均处于0状态，必须在OB100中将初始步预置为活动步，否则，因为顺序功能图中没有活动步，系统将无法工作。当系统有自动、手动两种工作方式时，顺序功能图是用来描述自动工作过程的，因此在系统由手动工作方式切换到自动工作方式时，如果满足自动运行条件，则需要将初始步置为活动步，并将其他步复位。

7.5.3 顺序功能图的基本结构

1. 单序列

单序列由一系列串行连接、相继活动的步组成，每一步的后面仅有一个转换，每一个转换的后面只有一个步，如图 7-14（a）所示，单序列的特点是没有分开与合并。

2. 选择序列

选择序列是在某步之后，有多条分支可供选择的结构，各支路的分开处称为选择分开，用一条水平连线和数量与选择分支数相同的转换符号组成，如图 7-14（b）所示。转换符号只能标在水平连线之下。如果步 1 是活动步，并且转换条件 a 为 1，则发生由步 1→步 2 的进展。如果步 1 是活动步，并且转换条件 d 为 1，则发生由步 1→步 4 的进展。在步 1 之后选择分开处，每次只允许选择一个序列。

选择序列多分支的汇合处称为选择合并，用数量与选择分支数相同的转换符号和一条水平连线来表示，转换符号只允许标在水平连线之上。如果步 3 是活动步，并且转换条件 c 变为 1，则发生由步 3→步 5 的进展。如果步 4 是活动步，并且 e 变为 1，则发生由步 4→步 5 的进展。

允许选择序列的某一条分支上没有步，但是必须有一个转换和转换条件，如图 7-14（b）最右侧的分支，这种结构称为跳步。跳步是选择序列的一种特殊情况。

3. 并行序列

并行序列是在某步之后，有多条分支同时工作的结构。并行序列的开始称为并行分开，如图 7-14（c）所示，当转换的实现导致几个序列同时激活时，这些序列称为并行序列。如果步 1 是活动步，并且转换条件 a 变为 1，步 2 和步 4 同时变为活动步，步 1 变为非活动步。为了强调转换的同步实现，水平连线用双线表示。步 2 和步 4 同时被激活后，每个支路中活动步的进展将是独立的。在并行分开的双水平线之上，只允许有一个转换符号。

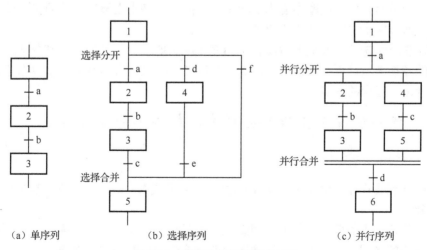

(a) 单序列　　　　(b) 选择序列　　　　(c) 并行序列

图 7-14　顺序功能图的基本结构

并行序列的结束称为并行合并,当连在双线上的所有前级步(步3和步5)都处于活动状态,并且转换条件d变为1时,才会发生步3和步5到步6的进展,即步3和步5同时变为非活动步,步6变为活动步。在并行合并的双水平线之下,只允许有一个转换符号。

7.5.4 顺序功能图转换实现的基本规则

1. 转换实现的条件

在顺序功能图中,活动步的进展是由转换的实现来完成的。转换实现必须同时满足以下两个条件。

(1)该转换的所有前级步都是活动步。

(2)相应的转换条件得到满足。

如果转换的前级步或后续步不止一个,则转换的实现称为同步实现,为了强调同步实现,有向连线的水平部分用双线表示。

2. 转换实现应完成的操作

转换实现时应完成以下两个操作。

(1)使所有转换符号后的后级步都变为活动步。

(2)使所有转换符号前的前级步都变为非活动步。

转换实现的基本规则适用于顺序功能图中的各种基本结构,也是后面介绍如何根据顺序功能图实现梯形图编程的基础。

3. 顺序控制设计法的本质

经验设计法实际上是试图用输入信号I直接控制输出信号Q,如果无法直接控制,或者为了实现记忆、连锁、互锁等功能,只好被动增加一些辅助元件和辅助触点。由于不同的控制系统的输出量Q与输入量I之间的关系各不相同,以及它们对连锁、互锁的要求千变万化,不可能找出一种简单通用的设计方法。

顺序控制设计法则是用输入量I控制代表各步的编程元件(如位存储器M),再用它们控制输出量Q。步是根据输出量Q的状态划分的,因此代表步的编程元件与Q之间具有简单的"与"逻辑关系。由于编程元件依次顺序变为1状态,实际已经基本上解决了经验设计法中的记忆、连锁等问题,所以输出电路设计极为简单。

对于任何复杂系统,只要根据输出状态的变化准确地将一个工作周期划分成若干步,找出步与步之间的转换关系,那么其设计方法都是相同的,并且很容易掌握,所以顺序控制设计法具有简单、规范、通用的优点。

7.5.5 使用置位复位指令的顺序控制梯形图编程方法

1. 单序列的编程方法

根据顺序功能图设计梯形图时,多用位存储器M来代表步。转换实现的基本规则是设计控制程序的基础。

使用置位复位指令的顺序控制梯形图编程方法又称以转换为中心的编程方法。图7-15给出了顺序功能图与梯形图的对应关系。实现图中的转换需要同时满足两个条件。

（1）该转换所有的前级步都是活动步，即 M0.1 为 1 状态，M0.1 的常开触点闭合。

（2）转换条件 I0.0*I0.1 满足，即 I0.0 和 I0.1 的常开触点同时闭合。

在图 7-15 所示的梯形图中，M0.1、I0.0 和 I0.1 的常开触点组成的串联电路接通时，上述两个条件同时满足，应执行下述两个操作。

（1）应将该转换所有的后续步变为活动步，即将代表后续步的存储器位变为 1 状态，并使它保持为 1 状态。这一要求刚好可以用具有保持功能的置位指令（S 指令）来完成。

（2）应将该转换所有的前级步变为非活动步，即将代表前级步的存储器位变为 0 状态，并使它们保持 0 状态。这一要求刚好可以用复位指令（R 指令）来完成。

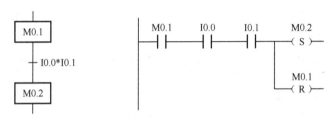

图 7-15　顺序功能图与梯形图的对应关系

这种编程方法与转换实现的基本规则之间有着严格的对应关系，在任何情况下，代表步的存储器位的控制程序都可以用这个统一的规则来设计，每一个转换对应一个如图 7-15 所示的控制置位和复位的程序段，有多少个转换就有多少个这样的程序段。这种编程方法特别有规律，在设计复杂的顺序控制梯形图时既容易掌握，又不容易出错，具有很好的实用性。

任何一种 PLC 的指令系统都有置位、复位指令，因此，这是一种通用的编程方法，可以用于任意公司、任意型号的 PLC。

【例 7-3】　使用置位复位指令实现图 7-12 所示液压动力滑台控制系统的顺序控制梯形图编程。

实现过程如下。

（1）初始化程序。

图 7-16（b）所示是图 7-12 中的液压动力滑台控制系统的初始化组织块 OB100 中的程序，在 PLC 上电或由 STOP 模式切换到 RUN 模式时，CPU 调用初始化组织块 OB100。MOVE 指令将 M0.0～M0.7 复位，然后用 S 指令将 M0.0 置位，初始步变为活动步。

（2）控制电路的编程方法。

图 7-16（a）所示是液压动力滑台的进给运动示意图和顺序功能图，图 7-16（c）所示是 OB1 中的顺序控制梯形图。在初始状态时，动力滑台停在左边，限位开关 I0.3 为 1 状态。按下启动按钮 I0.0，动力滑台在各步中分别实现快进、工进、暂停和快退，最后返回初始位置，置位初始步后停止运动，等待下一次的启动命令。

以转换条件 I0.1 对应的电路为例，该转换的前级步为 M0.1，后续步为 M0.2，所以用 M0.1 和 I0.1 的常开触点组成的串联电路，来控制后续步 M0.2 的置位和前级步 M0.1 的复位。每一个转换对应一个这样的"置位复位"程序段，有多少个转换就有多少个这样的程序段。设计时应注意不要遗漏某一个转换对应的程序段。

在快进步，M0.1 一直为 1 状态，其常开触点闭合。滑台碰到中限位开关时，I0.1 的常开触点闭合，由 M0.1 和 I0.1 的常开触点组成的串联电路接通，使 M0.2 置位、M0.1 复位。在下一个扫描周期，M0.1 的常开触点断开。

电气控制与可编程控制器

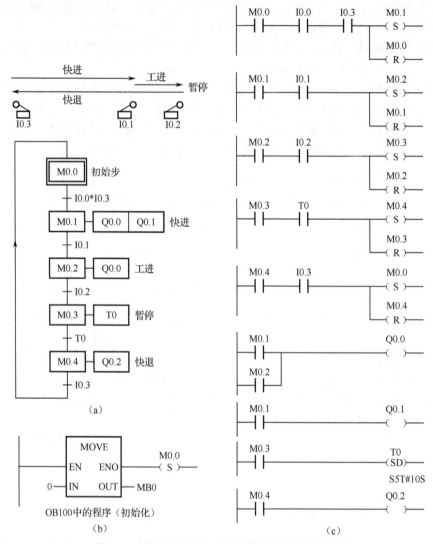

图 7-16 液压动力滑台顺序功能图与梯形图程序

由以上的分析可知，控制置位复位的电路只接通一个扫描周期，因此必须用有记忆功能的电路（如启保停电路或置位复位电路）来控制代表步的存储器位。

（3）输出电路的编程方法。

因为步是根据输出变量的状态变化来划分的，它们之间的关系极为简单。

当某一输出量仅在某一步中为 1 状态时，如图 7-16 中的 Q0.1 和 Q0.2，可以用它们所在步对应的存储器位的常开触点来控制。例如，用 M0.1 的常开触点控制 Q0.1 的线圈，用 M0.4 的常开触点控制 Q0.2 的线圈。

当某个输出在几步中都为 1 状态时，应将代表各有关步的存储器位的常开触点并联后，驱动该输出的线圈。图 7-16 中 Q0.0 在 M0.1 和 M0.2 这两步均应工作，所以用 M0.1 和 M0.2 的常开触点组成的并联电路来驱动 Q0.0 的线圈。

初学者很容易用 M0.1 和 M0.2 的常开触点各自控制一个 Q0.0 的线圈，这种同一线圈出现两次或多次的情况称为多线圈输出现象。根据 PLC 工作原理可知，操作位的状态由最后处理该位的线圈决定，往往与所需要的逻辑不符，出现错误的控制结果。

另外，使用置位复位指令编程方法时，不能将过程映像输出位 Q 的线圈与置位指令和复位指令并联，这是因为前级步和转换条件对应的串联电路接通的时间只有一个扫描周期，而输出位的线圈一般应该在某一步对应的全部时间内被接通。所以应根据顺序功能图，用代表步的存储器位的常开触点或它们的并联电路来驱动输出位的线圈。

2．选择序列的编程方法

选择序列是某一步之后有多个选择分支，但分支的执行具有唯一性。因此，从某一选择分支的角度看，它只有一个前级步和一个后续步，需要置位、复位的存储器位也只有一个，所以选择序列的编程方法实际上与单序列基本相同，只是在选择分开之前的步需要多处复位，选择合并之后的步需要多处置位。

如图 7-17 所示，举例说明使用置位复位指令实现选择序列的梯形图编程。为了节省篇幅，省略所有动作或命令及其编程。

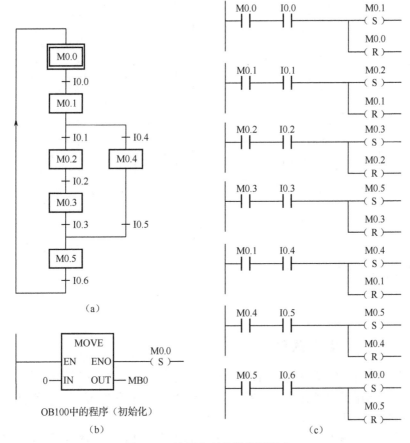

图 7-17　选择序列的梯形图程序

3．并行序列的编程方法

并行序列是某一步之后有多个并行分支，分支的执行具有同时性。在并行分开处有多个后续步，当满足某个转换条件时，需要置位多个存储器位；在并行合并处有多个前续步，当所有前续步为活动步，并且满足转换条件时，需要复位多个存储器位。

如图 7-18 所示，举例说明使用置位复位指令实现并行序列的梯形图编程。为了节省篇幅，省略所有动作或命令及其编程。

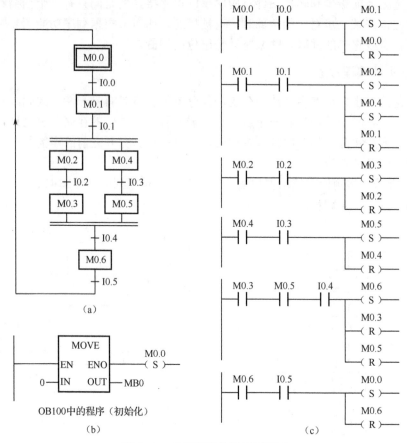

图 7-18 并行序列的梯形图程序

7.6 设计实例

7.6.1 交通灯程序设计

某个十字路口东西方向及南北方向均设有红、绿、黄三种信号灯。控制要求如下。

(1) 信号灯的动作受"工作开关"控制,接通"工作开关",信号灯系统开始工作;断开"工作开关",所有信号灯都熄灭。

(2) 按下"上班"按钮(自复位式),信号灯按照图 7-19 所示时序图工作,并周而复始地循环动作;按下"下班"按钮(自复位式),红、绿灯都熄灭,两个方向的黄灯以 1Hz 频率同时闪烁。

试分配 I/O 地址,并编写控制程序。

分析:本例主要实现定时控制,编程简单,因此采用线性化程序设计,实现过程如下。

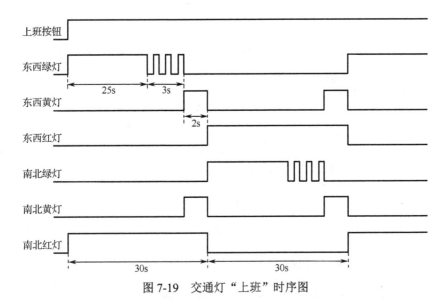

图 7-19 交通灯"上班"时序图

（1）其 I/O 地址分配及符号表如表 7-7 所示。

表 7-7 交通信号灯控制系统 I/O 地址分配及符号表

I/O 模块	I/O 地址	符 号	传感器/执行器	说 明
DI 模块 16×DC 24V	I0.0	工作开关	保持型旋钮	控制系统是否工作
	I0.1	上班按钮	常开自复位按钮	按下后进入上班模式
	I0.2	下班按钮	常开自复位按钮	按下后进入下班模式
DO 模块 16×AC 220V	Q0.0	东西绿灯	指示灯	东西绿灯
	Q0.1	东西黄灯	指示灯	东西黄灯
	Q0.2	东西红灯	指示灯	东西红灯
	Q0.3	南北绿灯	指示灯	南北绿灯
	Q0.4	南北黄灯	指示灯	南北黄灯
	Q0.5	南北红灯	指示灯	南北红灯

（2）其梯形图程序如图 7-20 所示。

程序段1：按下"上班"按钮后，系统处于上班工作状态

```
 I0.1   I0.2   I0.0                M2.1
──┤├────┤/├────┤├─────────────────( )
 M2.1
──┤├──
```

程序段2：按下"下班"按钮后，系统处于下班工作状态

```
 I0.2   I0.1   I0.0                M2.2
──┤├────┤/├────┤├─────────────────( )
 M2.2
──┤├──
```

图 7-20 交通灯控制系统梯形图程序

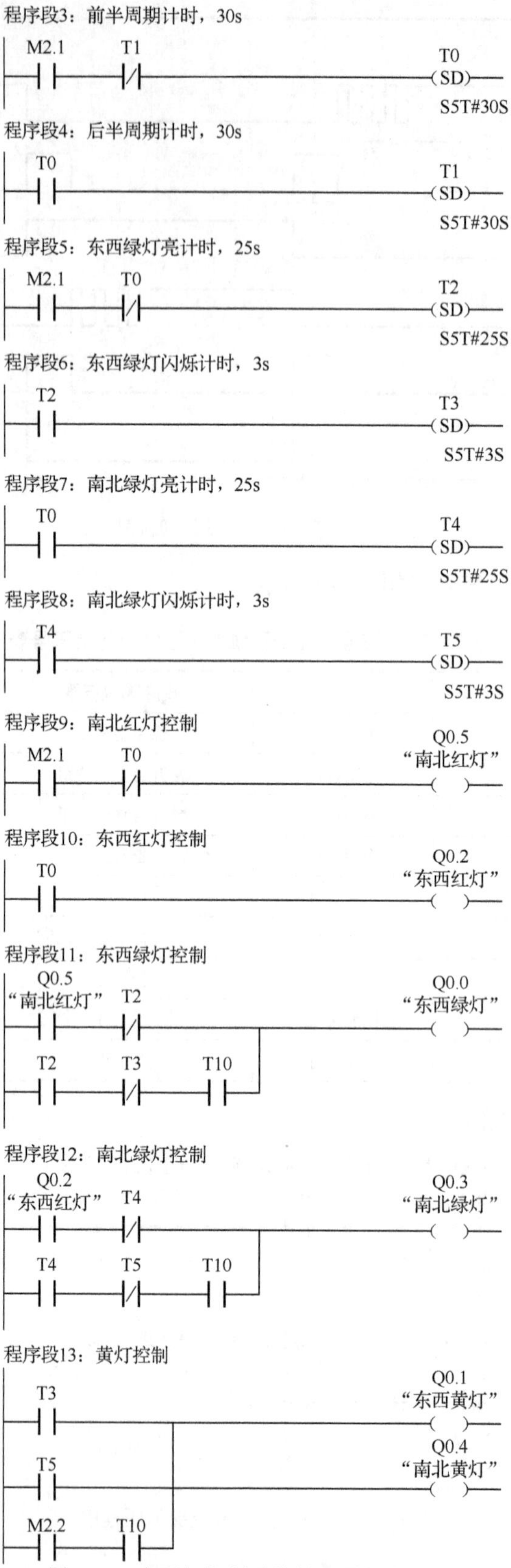

程序段3：前半周期计时，30s

```
  M2.1    T1                              T0
───┤├─────┤/├─────────────────────────────(SD)───
                                         S5T#30S
```

程序段4：后半周期计时，30s

```
   T0                                      T1
───┤├─────────────────────────────────────(SD)───
                                         S5T#30S
```

程序段5：东西绿灯亮计时，25s

```
  M2.1    T0                              T2
───┤├─────┤/├─────────────────────────────(SD)───
                                         S5T#25S
```

程序段6：东西绿灯闪烁计时，3s

```
   T2                                      T3
───┤├─────────────────────────────────────(SD)───
                                         S5T#3S
```

程序段7：南北绿灯亮计时，25s

```
   T0                                      T4
───┤├─────────────────────────────────────(SD)───
                                         S5T#25S
```

程序段8：南北绿灯闪烁计时，3s

```
   T4                                      T5
───┤├─────────────────────────────────────(SD)───
                                         S5T#3S
```

程序段9：南北红灯控制

```
  M2.1    T0                              Q0.5
───┤├─────┤/├─────────────────────────────( )───
                                        "南北红灯"
```

程序段10：东西红灯控制

```
   T0                                     Q0.2
───┤├─────────────────────────────────────( )───
                                        "东西红灯"
```

程序段11：东西绿灯控制

```
  Q0.5    T2                              Q0.0
─┬─┤├─────┤/├──┬──────────────────────────( )───
 │            │                         "东西绿灯"
 │ T2   T3 T10│
 └─┤├───┤/├─┤├─┘
"南北红灯"
```

程序段12：南北绿灯控制

```
  Q0.2    T4                              Q0.3
─┬─┤├─────┤/├──┬──────────────────────────( )───
 │            │                         "南北绿灯"
 │ T4   T5 T10│
 └─┤├───┤/├─┤├─┘
"东西红灯"
```

程序段13：黄灯控制

```
   T3                                     Q0.1
─┬─┤├────────┬────────────────────────────( )───
 │          │                           "东西黄灯"
 │   T5     │                             Q0.4
 ├──┤├──────┤────────────────────────────( )───
 │          │                           "南北黄灯"
 │ M2.2 T10 │
 └─┤├──┤├───┘
```

图 7-20 交通灯控制系统梯形图程序（续）

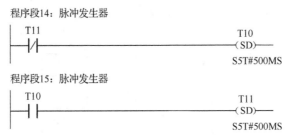

图 7-20 交通灯控制系统梯形图程序（续）

7.6.2 搅拌系统程序设计

图 7-21 所示为搅拌控制系统，有 3 个开关量液位传感器，分别检测液位高、中和低状态，当液位高于传感器时，常开触点闭合，输入信号为高电平，反之常开触点断开，输入信号为低电平。控制要求如下。

（1）按下启动按钮后系统自动运行，运行指示灯亮，同时打开进料泵 1，开始加入液料 A，当液位达到中液位传感器时，关闭进料泵 1，打开进料泵 2，开始加入液料 B，当液位达到高液位传感器时，关闭进料泵 2，启动搅拌器，进行混合搅拌，搅拌 5min 后，关闭搅拌器，开启出料泵，当液料低于低液位传感器时，延时 10s，关闭出料泵和运行指示灯。

（2）按下停止按钮，运行指示灯熄灭，所有设备立即停止运行。

试分配 I/O 地址，并编写控制程序。

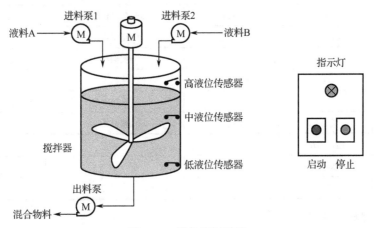

图 7-21 搅拌控制系统

分析：本例中的搅拌过程可以分为进料 A、进料 B、搅拌、出料 4 部分，因此可以采用分块化程序设计方法。功能 FC1 实现液料 A 进料控制，功能 FC2 实现液料 B 进料控制，功能 FC3 实现搅拌器控制，功能 FC4 实现出料控制。OB1 为主程序块，用于编写公共程序，控制指示灯，并调用各功能。OB100 为启动组织块，实现程序初始化，如果需要初始化某些参数，则在此编程。其程序结构如图 7-22 所示。

实现过程如下。

（1）其 I/O 地址分配及符号表如表 7-8 所示。

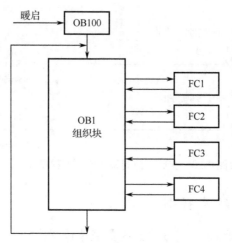

图 7-22 搅拌控制系统程序结构

表 7-8 搅拌控制系统 I/O 地址分配及符号表

I/O 模块	I/O 地址	符 号	传感器/执行器	说 明
DI 模块 16×DC 24V	I0.0	启动	常开自复位按钮	启动搅拌系统
	I0.1	停止	常开自复位按钮	停止搅拌系统
	I0.2	低液位	常开自复位触点	低液位检测
	I0.3	中液位	常开自复位触点	中液位检测
	I0.4	高液位	常开自复位触点	高液位检测
DO 模块 16×AC 220V	Q0.0	运行灯	指示灯	系统运行
	Q0.1	进料泵 1	接触器	进料泵 1 启停控制
	Q0.2	进料泵 2	接触器	进料泵 2 启停控制
	Q0.3	搅拌电动机	接触器	搅拌电动机启停控制
	Q0.4	出料泵	接触器	出料泵启停控制
—	地 址	符 号	—	说 明
—	M0.0	原始位		原始位标志
	M0.1	低液位标志		低液位标志

（2）编写各逻辑块程序。

① 编辑 FC1 实现液料 A 进料控制，控制程序如图 7-23 所示。

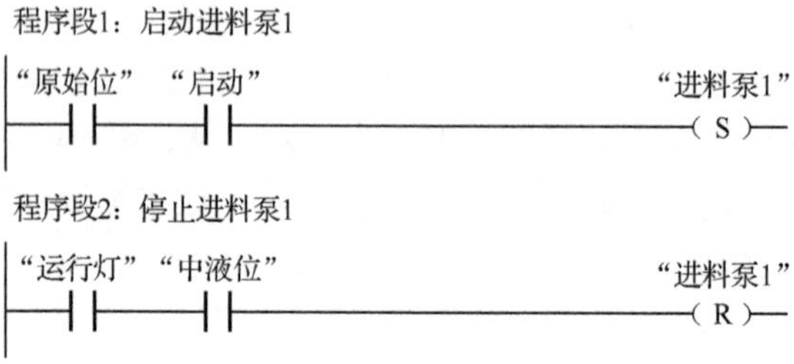

程序段1：启动进料泵1

```
 "原始位"  "启动"                              "进料泵1"
───┤├──────┤├──────────────────────────────( S )
```

程序段2：停止进料泵1

```
 "运行灯" "中液位"                             "进料泵1"
───┤├──────┤├──────────────────────────────( R )
```

图 7-23 FC1 控制程序

② 编辑 FC2 实现液料 B 进料控制，控制程序如图 7-24 所示。

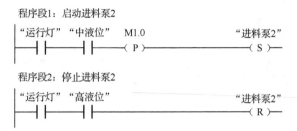

图 7-24 FC2 控制程序

③ 编辑 FC3 实现搅拌电动机控制，控制程序如图 7-25 所示。

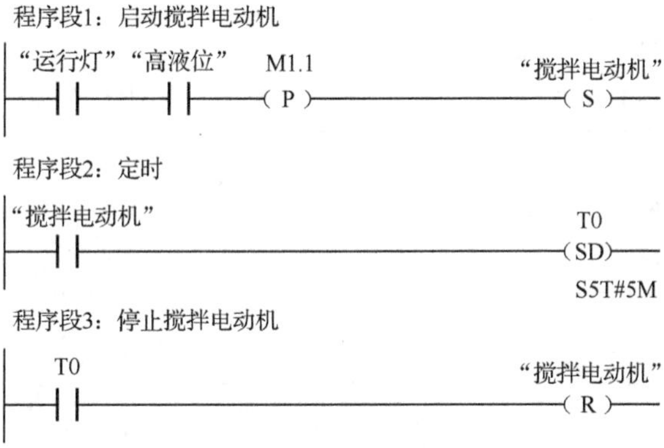

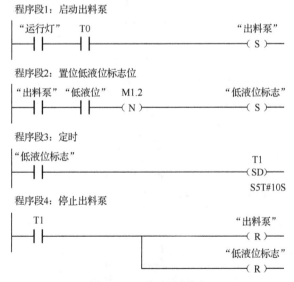

图 7-25 FC3 控制程序

④ 编辑 FC4 实现出料泵控制，控制程序如图 7-26 所示。

图 7-26 FC4 控制程序

⑤ 编辑 OB100 实现初始化，控制程序如图 7-27 所示。
⑥ 编辑 OB1，标志原始位，控制指示灯，并调用各功能，控制程序如图 7-28 所示。

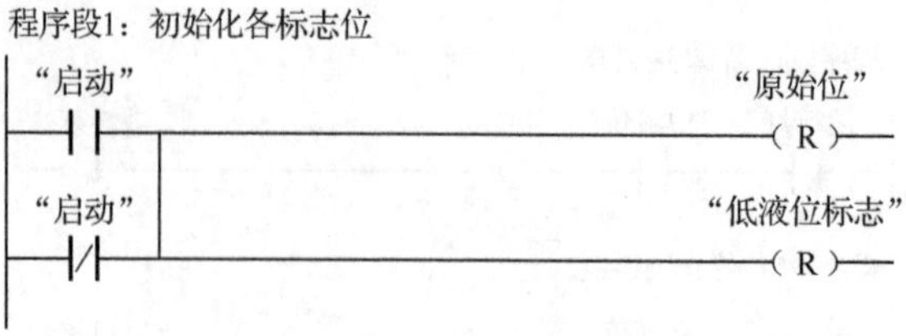

程序段1：初始化各标志位

```
   "启动"                                        "原始位"
────┤ ├──────────────────────────────────────────( R )──
                                                "低液位标志"
────┤/├──────────────────────────────────────────( R )──
   "启动"
```

图 7-27 OB100 控制程序

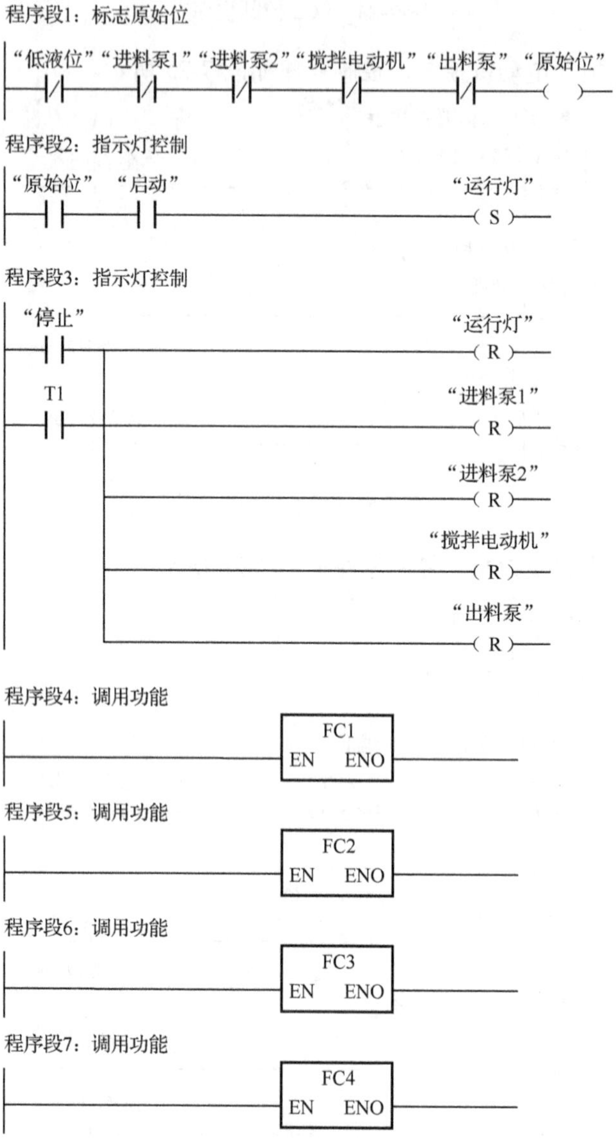

程序段1：标志原始位

```
 "低液位" "进料泵1" "进料泵2" "搅拌电动机" "出料泵"  "原始位"
──┤/├────┤/├──────┤/├──────┤/├─────────┤/├──────(  )──
```

程序段2：指示灯控制

```
 "原始位"  "启动"                              "运行灯"
───┤ ├─────┤ ├─────────────────────────────────( S )──
```

程序段3：指示灯控制

```
 "停止"                                        "运行灯"
───┤ ├──┬─────────────────────────────────────( R )──
        │                                     "进料泵1"
   T1   ├─────────────────────────────────────( R )──
───┤ ├──┤                                     "进料泵2"
        ├─────────────────────────────────────( R )──
        │                                    "搅拌电动机"
        ├─────────────────────────────────────( R )──
        │                                     "出料泵"
        └─────────────────────────────────────( R )──
```

程序段4：调用功能

```
              ┌──────┐
──────────────┤ FC1  ├──────
              │EN ENO│
              └──────┘
```

程序段5：调用功能

```
              ┌──────┐
──────────────┤ FC2  ├──────
              │EN ENO│
              └──────┘
```

程序段6：调用功能

```
              ┌──────┐
──────────────┤ FC3  ├──────
              │EN ENO│
              └──────┘
```

程序段7：调用功能

```
              ┌──────┐
──────────────┤ FC4  ├──────
              │EN ENO│
              └──────┘
```

图 7-28 OB1 控制程序

7.6.3 水箱水位控制系统程序设计

图 7-29 所示为水箱水位控制系统，有 3 个储水水箱，每个水箱分别安装 2 个液位传感器，LH1、LH2、LH3 为 3 个水箱的高液位传感器，使用常开触点；LL1、LL2、LL3 为 3 个水箱的

低液位传感器,使用常闭触点(液位低于传感器时,触点闭合;液位高于传感器时,触点断开);Y1、Y3、Y5 为 3 个水箱的进水电磁阀;Y2、Y4、Y6 为 3 个水箱的排水电磁阀;SB1、SB3、SB5 为 3 个水箱排水电磁阀的手动启动按钮;SB2、SB4、SB6 为 3 个水箱排水电磁阀的手动关闭按钮。控制要求如下。

(1)随机按下 3 个水箱排水电磁阀的启动按钮,将水箱放空,只要检测到某个水箱液位低信号,系统自动打开进水电磁阀,向水箱注水,直到检测到液位高信号为止。

(2)水箱进水顺序要与水箱排空的顺序相同,由于水压限制,每次进水只能开启一个进水阀。

试分配 I/O 地址,并编写控制程序。

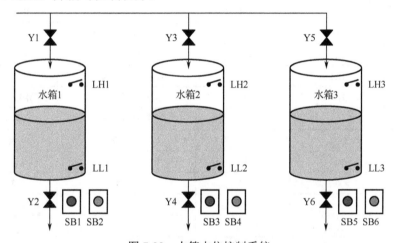

图 7-29　水箱水位控制系统

分析:本例中 3 个水箱具有相同的操作要求,可以由一个功能块(FB1)通过赋予不同的实际参数来实现,因此采用结构化程序设计,其程序结构如图 7-30 所示。控制程序由 3 个逻辑块和 3 个背景数据块构成。其中 OB1 为主程序块,OB100 为初始化程序,FB1 为水箱控制程序,DB1 为水箱 1 数据块,DB2 为水箱 2 数据块,DB3 为水箱 3 数据块。

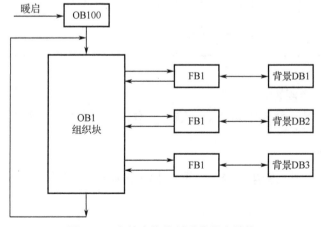

图 7-30　水箱水位控制系统程序结构

实现过程如下。

(1)其 I/O 地址分配及符号表如表 7-9 所示。

表 7-9 水箱水位控制系统 I/O 地址分配及符号表

I/O 模块	I/O 地址	符号	传感器/执行器	说明
DI 模块 16×DC 24V	I0.0	SB1	常开自复位按钮	水箱 1 排水阀手动启动
	I0.1	SB2	常开自复位按钮	水箱 1 排水阀手动停止
	I0.2	SB3	常开自复位触点	水箱 2 排水阀手动启动
	I0.3	SB4	常开自复位触点	水箱 2 排水阀手动停止
	I0.4	SB5	常开自复位按钮	水箱 3 排水阀手动启动
	I0.5	SB6	常开自复位触点	水箱 3 排水阀手动停止
	I0.6	LH1	常开自复位触点	水箱 1 高液位传感器
	I0.7	LL1	常闭自复位触点	水箱 1 低液位传感器
	I1.0	LH2	常开自复位触点	水箱 2 高液位传感器
	I1.1	LL2	常闭自复位触点	水箱 2 低液位传感器
	I1.2	LH3	常开自复位触点	水箱 3 高液位传感器
	I1.3	LL3	常闭自复位触点	水箱 3 低液位传感器
DO 模块 16×AC 220V	Q0.0	Y1	电磁阀	水箱 1 进水电磁阀
	Q0.1	Y2	电磁阀	水箱 1 排水电磁阀
	Q0.2	Y3	电磁阀	水箱 2 进水电磁阀
	Q0.3	Y4	电磁阀	水箱 2 排水电磁阀
	Q0.4	Y5	电磁阀	水箱 3 进水电磁阀
	Q0.5	Y6	电磁阀	水箱 3 排水电磁阀
—	地址	符号	—	说明
	M0.0	T1_E		水箱 1 "空"标志位
	M0.1	T2_E		水箱 2 "空"标志位
	M0.2	T3_E		水箱 3 "空"标志位
	DB1	水箱 1		水箱 1 背景数据块
	DB2	水箱 2		水箱 2 背景数据块
	DB3	水箱 3		水箱 3 背景数据块

（2）编辑功能块 FB1。

① 定义局部变量声明表。

在 FB1 的局部变量声明表中定义 6 个输入参数、2 个输出参数和 3 个输入/输出参数，如图 7-31 所示。

② 编写程序代码。

编写 FB1 程序，完成水箱排水控制、设定水箱空标志、水箱按序进水控制等，控制程序如图 7-32 所示。

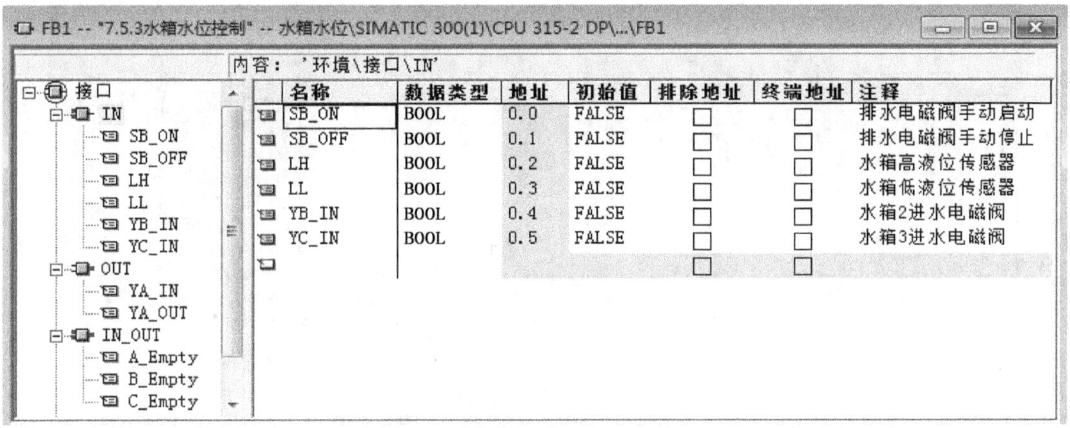

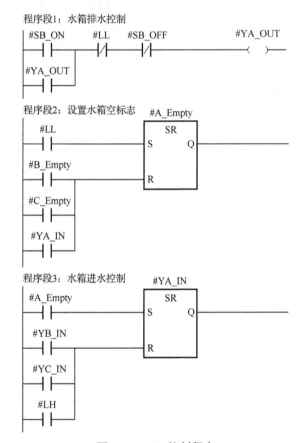

图 7-31　FB1 局部变量声明表

图 7-32　FB1 控制程序

(3) 创建背景数据块。

创建背景数据块 DB1、DB2 和 DB3，由于数据块与功能块 FB1 相关联，因此系统自动生成数据块内部数据结构，图 7-33 所示为 DB1 的数据结构，DB2 和 DB3 的数据结构与 DB1 的完全相同。

地址	声明	名称	类型	初始值	实际值	备注
1	0.0	in	SB_ON	BOOL	FALSE	FALSE	排水电磁阀手动启动
2	0.1	in	SB_OFF	BOOL	FALSE	FALSE	排水电磁阀手动停止
3	0.2	in	LH	BOOL	FALSE	FALSE	水箱高液位传感器
4	0.3	in	LL	BOOL	FALSE	FALSE	水箱低液位传感器
5	2.0	out	YA_IN	BOOL	FALSE	FALSE	当前水箱1进水电磁阀
6	2.1	out	YA_OUT	BOOL	FALSE	FALSE	当前水箱1排水电磁阀
7	2.2	out	YB_IN	BOOL	FALSE	FALSE	水箱2进水电磁阀
8	2.3	out	YC_IN	BOOL	FALSE	FALSE	水箱3进水电磁阀
9	4.0	in_out	A_Empty	BOOL	FALSE	FALSE	当前水箱1空标志
10	4.1	in_out	B_Empty	BOOL	FALSE	FALSE	水箱2空标志
11	4.2	in_out	C_Empty	BOOL	FALSE	FALSE	水箱3空标志

图 7-33　DB1 的数据结构

（4）编写启动组织块 OB100 的控制程序。

在组织块 OB100 中实现启动复位功能，即初始化所有输出变量，控制程序如图 7-34 所示。

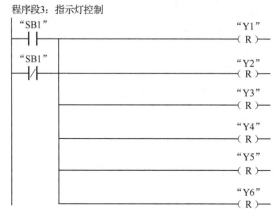

图 7-34　OB100 控制程序

（5）编写 OB1 主程序。

OB1 控制程序如图 7-35 所示。通过调用 FB1，并赋予不同的实际参数，从而实现对 3 个水箱的水位控制。

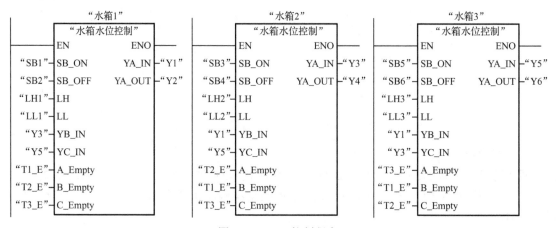

图 7-35　OB1 控制程序

7.6.4 机械手控制系统程序设计

图 7-36 所示为机械手控制系统,它用来将工件从 A 点搬运到 B 点。通过汽缸(或其他动力装置)带动机械手进行上升、下降、左行和右行,机械手安装夹紧装置采用单线圈电磁阀控制,线圈得电时工件被夹紧,线圈失电时工件被松开。系统安装 4 个位置传感器,用于检测机械手上限位、下限位、左限位和右限位。控制要求如下。

(1) 为了保证在紧急情况下(包括 PLC 发生故障时)能可靠地停止机械手所有动作,系统设计交流接触器 KM,运行时按下"负载电源"按钮,使 KM 线圈得电并自锁,KM 的主触点接通,给外部负载提供交流电源,出现紧急情况时,按下"紧急停止"按钮,断开负载电源,停止所有动作。

(2) 机械手在最上面和最左边,并且夹紧装置松开时,称为系统处于原点位(或称初始状态)。机械手从原点位出发,将工件从 A 点搬运到 B 点,最后返回原点位的过程,称为一个工作周期。为了满足生产需要,设备具有手动、单周期、连续、单步和回原点 5 种工作方式。

① 手动工作方式:用操作面板上 6 个按钮分别独立控制机械手的上升、下降、左行、右行、松开和夹紧。

② 单周期工作方式:机械手处于原点位时,按下启动按钮,机械手按照 A 点下降→夹紧→A 点上升→右行→B 点下降→松开→B 点上升→左行的动作顺序,完成一个工作周期后,停留在原点位。

③ 连续工作方式:机械手处于原点位时,按下启动按钮,机械手完成一个工作周期的工作后,又开始进入下一个工作周期,反复、连续地工作。按下停止按钮并不立即停止工作,而是完成最后一个动作后,系统返回并停留在原点位。

④ 单步工作方式:从原点位开始,按下启动按钮,机械手 A 点下降,到达下限位后自动停止工作并等待,再次按下启动按钮,开始执行夹紧操作,每次按下启动按钮,只按顺序完成一步动作;单步工作方式常用于系统的调试。

⑤ 回原点工作方式:在进入单周期、连续和单步工作方式之前,系统应处于原点位,如果不满足这一条件,可以选择回原点工作方式,然后按下启动按钮,使系统自动返回原点位。

系统操作面板如图 7-37 所示,左右部的 6 个按钮是手动按钮。PLC 的外部接线图如图 7-38 所示,单选开关的 5 个位置分别对应 5 种工作方式。

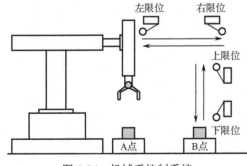

图 7-36 机械手控制系统

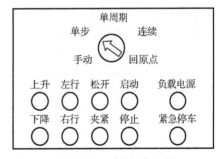

图 7-37 系统操作面板

实现过程如下。

(1) 程序的总体结构。

为增加程序的可读性,编写符号表如表 7-10 所示,后续程序均采用符号显示方式。

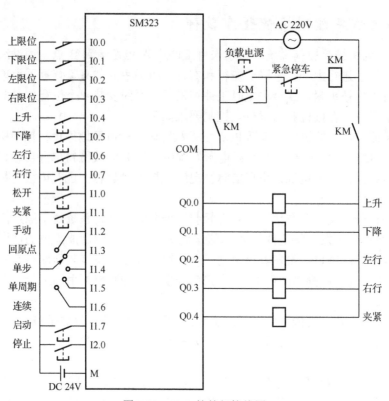

图 7-38　PLC 的外部接线图

表 7-10　符号表

序　号	符　号	地　址	数据类型	序　号	符　号	地　址	数据类型
1	公共程序	FC1	—	17	单步	I1.4	BOOL
2	手动程序	FC2	—	18	单周期	I1.5	BOOL
3	自动程序	FC3	—	19	连续	I1.6	BOOL
4	回原点程序	FC4	—	20	启动按钮	I1.7	BOOL
5	上限位	I0.0	BOOL	21	停止按钮	I2.0	BOOL
6	下限位	I0.1	BOOL	22	上升阀	Q0.0	BOOL
7	左限位	I0.2	BOOL	23	下降阀	Q0.1	BOOL
8	右限位	I0.3	BOOL	24	左行阀	Q0.2	BOOL
9	上升按钮	I0.4	BOOL	25	右行阀	Q0.3	BOOL
10	下降按钮	I0.5	BOOL	26	夹紧阀	Q0.4	BOOL
11	左行按钮	I0.6	BOOL	27	初始步	M0.0	BOOL
12	右行按钮	I0.7	BOOL	28	原点条件	M0.5	BOOL
13	松开按钮	I1.0	BOOL	29	转换允许	M0.6	BOOL
14	夹紧按钮	I1.1	BOOL	30	连续标志	M0.7	BOOL
15	手动	I1.2	BOOL	31	A 点降步	M2.0	BOOL
16	回原点	I1.3	BOOL	32	夹紧步	M2.1	BOOL

续表

序号	符号	地址	数据类型	序号	符号	地址	数据类型
33	A点升步	M2.2	BOOL	36	松开步	M2.5	BOOL
34	右行步	M2.3	BOOL	37	B点升步	M2.6	BOOL
35	B点降步	M2.4	BOOL	38	左行步	M2.7	BOOL

在主程序 OB1 中，采用调用功能（FC）的方式来实现各种工作方式的切换，如图 7-39 所示。公用程序 FC1 是无条件调用的，为各种工作方式所公用。由外部接线图可知，工作方式选择开关是单刀 5 掷开关，同一时刻只能选择某一种工作方式。方式选择开关在手动位置时调用手动程序 FC2，选择回原点工作方式时调用回原点程序 FC4。用户可以为单周期、连续和单步工作方式分别设计一个单独的子程序。考虑到这些工作方式使用相同的顺序功能图，程序有很多共同之处，为了简化程序，减少程序设计的工作量，将单周期、连续和单步这 3 种工作方式的程序合并为自动程序 FC3。在自动程序中，应考虑用什么方法区分这 3 种工作方式。

（2）OB100 中的初始化程序。

机械手在最上面、最左边的位置且夹紧装置松开时，系统处于原点位，此时左限位开关 I0.2、上限位开关 I0.0 的常开触点和表示夹紧装置松开的常闭触点组成的串联电路接通，原点条件标志 M0.5 为 1 状态，如图 7-40 所示。

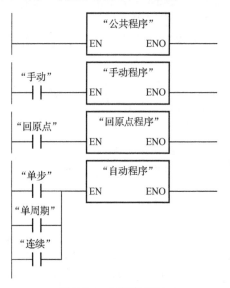

图 7-39 主程序 OB1

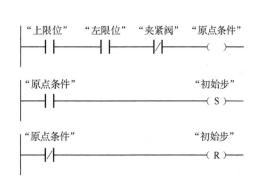

图 7-40 初始化程序 OB100

CPU 刚进入 RUN 模式的第一个扫描周期时，执行图 7-40 所示的组织块 OB100。如果此时原点条件满足，则 M0.5 为 1 状态，顺序功能图中的初始步对应的 M0.0 被置位为活动步，为进入单周期、连续和单步工作方式做好准备。如果 M0.5 为 0 状态，则原点条件不满足，初始步 M0.0 被复位为非活动步，无法在单周期、连续和单步工作方式下工作。

（3）公用程序。

图 7-41 所示的公用程序用于处理各种工作方式都要执行的任务，以及不同的工作方式之间相互切换的处理。当系统处于手动工作方式或回原点方式时，对应输入位为 1 状态，常开触点闭合，与 OB100 中的处理相同，如果此时满足原点条件，则顺序功能图中的初始步对应的 M0.0 被置位。如果此时原点条件 M0.5 为 0 状态，则初始步 M0.0 被复位为非活动步，无法在单周期、

连续和单步工作方式下工作。

从一种工作方式切换到另一种工作方式时,应将有存储功能的位元件复位。工作方式较多时,应仔细考虑各种可能的情况,分别进行处理。在切换工作方式时应执行下列操作。

① 当系统从自动工作方式切换到手动或自动回原点工作方式时,必须用 MOVE 指令将顺序功能图中除初始步之外的各步对应的存储器位(M2.0~M2.7,即 MB2)复位,否则在返回自动工作方式时,可能会出现同时有多个活动步的异常情况,引起错误动作。

② 在退出自动回原点工作方式时,回原点开关 I1.3 为 0 状态,常闭触点闭合。此时应使用 MOVE 指令,将自动回原点的顺序功能图中所有步对应的存储器位(M1.0~M1.5)复位,以防止下次进入自动回原点方式时,可能会出现同时有多个活动步的异常情况。

③ 在非连续工作方式时,连续开关 I1.6 为 0 状态,常闭触点闭合,将连续标志 M0.7 复位。

(4) 手动程序。

图 7-42 所示是手动程序 FC2,手动操作时用 6 个按钮控制机械手的上升、下降、左行、右行、夹紧和松开。为了保证系统的安全运行,在手动程序中设置了一些必要的连锁。

① 用 4 个限位开关 I0.0~I0.3 的常闭触点限制机械手运动的极限位置。

② 设置上升与下降之间、左行与右行之间的互锁,用来防止功能相反的两个输出同时为 1 状态。

③ 上限位开关 I0.0 的常开触点与左行、右行电磁阀的线圈串联,机械手上升到最高位置时才能左、右移动,以防止机械手在较低位置运行时与其他物体碰撞。

④ 机械手在最左边或最右边(左、右限位开关 I0.2 或 I0.3 为 1 状态)时,才允许进行上升、下降、松开工件(复位夹紧阀)操作。

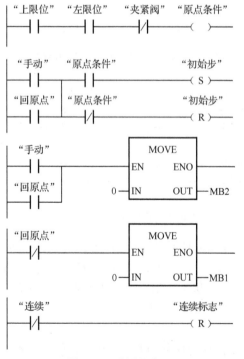

图 7-41 公用程序 FC1

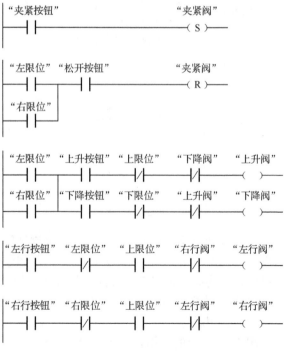

图 7-42 手动程序 FC2

(5) 自动程序。

图 7-43 所示是处理单周期、连续和单步工作方式的自动程序 FC3 的顺序功能图,上面的

转换条件与公用程序有关。其顺序功能图是用置位复位指令设计的程序。单周期、连续和单步这3种工作方式主要是用"连续"标志M0.7和"转换允许"M0.6来区分的。

① 单周期与连续的区分。

PLC上电后,如果原点条件不满足,应首先进入手动或回原点方式,通过相应的操作满足原点条件,公用程序使初始步M0.0为1状态,然后切换到自动方式。

系统工作在连续或单周期工作方式时,单步开关I1.4为0状态,常闭触点接通,转换允许标志M0.6为1状态,控制置位复位电路中的M0.6的常开触点接通,允许步与步之间的正常转换。

在连续工作方式中,连续开关I1.6和转换允许标志M0.6为1状态。假设机械手处于原点位,原点条件标志M0.5和初始步M0.0为1状态,按下启动按钮I1.7,"A点降步"M2.0变为1状态,下降阀Q0.1的线圈"通电",机械手下降。与此同时,连续标志M0.7的线圈通电并自保持。

机械手碰到下限位开关I0.1时,转换到"夹紧步"M2.1,夹紧阀Q0.4被置位,工件被夹紧。同时接通延时定时器T0开始定时,1s后定时时间到,夹紧操作完成,定时器T0的常开触点闭合,"A点升步"M2.2被置位为1,机械手开始上升。后续操作按照顺序功能图依次进行。

当机械手执行"左行步"M2.7并返回最左边时,左限位开关I0.2变为1状态,因为连续标志M0.7为1状态,满足转换条件M0.7*I0.2,系统将返回"A点降步"M2.0,反复连续的工作下去。

按下停止按钮I2.0后,连续标志M0.7变为0状态,但系统不会立即停止工作,完成当前工作周期的全部操作后,机械手返回最左边,左限位开关I0.2为1状态,满足转换条件$\overline{M0.7}$*I0.2,系统才返回并停留在初始步。

在单周期工作方式中,连续标志M0.7一直处于0状态。当机械手在最后一步M2.7返回到最左边时,左限位开关I0.2为1状态,因为连续标志M0.7为0状态,满足转换条件$\overline{M0.7}$*I0.4,则系统返回并停留在初始步,机械手停止运动。按一次启动按钮,系统只工作一个周期。

② 单步工作方式。

在单步工作方式中,单步开关I1.4为1状态,它的常闭触点断开,转换允许标志M0.6在一般情况下为0状态,不允许步与步之间的转换。设初始步时系统处于原点位,按下启动按钮I1.7,转换允许标志M0.6在一个扫描周期为1状态,"A点降步"M2.0被置位为活动步,机械手下降。在启动按钮上升沿之后,M0.6变为0状态。

同理,在图7-44所示的转换程序中,即使前面所有的条件均满足(常开触点闭合),如果没有按启动按钮,转换允许标志M0.6处于0状态,也不会转换到下一步。直到按下启动按钮,M0.6的常开触点接通一个扫描周期,才能置位下一步,同时复位本步。

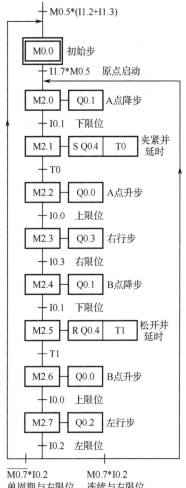

图7-43 FC3的顺序功能图

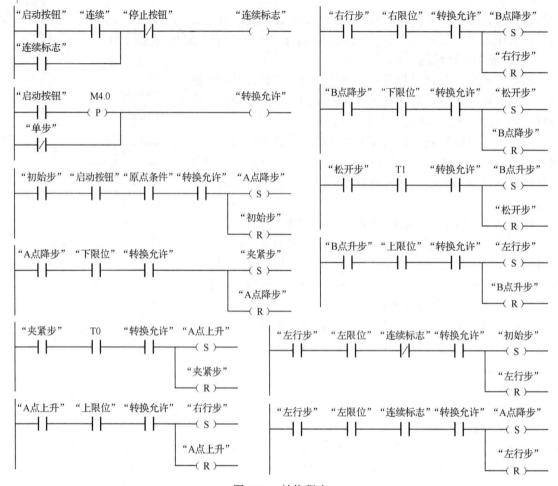

图 7-44 转换程序

③ 输出电路程序。

输出电路程序（见图 7-45）是自动程序 FC3 的一部分，输出电路程序中 4 个限位开关的常闭触点是为单步工作方式设定的。以右行为例，当机械手碰到右限位开关 I0.3 后，与"右行步"对应的位存储器 M2.3 不会立即变为 0 状态，如果右行电磁阀 Q0.3 的线圈不与右限位开关 I0.3 的常闭触点串联，则机械手不能停在右限位开关处，还会继续右行，对于某些设备，可能会造成事故。

④ 自动返回原点程序。

图 7-46 所示是自动回原点程序 FC4 的顺序功能图，图 7-47 所示是用置位复位电路设计的梯形图。在回原点工作方式中，回原点开关 I1.3 为 1 状态，在 OB1 中调用 FC4。在回原点方式中按下启动按钮 I1.7，机械手可能处于任意状态。根据机械手当时所处的位置和夹紧装置的状态，可以分为 3 种情况，采用不同的处理方法，如图 7-46 所示。

● 夹紧装置松开。

如果夹紧装置松开，Q0.4 为 0 状态，则机械手应上升和左行，直接返回原点位置。按下启动按钮 I1.7，因满足转换条件 I1.7*$\overline{Q0.4}$，机械手进入图 7-46 所示的"B 点升步"M1.4。如果机械手已经在最上面，上限位开关 I0.0 为 1 状态，进入"B 点升步"后，因为满足转换条件，所以将立即转换到"左行步"。

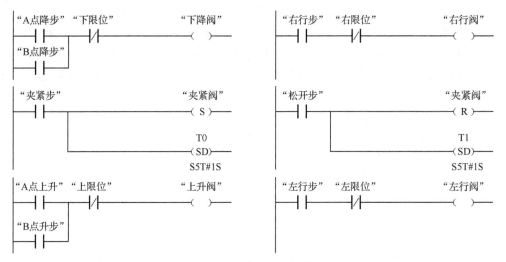

图 7-45 输出电路程序

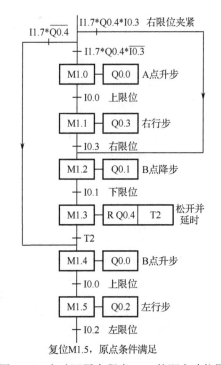

图 7-46 自动回原点程序 FC4 的顺序功能图

● 夹紧装置夹紧,机械手在最右边。

如果夹紧装置夹紧,机械手在最右边,Q0.4 和右限位开关 I0.3 均为 1 状态,则机械手应将工件放到 B 点后再返回原点位置。按下启动按钮 I1.7,因为满足转换条件 I1.7*Q0.4*I0.3,所以机械手进入"B 点降步"M1.2,执行下降动作,然后按照顺序功能图依次执行松开、B 点上升、左行,最后返回原点位置。如果机械手已经在最下面,则下限位开关 I0.1 为 1 状态。进入"B 点降步"后,因为已经满足转换条件,所以将立即转换到"松开并延时"。

● 夹紧装置夹紧,机械手不在最右边。

如果夹紧装置夹紧,机械手不在最右边,Q0.4 为 1 状态,右限位开关 I0.3 为 0 状态,则机械手应先在 A 点上升、右行、下降，将工件放到 B 点后再返回原点位置。按下启动按钮 I1.7，因为满足转换条件 I1.7*Q0.4*$\overline{I0.3}$，所以机械手进入"A 点升步"M1.0，执行上升动作，然后执行右行、下降和松开工件，将工件搬运到 B 点后再上升、左行，返回原点位置。如果机械手已经在最上面，则上限位开关 I0.0 为 1 状态。进入"A 点升步"后，因为已经满足转换条件，所以将立即转换到"右行步"。

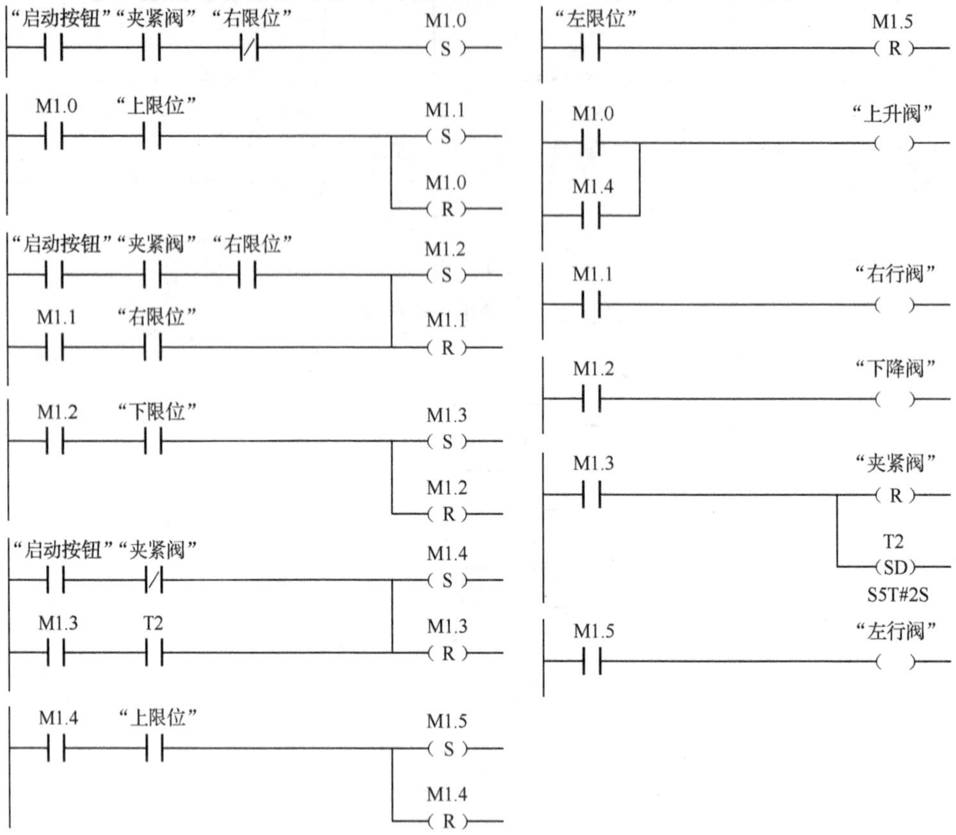

图 7-47 用置位复位电路设计的梯形图

自动返回原点的操作结束后，满足原点条件。公用程序中的原点条件标志 M0.5 变为 1 状态，顺序功能图中的初始步 M0.0 在公用程序中被置位，为进入单周期、连续或单步工作方式做好了准备，因此可以认为图 7-43 中的初始步 M0.0 是左行步 M1.5 的后续步。

本章小结

本章重点介绍了 S7-300 PLC 用户程序的基本单元、程序基本结构、顺序功能图及它们在程序设计中的应用。通过本章学习，读者应进一步掌握 PLC 的编程技巧，能够根据具体控制系统选用合适的程序结构进行编程，对于顺序控制系统能够熟练掌握顺序功能图的设计方法。

(1) 在 STEP 7 软件中，程序的基本单元是"块"，OB、FC、FB、SFC 和 SFB 包含程序段，因此称为逻辑块；DB 和 DI 用于放置程序所需的数据，因此称为数据块。掌握每种块的功能及各块之间的组织关系是编写程序的基础。

（2）编写复杂程序时，学会使用符号表，建立绝对地址和符号地址的一一对应关系，从而能够增加程序可读性，便于程序编写、调试和修改。

（3）掌握功能和功能块之间的区别，当功能和功能块用于具有形参的通用程序逻辑块时，需要定义局部变量，并编写通用功能程序。

（4）编写用户程序时，通常采用线性化编程、分块化编程、结构化编程3种基本方法或它们的组合，这3种方法各有特点，适合不同的应用场合，其中结构化编程方法可以大大简化程序设计过程，减少代码长度，提高编程效率，程序可移植性好。

（5）按照生产工艺预先规定的顺序，在各个输入信号的作用下，根据内部状态和时间的顺序，在生产过程中各个执行机构自动、有秩序地进行操作称为顺序控制。采用顺序功能图描述工艺过程和控制要求，并通过置位、复位等方法转换为具体程序，从而使程序编写、调试和修改变得简单。

思考题与练习题

1．填空题

（1）逻辑块包括_____、_____、_____、_____和_____。

（2）背景数据块中的数据是功能块的_____中的数据（不包括临时数据）。

（3）调用_____和_____时需要指定其背景数据块。

（4）用户程序的基本结构包括_____、_____和_____。

（5）顺序功能图主要由_____、_____、_____、_____和_____组成。

（6）顺序功能图的基本结构包括_____、_____和_____。

2．设计求圆周长的功能FC1，FC1的输入变量为直径Diameter（整数），圆周率取3.14，输出变量为周长Circle（实数）。在OB1中调用FC1，直径的输入值为常数100，存放周长的地址为MD20。

3．简述划分步的原则。

4．简述转换实现的条件和转换实现时应完成的操作。

5．天塔之光如图7-48所示。启动、停止按钮均为自复位常开触点，要求按下启动按钮（I0.0）后，按以下的规律显示：（L1）→（L2、L4）→（L3、L5）→（L6、L8）→（L7、L9）→（L2、L3、L4、L5）→（L6、L7、L8、L9），各组均显示1s，然后循环，按下停止按钮后所有灯立即熄灭。

6．设计图7-49所示顺序功能图的梯形图程序。

7．现有三台电动机，要求按下启动按钮，第一台电动机启动，10s后第二台电动机自动启动，第二台电动机运行30s后，第一台电动机停止并同时使第三台电动机自动启动，再运行15min后，电动机全部自动停止。如果使用PLC控制，试：

（1）画出PLC外部端子接线图；

（2）写出具体程序。

8．如图7-50所示，小车开始停在中间，限位开关I0.0为ON状态。按下启动按钮（连接PLC的I0.7通道）后，小车按图所示的顺序运动（M0.1→M0.2→M0.3），最后返回并停在初始位置。试编写控制程序（采用经验法和顺序控制设计法）。

9．当I0.0为ON时，控制图7-51所示的LED七段数码管依次循环显示"1"→"3"→"5"

→ "7"→"9" 5个数字,每个数字显示 1s,当 I0.0 为 OFF 时,完成当前显示周期后停止。画出顺序功能图,并写出梯形图程序。

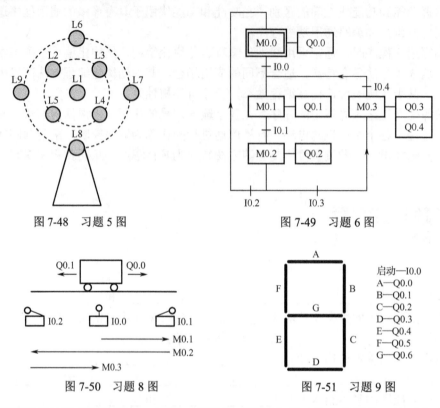

图 7-48 习题 5 图　　　　图 7-49 习题 6 图

图 7-50 习题 8 图　　　　图 7-51 习题 9 图

10. 某剪板机的示意图如图 7-52 所示,原始位时压钳和剪刀均在上限位,按下启动按钮 I1.0,板料右行（Q0.0 为 ON）至限位开关处,然后压钳下行（Q0.1 为 ON）,当压钳压紧后,压力继电器 I0.4 为 ON,剪刀开始下行（Q0.2 为 ON）剪断板料。延时 2s 后,压钳和剪刀同时上行（Q0.3 和 Q0.4 为 ON）,当它们分别碰到各自的限位开关后,板料再次右行,重复上述剪板操作,当剪板数量达到 10 个后,压钳和剪刀回到原始位,停止工作。当再次按下启动按钮后,重复上述剪切过程。

（1）画出 PLC 的外部接线图。
（2）画出剪板机的顺序功能图。
（3）设计具体程序实现控制功能。

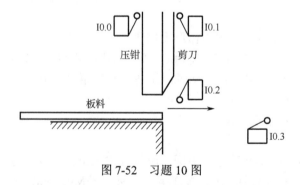

图 7-52 习题 10 图

11. 如图 7-21 所示的搅拌控制系统,要求实现手动、单周期、连续、单步 4 种工作方式。试设计系统操作面板、PLC 外部接线图,列出符号表并编写程序。

第 8 章 S7-300 在模拟量闭环控制系统中的应用

【教学目标】
1. 了解模拟量闭环控制系统的组成。
2. 掌握 PID 闭环控制的方法。

【教学重点】
PID 控制器。

8.1 模拟量闭环控制与 PID 控制器

8.1.1 模拟量闭环控制系统的组成

1. 模拟量闭环控制系统

在工业生产中,一般用闭环控制方式来控制温度、压力、流量这类连续变化的模拟量,使用最多的是 PID 控制器。典型的 PLC 模拟量闭环控制系统如图 8-1 所示,点画线中的部分是用 PLC 实现的。

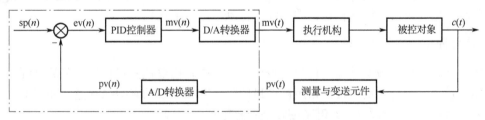

图 8-1 PLC 模拟量闭环控制系统

在模拟量闭环控制系统中,被控量 $c(t)$ 是连续变化的模拟量,大多数执行机构(如电动调节阀和变频器等)要求 PLC 输出模拟量信号 $mv(t)$,而 PLC 的 CPU 只能处理数字量。

以加热炉温度闭环控制系统为例,用热电偶检测被控量 $c(t)$(温度),温度变送器将热电偶输出的微弱电压信号转换为标准量程的直流电流或直流电压 $pv(t)$,如 4~20mA 和 0~10V 的信号,PLC 用模拟量输入模块中的 A/D 转换器,将它们转换为与温度成比例的二进制数过程变量 $pv(n)$。$pv(n)$ 又称反馈值,CPU 将它与温度设定值 $sp(n)$ 比较,误差 $ev(n)= sp(n)-pv(n)$。

PID 控制器以误差 $ev(n)$ 为输入量,进行 PID 控制运算。模拟量输出模块的 D/A 转换器将 PID 控制器的数字量输出值 $mv(n)$ 转换为直流电压或直流电流 $mv(t)$,用它来控制电动调节阀的开度。用电动调节阀控制加热用的天然气流量，实现对温度 c(t)的闭环控制。

CPU 以固定的时间间隔周期性地执行 PID 功能块，其间隔时间称为采样时间 T_s。各数字量括号中的 n 表示该变量的第 n 次采样计算。

闭环负反馈控制可以使控制系统的反馈值 pv(n)等于或跟随设定值 sp(n)。以炉温控制系统为例，假设被控温度值 c(t)低于给定的温度值，则反馈值 pv(n)将小于设定值 sp(n)，误差 ev(n)为正，控制器输出量 mv(t)将增大，使执行机构（电动调节阀）的开度增大，进入加热炉的天然气流量增加，加热炉的温度升高，最终使实际温度接近或等于设定值。

天然气压力的波动、常温的工件进入加热炉等，这些因素称为扰动量，它们会破坏炉温的稳定，有的扰动量很难检测和补偿。闭环控制具有自动减小和消除误差的功能，可以有效地抑制闭环中各种扰动对被控量的影响，使反馈值 pv(n)趋近于设定值 sp(n)。

2．变送器的选择

变送器用于将传感器提供的电量或非电量转换为标准量程的直流电流信号或直流电压信号，如 DC 0～10V 和 4～20mA 的信号。变送器分为电流输出型和电压输出型，电压输出型变送器具有恒压源的性质，PLC 模拟量输入模块的电压输入端的输入阻抗很高，如100kΩ～10MΩ。如果变送器距离 PLC 较远，那么电路间的分布电容和分布电感产生的干扰信号电流在模块的输入阻抗上将会产生较高的干扰电压。例如，1μA 干扰电流在 10MΩ 输入阻抗上产生的干扰电压信号为 10V，所以远程传送模拟量电压信号时抗干扰能力很差。

电流输出具有恒流源的性质，恒流源的内阻很大。PLC 模拟量输入模块输入电流时，输入阻抗较低（如 250Ω）。电路上的干扰信号在模块的输入阻抗上产生的干扰电压很低，所以模拟量电流信号适用于远程传送。电流传送比电压传送的距离远得多。S7-300 的模拟量输入模块使用屏蔽电缆信号线时，允许的最大传送距离为 200m。

变送器分为二线制和四线制两种，四线制变送器有两根信号线和两根电源线。二线制变送器只有两根外部接线，如图 8-2 所示，它们既是电源线，也是信号线，输出 4～20mA 的信号电流，DC 24V 电源串接在回路中，有的二线制变送器通过隔离式安全栅供电。通过调试，在被检测信号量程的下限时输出电流为 4mA，被检测信号满量程时输出电流为 20mA。二线制变送器的接线少，信号可以远距离传送，在工业中得到了广泛的应用。

3．闭环控制的主要性能指标

由于给定输入信号或扰动输入信号的变化，系统的输出量达到稳定值之前的过程称为过渡过程或动态过程。系统的动态性能常用被控量的阶跃响应曲线的参数来描述，如图 8-3 所示。阶跃输入信号在 $t=0$ 之前为 0，$t>0$ 时为某一个恒定值。

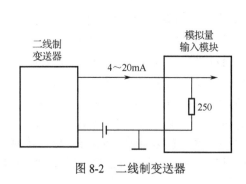

图 8-2　二线制变送器

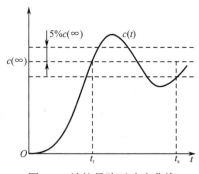

图 8-3　被控量阶跃响应曲线

被控量 $c(t)$ 从 0 开始上升，第一次达到稳态值的时间 t_r 称为上升时间，上升时间反映了系统在响应初期的快速性。

一个系统要正常工作，阶跃响应曲线应该是收敛的，最终能趋近于某一稳态值 $c(\infty)$。阶跃响应曲线进入并停留在稳态值 $c(\infty)$ 的±5%（或±2%）误差带的时间 t_s 称为调节时间，到达调节时间表示过渡过程已基本结束。

设动态过程中输出量的最大值为 $c_{max}(t)$，如果它大于输出量的稳态值 $c(\infty)$，则定义超调量为：

$$\sigma\% = \frac{c_{max}(t) - c(\infty)}{c(\infty)} \times 100\%$$

超调量反映了系统的相对稳定性，它越小动态稳定性越好，一般希望超调量小于10%。

系统的稳态误差是指响应进入稳态后，输出量的期望值与实际值之差，它反映了系统的稳态精度。

4．闭环控制反馈极性的确定

闭环控制必须保证系统是负反馈（误差=设定值-反馈值），而不是正反馈（误差=设定值+反馈值）。如果系统接成了正反馈，则将会失控，被控量会在单一方向增大或减小，给系统的安全带来极大的威胁。

闭环控制系统的反馈极性与很多因素有关，例如，因为接线改变了变送器输出电流或输出电压的极性，或者改变了绝对式位置传感器的安装方向，都会改变反馈的极性。

可以用下述方法来判断反馈的极性。在调试时断开模拟量输出模块与执行机构之间的连线，在开环状态下运行 PID 控制程序。如果控制器中有积分环节，因为反馈被断开了，不能消除误差，所以模拟量输出模块的输出电压或电流会向一个方向变化。这时如果接上执行机构，能减小误差，即为负反馈，反之为正反馈。

以温度控制系统为例，假设开环运行时设定值大于反馈值，则模拟量输出模块的输出值不断增大，如果形成闭环，那么将使电动调节阀的开度增大，闭环后温度反馈值将会增大，使误差减小，由此可以判定系统是负反馈。

5．闭环控制带来的问题

使用闭环控制后，并不能保证良好的动态、静态性能，这主要是由于系统中的滞后因素造成的，闭环中的滞后因素主要来自被控对象。

以调节洗澡水的温度为例，我们用皮肤检测水的温度，人的大脑是闭环控制器。假设水温偏低，往热水增大的方向调节阀门后，因为水从阀门到流到身上有一段距离，所以需要经过一定的时间延迟，才能感到水温的变化。如果调节阀门的角度太大，则会造成水温忽高忽低，来回振荡。如果没有滞后，则调节阀门后马上就能感到水温的变化，这样就很好调节了。

如果 PID 控制器的参数整定不好，就会使 PID 控制器的输出量变化幅值过大，调节过头，将会使得超调量过大，系统甚至会不稳定，阶跃响应曲线出现等幅振荡或振幅越来越大的发散振荡。PID 控制器的参数整定不好的另一个极端现象是阶跃响应曲线没有超调，但响应过于迟缓，调节时间很长。

6．正作用和反作用调节

PID 的正作用和反作用是指 PID 的输出量与被控量之间的联系。在开环状态下，PID 控制器输出量控制的执行机构的输出量增大使被控量增大的是正作用；使被控量减小的是反作用。以加热炉温控制系统为例，其执行机构的输出量（调节阀的开度）增大使被控对象的温度升高，这就是一个典型的正作用。制冷则恰恰相反，PID 输出值控制的压缩机的输出功率增加使被控对象的温度降低，这就是反作用。

把 PID 回路的增益（即放大系数）设为负数，即可实现 PID 反作用调节。

8.1.2 PID 控制器的数字化

1. PID 控制器的优点

PID 是比例、积分、微分的缩写，目前各种控制产品（如 PLC、DCS、工控机和专用的控制器）几乎都使用 PID 控制器，因此 PID 控制器是应用最广的闭环控制器。这是因为 PID 控制具有以下优点。

（1）不需要被控对象的数学模型。

大学的电类专业有一门课程叫作自动控制理论，它专门研究闭环控制的理论问题。这门课程的分析和设计方法主要建立在被控对象的线性定常数数学模型的基础上。该模型忽略了实际系统中的非线性和时变性，与实际系统有较大的差距，实际上很难建立被控对象较为准确的数学模型。此外，自动控制理论主要采用频率法和根轨迹法来分析和设计系统，它们属于间接的研究方法。由于上述原因，自动控制理论中的控制器设计方法很少直接用于实际的工业控制中。

PID 控制采用完全不同的思路，它不需要被控对象的数学模型，通过调节控制器少量的参数就可以得到较为理想的控制效果。

（2）结构简单，容易实现。

PLC 厂家提供了实现 PID 控制功能的多种硬件、软件产品，如 PID 闭环控制模块、PID 控制指令和 PID 控制功能块等，它们的使用简单方便，编程工作量少，只需要调节少量的参数就可以获得较好的控制效果，各参数有明确的物理意义。

（3）有较强的灵活性和适应性。

可以用 PID 控制器实现多回路控制、串级控制等复杂的控制。根据被控对象的具体情况，可以采用 PID 控制器的多个变种和改进的控制方式，如 PI、PD、带死区的 PID、被控量微分 PID 和积分分离 PID 等。随着智能控制技术的发展，PID 控制与现代控制方法结合，可以实现 PID 控制器的参数自整定，使 PID 控制器具有经久不衰的生命力。

2. PID 控制器在连续控制系统中的表达式

PID 控制器的传递函数为：

$$\frac{\text{MV}(s)}{\text{EV}(s)} = K_P \left(1 + \frac{1}{T_I s} + T_D s\right)$$

模拟量 PID 控制器的输出表达式为：

$$\text{mv}(t) = K_P \left[\text{ev}(t) + \frac{1}{T_I}\int \text{ev}(t)\text{d}t + T_D \frac{\text{dev}(t)}{\text{d}t}\right] + M \tag{8-1}$$

式中，控制器的输入量（误差信号）为：

$$\text{ev}(t) = \text{sp}(t) - \text{pv}(t)$$

sp(t)为设定值，pv(t)为过程变量（反馈值），mv(t)是控制器的输出信号，K_P 为比例系数（FB41 称为增益），T_I 和 T_D 分别是积分时间和微分时间，M 是积分部分的初始值。

式（8-1）中等号右边方括号内的 3 项分别是比例、积分、微分部分，它们分别与误差 $ev(t)$、误差的积分和误差的一阶导数成正比。如果取其中的一项或两项，可以组成 P、PI 或 PD 调节器。一般采用 PI 控制方式，控制对象的惯性滞后较大时，应采用 PID 控制方式。

积分和导数是高等数学的概念，它们都有明确的几何意义，并不难理解。控制器输出量中比例、积分、微分部分都有明确的物理意义。

3．比例控制

PID 的控制原理可以用人对炉温的手动控制来理解。假设用热电偶检测炉温，用数字式仪表显示温度值。在人工控制过程中，操作人员用眼睛读取炉温，并与炉温的设定值进行比较，得到温度的误差值。用手动操作电位器，调节加热的电流，使炉温保持在设定值附近。有经验的操作人员通过手动操作可以得到良好的控制效果。

操作人员知道使炉温稳定在设定值时电位器的大致位置（我们称它为位置 L），并根据当时的温度误差值调整电位器的转角。当炉温小于设定值时，误差为正，在位置 L 的基础上顺时针增大电位器的转角，以增大加热的电流。令调节后的电位器转角与位置 L 的差值和误差绝对值成正比，误差绝对值越大，调节的角度越大。上述控制策略就是比例控制，即 PID 控制器输出中的比例部分与误差成正比，比例系数（增益）为式（8-1）中的 K_P。

闭环中存在着各种各样的延迟作用。例如，调节电位器转角后，到温度上升至新的转角对应的稳态值有较大的延迟。温度的检测、模拟量转换为数字量和 PID 的周期性计算都有延迟。由于延迟因素的存在，调节电位器转角后不能马上看到调节效果，因此闭环控制系统调节困难的主要原因是系统中的延迟作用。

如果增益太小，即调节后电位器转角与位置 L 的差值太小，调节的力度不够，则将使温度的变化缓慢，调节时间过长。如果增益过大，即调节后电位器转角和位置 L 的差值过大，调节力度太强，造成调节过头，则可能使温度忽高忽低，来回振荡。

与具有较大滞后的积分控制作用相比，比例控制作用与误差同步，在误差出现时，比例控制能立即起作用，使被控量朝着误差减小的方向变化。如果闭环控制系统中没有积分作用，则由理论分析可知，单纯的比例控制有稳态误差，稳态误差与增益成反比。若增益增大，开始时被控量的上升速度加快，稳态误差减小，但超调量会增大，振荡次数增加，调节时间加长，动态性能变坏。增益过大甚至会使闭环系统不稳定。因此，单纯的比例控制很难兼顾动态性能和稳态性能。

4．积分控制

在上述的温度控制系统中，积分控制相当于根据当时的误差值，周期性地微调电位器的角度。温度低于设定值时误差为正，积分项增大一点，使加热电流增加；反之积分项减小一点。只要误差值不为 0，控制器的输出就会因为积分的作用而不断变化。积分这种微调的大方向是正确的，因此积分项有减小误差的作用。只要误差不为 0，积分项就会使被控量朝着减小误差的方向变化。在误差很小时，比例部分和微分部分的作用几乎可以忽略不计，但积分项仍然在不断变化，用"水滴石穿"的力量，使误差趋近于 0。

当系统处于稳定状态时，误差恒为 0，比例部分和微分部分均为 0，积分部分不再变化，并且刚好等于稳态时需要的控制器的输出值，对应于上述温度控制系统中电位器转角的位置 L。因此，积分部分的作用是消除稳态误差，提供控制精度，积分作用一般是必需的。

积分项与当前误差值和过去的历次误差值的累加值成正比，所以积分作用具有严重的滞后特性，对系统的稳定性不利。如果积分时间设置不好，其负面作用很难通过积分作用迅速地修正。如果积分作用太强，相当于每次微调电位器的角度值过大，其累积的作用与增益过大相同，则会使系统动态性能变差，超调量增大，甚至会使系统不稳定。如果积分作用太弱，则消除误差的速度太慢。

PID 比例部分没有延迟，只要误差一出现，比例部分就会立即起作用。具有滞后特性的积分作用很少单独使用，它一般与比例控制和微分控制联合使用，组成 PI 或 PID 控制器，PI 和 PID 控制器既克服了单纯的比例调节有稳态误差的缺点，又避免了单纯的积分调节响应慢、动态性能不好的缺点，因此被广泛应用。

如果控制器有积分作用（如 PI 或 PID 控制），积分能消除阶跃输入的稳态误差，这时就可以将增益调得小一些。

积分时间 T_I 在式（8-1）的积分项的分母中，T_I 越小，积分项变化的速度越快，积分作用越强。综上所述，积分作用太强（T_I 太小），系统的稳定性变差，超调量增大。积分作用太弱（T_I 太大），系统消除稳态误差的速度太慢。因此，T_I 的值应取得适中。

5. 微分控制

PID 输出的微分分量与误差的变化速率成正比，误差变化越快，微分分量的绝对值越大。微分分量的符号反映了误差变化的方向。

闭环控制系统的振荡甚至不稳定的根本原因在于有较大的滞后因素，而微分分量能预测误差变化的趋势，微分控制的超前作用可以抵消滞后因素的影响。适当的微分控制作用可以使超调量减小，调节时间缩短，增加系统的稳定性。对于有较大惯性和滞后因素的被控对象，控制器输出量变化后，要经过较长的时间才能引起反馈值的变化。如果 PI 控制器的控制效果不理想，则可以考虑在控制器中增加微分作用，以改善闭环系统的动态特性。

微分时间 T_D 与微分作用的强弱成正比，T_D 越大，微分作用越强。微分作用的本质是阻碍被控量的变化，如果微分作用太强（T_D 太大），对误差的变化压抑过度，则会使响应曲线变化迟缓，超调量反而可能增大。此外，微分作用过强会使系统抑制干扰噪声的能力降低。

综上所述，微分控制作用的强度应适当，太弱则作用不大，过强则有负面作用。如果将微分时间设置为 0，则微分控制将不起作用。

8.1.3 S7-300 实现 PID 闭环控制的方法

S7-300 为用户提供了功能强大、使用简单的模拟量闭环控制功能。

1. PID 控制模块

S7-300 的 FM335 是智能化的 4 路通用闭环控制模块，它集成了闭环控制需要的 I/O 点和软件。

2. PID 控制功能块与系统功能块

PID 控制模块的价格较高，因此一般使用普通的信号模块和 PID 控制功能块（FB）来实现 PID 控制。所有型号的 CPU 都可以使用 PID 控制功能块 FB41~FB43，以及用于温度闭环控制的 FB58 和 FB59，它们在程序编辑器左边窗口的文件夹"\库\Standard Library（标准库）\PID Controller（PID 控制器）"中，FB41~FB43 有大量的输入/输出参数，除 PID 控制器功能外，还可以处理设定值和过程反馈值，以及对控制器的输出值进行后期处理。计算所需的数据保存在指定的背景数据块中。

FB41 "CONT_C"（连续控制器）输出的数字量一般用 AO 模块转换为连续的模拟量。

FB43（脉冲发生器）与 FB41 组合，可以产生脉冲宽度调制的开关量输出信号，来控制比例执行机构，如可以用于加热和冷却控制。

FB42 "CONT_S" 用于步进控制，其特点是可以直接用它的两点开关量输出信号控制电动阀门，从而省去了电动调节阀内部的位置闭环控制器和位置传感器。

实际控制中 FB41 用得最多，FB43 用得较少，FB42 用得很少。CPU31xC 还可以使用集成在 CPU 中的 SFB41～SFB43，与 FB41～FB43 兼容。

FB58（连续温度控制）和 FB59（温度步进控制）有参数自整定功能，FB41 和 FB42 则需要安装软件 PID Self Tuner 来实现在线的参数自整定。

PID 控制器的处理速度与 CPU 的性能有关，必须在控制器的数量和控制器的计算频率（采用时间）之间折中处理。计算频率越高，单位时间的计算量越多，能同时使用的控制器的数量就越少。PID 控制器可以控制较慢的系统，如温度和物料的料位等，也可以控制较快的系统，如流量和速度等。

3．闭环控制软件包

模糊控制软件包适用于对象模型难以建立、过程特性缺乏一致性、具有非线性但可以总结出操作经验的系统。

神经网络控制系统（Neuronal System）适用于不完全了解其结构和解决方法的控制问题。它可以用于自动化的各个层次，从单独的闭环控制器到工厂的最优控制。

4．PID 控制的程序结构

应在启动时执行的组织块 OB100 中和在循环中断组织块（如 OB35）中调用 FB41～FB43。执行 OB35 的时间间隔（即 PID 控制的采样时间 T_S）在 CPU 属性设置对话框的"循环中断"选项卡中设置。

8.2 连续 PID 控制器 FB41

FB41 "CONT_C"（连续控制器）的输出为连续变量。可以用 FB41 作为单独的 PID 恒值控制器，或者在多闭环控制中实现级联控制器、混合控制器和比例控制器。控制器的功能基于模拟信号采样控制器的 PID 控制算法，如果需要的话，FB41 可以用脉冲发生器 FB43 进行扩展，产生脉冲宽度调制的输出信号，来控制比例执行机构。

PID 控制的系统功能块的参数有很多，建议结合它的框图（见图 8-4）来理解这些参数。

8.2.1 设定值与过程变量的处理

1．设定值的输入

在 FB41 内部，PID 控制器的设定值 SP_INT、过程变量输入 PV_IN 和输出值 LMN 都是浮点数格式的百分数，可以用两种方式输入过程变量（即反馈值）。

（1）BOOL 输入参数 PVPER_ON（外部设备过程变量 ON）为 0 状态时，用 PV_IN（过程变量输入）输入以百分数为单位的浮点数格式的过程变量。

（2）PVPER_ON 为 1 状态时，用 PV_PER 输入外部设备（I/O 格式）的过程变量，即用模拟量输入模块输出的数字值作为 PID 控制的过程变量。

2. 外部设备过程变量转换为浮点数

图 8-4 中的 CRP_IN 方框将 0～27 648 或 ±27 648（对应于模拟量输入的满量程）的外部设备（外设）过程变量 PV_PER，转换为 0～100% 或 ±100% 浮点数格式的百分数，CPR_IN 的输出 PV_R 用下式计算：

$$PV\_R = PV\_PER \times 100/27\,648\%$$

3. 外设变量的格式化

PV_NORM（外设变量格式化）方框用下面的公式将 CRP_IN 方框的输出 PV_R 格式化：

$$PV\_NORM 的输出 = PV\_R \times PV\_FAC + PV\_OFF$$

式中，PV_FAC 为过程变量系数，默认值为 1.0；PV_OFF 为过程变量偏移量，默认值为 0.0。PV_FAC 和 PV_OFF 用来调节外设输入过程变量的范围。它们采用默认值时，PV_NORM 方框的输入值、输出值相等。图 8-4 中的 PV（过程变量）为 FB41 输出的中间变量。

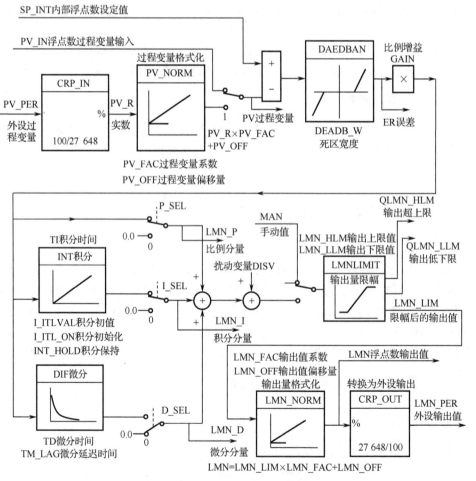

图 8-4 FB41"CONT_C"的框图

8.2.2 PID 控制算法与输出值的处理

1. 误差的计算与死区特性

SP_INT（内部设定值）是以百分数为单位的浮点数设定值。用 SP_INT 减去浮点数格式的过程变量 PV（即反馈值，见图 8-4），得到误差值。

在控制系统中，某些执行机构如果频繁动作，将会导致小幅振荡，造成严重的机械磨损。从控制要求来说，很多系统又允许被控量在一定范围内存在误差。死区环节（见图 8-4）能防止执行机构的频繁动作。当死区环节的输入量（即误差）的绝对值小于输入参数死区宽度 DEADB_W 时，死区的输出量（即 PID 控制器的输入量）为 0，这时 PID 控制器的输出分量中，比例部分和微分部分为 0，积分部分保持不变，因此 PID 控制器的输出保持不变，控制器不起调节作用，系统处于开环状态。当误差的绝对值超过 DEADB_W 时，死区环节的输入、输出为线性关系，为正常的 PID 控制。如果令 DEADB_W 为 0，则死区被关闭。

为了抑制由于控制器输出量的量化造成连续的较小振荡，如用 FB43 PULSEGEN 进行脉冲宽度调节时可能出现的振荡，也可以用死区非线性对误差进行处理。

图 8-4 中的误差 ER 为 FB 输出的中间变量。

2. 设置控制器的结构

FB41 采用位置式 PID 算法，PID 控制器的比例运算、积分运算和微分运算 3 部分并联，P_SEL、I_SEL 和 D_SEL 为 1 状态时分别启用比例、积分和微分作用，反之则禁止对应的控制作用。因此可以将控制器组态为 P、PI、PD 和 PID 控制器。很少使用单独的 I 控制器或 D 控制器，默认的控制方式为 PI 控制。

LMN_P、LMN_I 和 LMN_D 分别是 PID 控制器输出量中的比例分量、积分分量和微分分量，它们供调试时使用。

图 8-4 中的 GAIN 为比例部分的增益（或称比例系数），对应于式（8-1）中的 K_P。T_I 和 T_D 分别为积分时间和微分时间，对应于式（8-1）中的 T_I 和 T_D。

输入参数 TM_LAG 为微分操作的延迟时间，FB41 的帮助文件建议将 TM_LAG 设置为 $T_D/5$，这样可以减少一个需要整定的参数。

引入扰动变量 DISV 可以实现前馈控制，DISV 的默认值为 0.0。

3. 积分器的初始值

FB41 有一个初始化程序，在输入参数 COM_RST（完全重新启动）为 1 状态时该程序被执行。在初始化过程中，如果 BOOL 输入参数 I_ITL_ON（积分作用初始化）为 1 状态，则将输入参数 I_ITLVAL 作为积分器的初始值，所有其他输出都被设置为其默认值。

INT_HOLD 为 1 时积分操作保持不变，积分输出被冻结，一般不冻结积分输出。

4. 手动模式

BOOL 变量 MAN_ON 为 1 状态时为手动模式，为 0 状态时为自动模式。在手动模式中，控制器的输出值被手动输入值 MAN 代替。

在手动模式中，控制器输出中的积分分量被自动设置为 LMN－LMN_P－DISV，而微分分量被自动设置为 0。这样可以保证手动到自动的无扰切换，即切换前后 PID 控制器的输出值 LMN

不会突变。

5. 输出量限幅

LMNLIMIT（输出量限幅）方框用于将控制器输出值 LMN（Manipulated Value）限幅。

LMNLIMIT 的输入量高于控制器输出值的上限值 LMN_HLM 时，BOOL 输出 QLMN_HLM（输出超上限）为 1 状态；小于下限值 LMN_LLM 时，BOOL 输出 QLMN_LLM（输出低下限）为 1 状态。LMN_HLM 和 LMN_LLM 的默认值分别为 100%和 0.0%。

6. 输出量的格式化处理

LMN_NORM（输出量格式化）方框用下述公式来将限幅后的输出值 LMN_LIM 格式化：

$$LMN=LMN\_LIM \times LMN\_FAC+LMN\_OFF$$

式中，LMN 是格式化后浮点数格式的控制器输出值；LMN_FAC 为输出值系数，默认值为 1.0；LMN_OFF 为输出值偏移量，默认值为 0.0。LMN_FAC 和 LMN_OFF 用来调节控制器输出值的范围。它们采用默认值时，LMN_NORM 方框的输入值、输出值相等。

7. 输出值转换为外部设备（I/O）格式

为了将 PID 控制器的输出值送给 AO 模块，通过 CPR_OUT 方框，将 LMN（0~100%或±100%的浮点数格式的百分数）转换为外部设备（I/O）格式的变量 LMN_PER（0~27 648 或±27 648 的整数）。转换公式为：

$$LMN\_PER=LMN \times 27\ 648/100$$

本章小结

过程控制是工业控制领域的一个主要分支，其特点是模拟量参数较多。目前各种控制产品（如 PLC、DCS、工控机和专用的控制器）几乎都使用 PID 控制器，因此 PID 控制器是应用最广泛的闭环控制器。

（1）PID 是比例、积分、微分的缩写。比例控制作用与误差同步，在误差出现时，比例控制能立即起作用，使被控量朝着误差减小的方向变化。积分控制有减小误差的作用。只要误差不为 0，积分控制就会朝着减小误差的方向变化。微分控制能预测误差变化的趋势，其超前作用可以抵消滞后因素的影响。适当的微分控制作用可以减小超调量，缩短调节时间，增加系统的稳定性。

（2）所有型号的 CPU 都可以使用 PID 控制功能块 FB41~FB43，以及用于温度闭环控制的 FB58 和 FB59。实际控制中 FB41 用得最多。CPU31xC 还可以使用集成在 CPU 中的 SFB41~SFB43，与 FB41~FB43 兼容。

（3）FB58（连续温度控制）和 FB59（温度步进控制）有参数自整定功能，FB41 和 FB42 则需要安装软件 PID Self Tuner 来实现在线的参数自整定。

思考题与练习题

1. 什么是 PID 控制？其主要用途是什么？PID 中各项的主要作用是什么？

2. 设计一个基于 PID 调节的恒水位控制程序，控制要求如下。

有一个水箱可向外部用户供水，用户用水量不稳定。水箱进水可由水泵输入，现需对水箱中的水位进行恒水位控制，并可在 0~1000mm（最大值数据可根据水箱高度确定）范围内进行调节。如设定水箱水位值为 500mm 时，调节进水量，要求水箱水位能保持在 500mm 位置，如果出水量少，则控制进水量也要少，如果出水量大，则控制进水量也要大。

参 考 文 献

[1] 廖常初. S7-300/400PLC 应用技术（第 3 版）[M]. 北京：机械工业出版社，2011.

[2] 王永华. 现代电气控制技术及 PLC 应用技术（第 2 版）[M]. 北京：北京航空航天大学出版社，2008.

[3] 胡学林. 可编程控制器原理及应用[M]. 北京：电子工业出版社，2010.

[4] 董海堂. 电气控制及 PLC 应用技术（第 2 版）[M]. 北京：人民邮电出版社，2017.

[5] 王文庆. 编程控制器原理及应用[M]. 北京：人民邮电出版社，2014.

[6] 顾桂梅，王永顺. 电气控制技术与 PLC 应用项目教程[M]. 北京：机械工业出版社，2011.

[7] 西门子（中国）自动化与驱动集团. 深入浅出西门子 S7-300PLC[M]. 北京：北京航空航天大学出版社，2004.

[8] Siemens AG. Programming with STEP 7 Manual, 2006.

[9] Siemens AG. System Software for S7-300/400 System and Standard Functions Reference Manual, 2006.

[10] Siemens AG. Ladder Logic (LAD) for S7-300 and S7-400 Programming Reference Manual, 2006.

反侵权盗版声明

电子工业出版社依法对本作品享有专有出版权。任何未经权利人书面许可，复制、销售或通过信息网络传播本作品的行为，歪曲、篡改、剽窃本作品的行为，均违反《中华人民共和国著作权法》，其行为人应承担相应的民事责任和行政责任，构成犯罪的，将被依法追究刑事责任。

为了维护市场秩序，保护权利人的合法权益，我社将依法查处和打击侵权盗版的单位和个人。欢迎社会各界人士积极举报侵权盗版行为，本社将奖励举报有功人员，并保证举报人的信息不被泄露。

举报电话：（010）88254396；（010）88258888
传　　真：（010）88254397
E-mail：　dbqq@phei.com.cn
通信地址：北京市海淀区万寿路 173 信箱
　　　　　电子工业出版社总编办公室
邮　　编：100036